U0352868

高水平地方应用型大学建设系列教材

热力设备水质控制

赵晓丹　吴春华　编著

北　京

冶金工业出版社

2023

内 容 提 要

本书共 6 章，主要内容包括电站锅炉及热力系统概况、热力设备的结垢与防止方法、热力设备的腐蚀与防护、锅炉给水水质控制、汽包锅炉炉水处理工况、蒸汽污染及防止。

本书可作为面向电力行业的高等院校应用化学专业教材，也可供从事锅炉水化学工况调节、锅炉水处理、热力设备水汽品质监督等工作的工程技术人员参考。

图书在版编目 (CIP) 数据

热力设备水质控制/赵晓丹，吴春华编著. —北京：冶金工业出版社，2023.5

高水平地方应用型大学建设系列教材

ISBN 978-7-5024-9483-4

Ⅰ.①热…　Ⅱ.①赵…　②吴…　Ⅲ.①热力系统—水质控制—高等学校—教材　Ⅳ.①TK17

中国国家版本馆 CIP 数据核字（2023）第 074219 号

热力设备水质控制

出版发行	冶金工业出版社	电　话	(010)64027926
地　　址	北京市东城区嵩祝院北巷 39 号	邮　编	100009
网　　址	www.mip1953.com	电子信箱	service@ mip1953.com

责任编辑　杜婷婷　程志宏　美术编辑　吕欣童　版式设计　郑小利
责任校对　梅雨晴　责任印制　窦　唯
三河市双峰印刷装订有限公司印刷
2023 年 5 月第 1 版，2023 年 5 月第 1 次印刷
710mm×1000mm　1/16；17.75 印张；343 千字；270 页
定价 59.00 元

投稿电话　(010)64027932　投稿信箱　tougao@cnmip.com.cn
营销中心电话　(010)64044283
冶金工业出版社天猫旗舰店　yjgycbs.tmall.com
（本书如有印装质量问题，本社营销中心负责退换）

《高水平地方应用型大学建设系列教材》序

应用型大学教育是高等教育结构中的重要组成部分。高水平地方应用型高校在培养复合型人才、服务地方经济发展以及为现代产业体系提供高素质应用型人才方面越来越显现出不可替代的作用。2019年，上海电力大学获批上海市首个高水平地方应用型高校建设试点单位，为学校以能源电力为特色，着力发展清洁安全发电、智能电网和智慧能源管理三大学科，打造专业品牌，增强科研层级，提升专业水平和服务能力提出了更高的要求和发展的动力。清洁安全发电学科汇聚化学工程与工艺、材料科学与工程、材料化学、环境工程、应用化学、新能源科学与工程、能源与动力工程等专业，力求培养出具有创新意识、创新性思维和创新能力的高水平应用型建设者，为煤清洁燃烧和高效利用、水质安全与控制、环境保护、设备安全、新能源开发、储能系统、分布式能源系统等产业，输出合格应用型优秀人才，支撑国家和地方先进电力事业的发展。

教材建设是搞好应用型特色高校建设非常重要的方面。以往应用型大学的本科教学主要使用普通高等教育教学用书，实践证明并不适应在应用型高校教学使用。由于密切结合行业特色及新的生产工艺以及与先进教学实验设备相适应且实践性强的教材稀缺，迫切需要教材改革和创新。编写应用性和实践性强及有行业特色教材，是提高应用型人才培养质量的重要保障。国外一些教育发达国家的基础课教材涉及内容广、应用性强，确实值得我国应用型高校教材编写出版借鉴和参考。

　　为此，上海电力大学和冶金工业出版社合作共同组织了高水平地方应用型大学建设系列教材的编写，包括课程设计、实践与实习指导、实验指导等各类型的教学用书，首批出版教材 18 种。教材的编写将遵循应用型高校教学特色、学以致用、实践教学的原则，既保证教学内容的完整性、基础性，又强调其应用性，突出产教融合，将教学和学生专业知识和素质能力提升相结合。

　　本系列教材的出版发行，对于我校高水平地方应用型大学的建设、高素质应用型人才培养具有十分重要的现实意义，也将为教育综合改革提供示范素材。

上海电力大学校长　　李和兴

2020 年 4 月

前　言

水、汽是发电机组热力设备中能量传递和转换的介质，水汽循环系统被喻为热力系统运行的"血液"。为了保证热力设备长期安全、稳定、经济运行，必须对锅炉给水、锅炉炉水进行调节，水化学工况的选择及运行控制至关重要。

本书根据能源电力特色专业——应用化学专业的培养方案和教学要求编写而成，全书共分6章，第1章介绍了热力设备及金属材料、水汽循环系统及其杂质来源。第2章主要介绍了水垢的类型、形成与防止，锅炉化学清洗常用药剂及其工程应用案例。第3章对典型热力设备腐蚀类型进行了详细介绍，包括氧腐蚀、停用腐蚀、酸性腐蚀、应力腐蚀、锅炉介质浓缩腐蚀和流动加速腐蚀等腐蚀机理与防止方法。第4章详细描述了锅炉给水的全挥发处理和加氧处理原理、水质控制标准和控制方法，介绍了直流锅炉采用全挥发处理、加氧处理的实施案例。第5章介绍了汽包锅炉炉内磷酸盐处理和氢氧化钠处理。第6章介绍了蒸汽污染原因、蒸汽中杂质对过热器和汽轮机造成的危害、防止蒸汽污染的方法。

本书第1、3、4章由赵晓丹编写，第2章由周振编写，第5章和第6章由吴春华编写，全书由赵晓丹统稿。

在本书编写过程中，上海电力大学丁桓如教授对本书进行了审阅，提出了宝贵意见，同时编者参考了相关文献和资料，在此向丁桓如教授和文献作者表示衷心感谢。

由于编者水平所限，书中不妥之处，恳请读者批评指正。

编　者

2022 年 11 月

目　　录

1 电站锅炉及热力系统概况

电力工业是国民经济和社会发展的重要基础产业。目前我国发电的主要形式是火力发电。火力发电的实质是将一次能源（煤、燃料油和可燃气体等）转化为二次能源（电能）的能量转换过程，能量转换基本过程是：燃料的化学能→热能→机械能→电能。在火力发电厂的生产过程中，热力系统是实现热功转换热力部分的工艺系统，系统中的各种热交换部件或水汽流经的设备，统称为热力设备。热力系统通过热力管道及阀门将各主、辅热力设备按照一定顺序连接起来，以在各种工况下安全、经济、连续地将燃料的能量转换成机械能。锅炉和汽轮机是主要的热力设备，水进入锅炉吸收热量，变成蒸汽，蒸汽导入汽轮机，经汽轮机做功后，蒸汽被冷凝成水，其热能转变为机械能。除了主要热力设备，热力系统还包含主蒸汽系统、给水系统、回热加热系统等局部功能系统，包括加热器、除氧器、过热器、凝汽器等设备。

1.1 电站锅炉概述

锅炉设备是一组庞大而复杂的设备，由锅炉本体及辅助设备组成。"锅"是指锅炉的水汽系统，主要包括省煤器、汽包、下降管及分配管、水冷壁、过热器、再热器等，其作用是使工质在锅炉里面受热，由水转变成过热汽。"炉"是指燃烧系统，主要包括炉膛、燃烧器、烟风道及空气预热器，其任务是使燃料燃烧放热，产生高温火焰和烟气，并把热量传递给水汽系统。锅炉辅助设备包括燃料输送设备、制粉设备、给水设备、通风设备、除尘除灰设备、脱硫脱硝设备等。

图 1-1 所示为配 600MW 机组的 2027t/h 锅炉本体布置，该锅炉是根据美国燃烧工程公司（CE）技术设计制造的亚临界压力汽包锅炉。锅炉采用单炉膛、倒 U 形布置，炉膛四壁由膜式水冷壁管组成，水冷壁管由内螺纹管和光管组成，炉膛前后墙各布置 3 层双调节燃烧器。

炉膛上方布置有屏式过热器，沿烟气流程布置了二级过热器、悬吊式再热器。尾部烟道由前墙、隔墙、后墙包覆过热器分隔为再热器烟道和过热器烟道，两个烟道出口均布置有省煤器及烟气挡板，再热气温通过烟气挡板调节控制。炉前布置了汽包，汽包连有两根端部下降管和两根中间下降管。炉膛出口装有两支

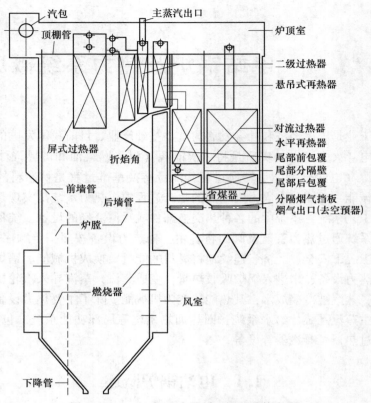

图 1-1   600MW 机组自然循环锅炉总体布置

可伸缩式烟温探针，监督启动初期的炉膛出口烟温，此外还装有炉膛安全监察系统（FSSS）和协调控制系统（CCS），用以对锅炉整个生产过程实行保护和自动控制。

锅炉装有短伸缩式吹灰器用于炉膛吹灰。长伸缩式吹灰器用于悬吊对流过热器、悬吊式再热器、水平对流再热器、一级过热器、省煤器及空气预热器的吹灰。

锅炉配有两台三分仓回转式空气预热器，两台动叶可调轴流式送风机和一次风机，两台离心式引风机，两台离心式密封风机，三台离心式扫描冷却风机，一台炉顶离心增压风机。制粉系统为直吹式正压系统，包括六台给煤机和六台磨煤机。

水要变为水蒸气，就要吸热，它的热源为燃料。燃料只有与空气中的氧化合，才能燃烧放热。燃料燃烧后变成高温的燃烧产物（烟气），这个过程就是把燃料的化学能转变为燃烧产物热能的过程。然后，高温烟气通过各种受热面的传热，将热能传给水，水吸热后便变成蒸汽，蒸汽进一步吸热成为高温的过热蒸汽，因此，锅炉内的工质不但有水和水蒸气，而且必须有燃料和空气。

进入锅炉的水，即给水，其温度大都低于锅炉压力下的饱和温度，而电站锅炉产生的蒸汽都是过热蒸汽。因此，水在锅炉中的汽化过程，实际上要经过预热、汽化、过热三个阶段。为了提高蒸汽动力循环的效率，现代电站锅炉水的汽化，还有第四个阶段即再过热阶段，锅炉产生的过热蒸汽送到汽轮机高压缸膨胀做功后，压力和温度都降低了，这些蒸汽再送回到锅炉中加热，即再过热，然后再送到汽轮机的中、低压缸继续做功。

水汽化的四个阶段，分别在锅炉不同的受热面中进行。预热阶段主要在省煤器中进行，汽化阶段在蒸发受热面（水冷壁、对流管束等）中进行，过热阶段在过热器中进行，再热阶段则在再热器中进行。

可见，锅炉是进行燃料燃烧、传热和汽化三种过程的综合装置，其内部过程比较复杂。

1.2 锅炉的分类

1.2.1 按锅炉的用途分类

锅炉按照用途可分为电站锅炉、工业锅炉、热水锅炉等。电站锅炉主要用于发电，工业锅炉主要为大型企业生产过程提供工业用汽，生活锅炉用于采暖和热水供应。

1.2.2 按锅炉的容量分类

锅炉按容量的大小，有大型、中型、小型之分，但它们之间没有固定、明确的分界。随着我国电力工业的发展，电站锅炉容量不断增大，大中小型锅炉的分界容量也不断变化。

1.2.3 按锅炉的蒸汽压力分类

依据《水管锅炉 第1部分：总则》（GB/T 16507.1—2022），锅炉按蒸汽压力可分为以下类型。

（1）低压锅炉。锅炉出口蒸汽压力不大于3.8MPa，蒸汽温度不高于400℃。

（2）中压锅炉。锅炉出口蒸汽压力为3.8~5.3MPa，常见中压锅炉出口蒸汽压力为3.8MPa，蒸汽温度为450℃。

（3）次高压锅炉。锅炉出口蒸汽压力为5.3~9.8MPa，常见次高压锅炉出口蒸汽压力为5.4MPa，蒸汽温度为540℃。

（4）高压锅炉。锅炉出口蒸汽压力为9.8~13.7MPa，常见高压锅炉出口蒸汽压力为9.8MPa，蒸汽温度为540℃。

4

（5）超高压锅炉。锅炉出口蒸汽压力为 13.7~16.7MPa，常见高压锅炉出口蒸汽压力为 13.7MPa，蒸汽温度一般为 540℃，少数为 555℃。

（6）亚临界压力锅炉。锅炉出口蒸汽压力为 16.7~22.1MPa，常见高压锅炉出口蒸汽压力为 16.7MPa 和 18.3MPa，蒸汽温度一般为 540℃ 或 555℃，少数为 570℃。

（7）超临界压力锅炉。锅炉出口蒸汽压力超过临界压力 22.1MPa，目前电站锅炉采用超临界压力多在 25.0~27.0MPa，蒸汽温度一般为 566℃，少数为 600℃。

（8）超超临界压力锅炉。国际上通常把主蒸汽压力在 24.1~31.0MPa、主蒸汽温度为 580~600℃ 的机组定义为超超临界机组。目前我国电站锅炉超超临界锅炉的主蒸汽压力一般大于 27MPa，蒸汽温度一般为 600℃，少数为 700℃。

常见锅炉参数及用途见表 1-1。生活锅炉均为低压锅炉。工业锅炉主要是低压锅炉和中压锅炉，特大型企业也有配置高压锅炉。电站锅炉参数随国民经济的发展而发展，1955 年之前，以中低压锅炉为主，之后十年，高压锅炉占比逐渐增加，到 1965 年，担负发电的锅炉主要是高压锅炉和部分中压锅炉。1995 年以后，主要是亚临界压力和超临界压力以上的锅炉，尤其是超（超）临界机组在我国得到迅速推广。到 2020 年，我国投运的 1000MW 超超临界机组已达 100 多台，是世界上百万千瓦超超临界机组发展最快、数量最多、容量最大和性能最先进的国家之一。

表 1-1 常见锅炉的参数及用途

参数		低　压			中压	高　压			亚临界参数	超临界参数
		小型炉	小容量炉	低压炉		次高压	高压	超高压		
锅炉型式		热水锅炉、火管锅炉	热水锅炉、自然循环水管锅炉	热水锅炉、自然循环水管锅炉	自然循环水管锅炉	自然循环水管锅炉	自然循环水管锅炉	自然循环水管锅炉	自然循环、控制循环少量直流锅炉	直流锅炉
饱和蒸汽	压力/MPa	<0.78	0.78~1.27	1.27~2.45	3.9	7.9	10.8	15.7	17.6	>22.1[①]
	温度/℃	<175	175~194	194~225	249	294	316	346	355	(375.2)
过热蒸汽	压力/MPa	无	无	≤2.4	3.4	7.5	9.0	14.5	16.0	≥23
	温度/℃	无	无	350	430	480	525	535	540^{+5}_{-10}	540^{+5}_{-10}

续表 1-1

参数	低 压			中压	高 压			亚临界参数	超临界参数
	小型炉	小容量炉	低压炉		次高压	高压	超高压		
蒸发量 /t·h⁻¹	≤1	2~10	20~35	65~130	130~250	220~430	430~670	850~2050	1000~3000
主要用途	炊浴、采暖	采暖、工业	采暖、工业	工业、发电②	工业、发电②	工业、发电②	工业、发电②	发电	发电
发电量 /MW	—	—	≤6	12~25	25~40	50~100	125~200	250~600	300~1000

①超临界参数锅炉蒸汽压力多为 25MPa 及以上，由给水直接加热为过热蒸汽。
②此处指热电联产、热电厂发电。

1.2.4 按锅炉蒸发受热面内工质的流动方式分类

锅炉蒸发受热面（水冷壁）内工质的流动方式与其他受热面是有差异的。例如，省煤器内的工质是单相的水，水是靠给水泵的压头强制流动的；过热器和再热器中的工质是单相的蒸汽，蒸汽也是靠进口蒸汽的压力来强制流动的，所以这些受热面内的工质流动都是强制流动，一次通过，并不往返循环。而水冷壁蒸发受热面内的工质是两相的汽水混合物，它在蒸发受热面内的流动可以是循环，也可以是一次通过。锅炉按工质在蒸发受热面内的流动方式可分为自然循环锅炉、强制循环锅炉和直流锅炉。

1.2.4.1 自然循环锅炉

自然循环锅炉是指蒸发受热面内的工质，依靠下降管中的水与上升管中的汽水混合物之间的密度差所产生的压力差进行循环的锅炉。

给水经给水泵送入省煤器，受热后进入汽包，水从汽包流向不受热的下降管，下降管的工质是单相的水。水进入蒸发受热面后，因不断受热而部分变为蒸汽，故蒸发受热面内工质为汽水混合物。由于下降管中的水未受到加热，管簇内的汽水混合物密度比下降管中的水小，在下联箱形成压力差，推动上升管内的汽水混合物进入汽包，并在汽包内进行汽水分离。分离出的蒸汽由汽包顶部送至过热器，分离出的水则和省煤器来的给水混合后再次进入下降管，继续循环。这种循环流动完全是由于蒸发受热面受热而自然形成，故称自然循环。我国亚临界压力以下的锅炉，多数采用自然循环锅炉。

自然循环汽包锅炉水汽工质流向如图 1-2 所示。锅炉水汽流程是：省煤器→汽包→下降管→水冷壁下联箱→四周水冷壁→水冷壁上集箱→汽包→部分顶棚过热器（前到后）→悬吊管→侧墙包覆管→后墙包覆管→部分顶棚过热器（后到前）→前屏过热器→一级喷水减温（并交叉）→后屏过热器（两侧逆流部分）→

第二次交叉→后屏过热器（中间顺流部分）→汽-汽热交换器→对流过热器冷段（两侧逆流）→二级喷水减温（并第三次交叉）→对流过热器热段（中间顺流）→汽轮机高压缸→低温再热器（垂直烟道上端，水平布置）→汽-汽热交换器→高温再热器（水平烟道，垂直布置）→汽轮机中压缸。

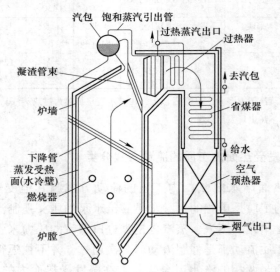

图1-2　自然循环汽包锅炉水汽工质流向

1.2.4.2　强制循环锅炉

强制循环锅炉（又称辅助循环锅炉）是指蒸发受热面内的工质除了依靠水与汽水混合物的密度差以外，主要依靠锅水循环泵的压头进行循环的锅炉。在水冷壁上升管的入口处加装了节流圈的强制循环锅炉，称为控制循环锅炉。控制循环锅炉在水冷壁每根上升管的入口处加装不同直径的节流圈，主要是为了调整每根上升管中的流量分配，避免在蒸发系统中出现水的多值性、脉动、停滞及倒流等循环故障，同时减轻水冷壁管的热偏差。现代大容量的强制循环锅炉都是控制循环锅炉。

强制循环锅炉都是在自然循环锅炉的基础上发展起来的，它们在结构和运行特性等许多方面都与自然循环锅炉有相似之处，主要差别只是在循环回路的下降管中加装了锅水循环泵。随着锅炉工作压力的提高，水汽的密度差减小，自然循环的可靠性降低。但强制循环锅炉（包括控制循环锅炉）因为有了锅水循环泵，所以可以依靠锅水循环泵的压头使工质在蒸发受热面内强制流动，而不受锅炉工作压力的限制。这样操作既能增大运动压头，又便于控制各个循环回路中的流量。亚临界参数锅炉以控制循环锅炉为主，也有少量为直流锅炉。

与自然循环锅炉相比，由于要增加锅水循环泵，因此增加了锅炉的投资和运行费用，而且锅水循环泵长期在高温和高压下运行，需采用特殊的结构和材料，才能保证锅炉运行的安全性。

强制循环汽包锅炉水汽工质流向如图 1-3 所示。锅炉水汽流程是：省煤器→汽包→下降管→炉水循环泵→水冷壁下联箱→四周水冷壁→水冷壁上联箱→汽包→顶棚过热器→侧、后烟井墙包覆管→低温过热器→分隔屏过热器→后屏过热器→高温过热器（又称末级过热器）→汽轮机高压缸→屏式低温再热器→高温再热器→汽轮机中低压缸。

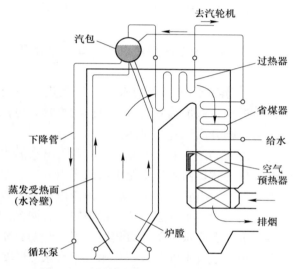

图 1-3　强制循环汽包锅炉水汽工质流向

1.2.4.3　直流锅炉

直流锅炉是指在给水泵压头的作用下，工质依顺序一次通过加热、蒸发和过热等受热面产生蒸汽的锅炉。直流锅炉没有汽包，整台锅炉由许多管子并联，然后用联箱连接串联组成。锅炉进口工质是水，出口工质为符合设计要求的过热蒸汽。由于所有受热面内的工质运动都是靠给水泵的压头来推动的，因此在直流锅炉中，一切受热面内工质都是强制流动，故直流锅炉属于强制循环的一种。超临界参数锅炉均为直流锅炉。

直流锅炉没有汽包，其工作过程有如下特点。

（1）由于没有汽包进行汽水分离，也就是蒸发受热面和过热器、省煤器没有中间容器隔开，因此水的加热、蒸发和过热的受热面没有固定的分界，而是随着锅炉负荷和工况的变动而变动，过热蒸汽温度往往也随着负荷的变化而有较大的波动。

（2）直流锅炉蒸发受热面内工质不构成循环，无汽水分离问题，因此当工作压力增高,汽水密度差减小,以至于在超临界压力时,直流锅炉仍能可靠地工作。

(3) 直流锅炉中的水容量及相应的蓄热能力比汽包锅炉大为降低,一般只为同参数汽包锅炉的 50% 以下,因此,直流锅炉对负荷变化较敏感,锅炉工作压力变化得比较快。如果燃料、给水等比例失调,就会严重影响锅炉的出力及蒸汽参数,这就要求直流锅炉有更灵敏可靠的调节控制手段。

(4) 直流锅炉一般不能连续排污,给水带入锅炉的盐类,除由蒸汽带走一部分外,其余都将沉积在受热面管子中。为了保证工作可靠,直流锅炉对给水品质的要求很高。

(5) 直流锅炉蒸发受热面中会出现流动不稳定、脉动等问题,会直接影响锅炉的安全运行。

(6) 在直流锅炉中,蒸发受热面中的水从开始汽化到完全汽化,都是在高压、高含汽率的条件下进行,锅炉蒸发受热面管内的换热有可能处于膜态沸腾状态,受热面金属壁温会急剧升高,容易过热损坏。

直流锅炉水汽工质流向如图 1-4 所示。自给水管路出来的水由炉侧一端进入位于尾部竖井后烟道下部的省煤器入口集箱中部两个引入口,水流经水平布置的省煤器蛇形管后,由叉型管引出省煤器吊挂管至顶棚以上的省煤器出口集箱。由省煤器出口集箱两端引出集中下水管进入位于锅炉左、右两侧的集中下降管分配头,再通过下水连接管进入螺旋水冷壁入口集箱。工质经螺旋水冷壁管、螺旋水冷壁出口集箱、混合集箱、垂直水冷壁入口集箱、垂直水冷壁管、垂直水冷壁出

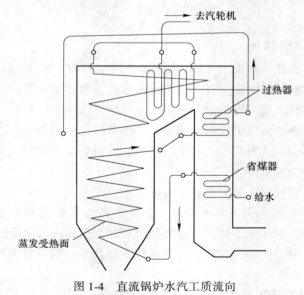

图 1-4　直流锅炉水汽工质流向

口集箱后进入水冷壁出口混合集箱汇集，经引入管引入汽水分离器进行汽水分离。循环运行时从分离器分离出来的水从下部排进储水罐，蒸汽则依次经顶棚管、后竖井水平烟道包墙、低温过热器、屏式过热器和高温过热器。转直流运行后水冷壁出口工质已全部汽化，汽水分离器仅作为蒸汽通道用。

1.3　热力设备及金属材料

1.3.1　锅炉本体

1.3.1.1　汽鼓（汽包、锅筒）

不论是自然循环锅炉，还是控制循环锅炉，均设置汽鼓，用于水汽分离。汽鼓呈圆柱状，两端有封头，略呈鼓形。在汽鼓中装有水汽分离器，水汽混合物进入水汽分离器后先经旋风分离筒进行粗分离，分离出的蒸汽穿过给水清洗板洗脱所含的二氧化硅与部分盐分，然后通过细分离装置引入过热器。汽鼓是锅炉水与汽的分界点。

汽鼓中有给水引入管，给水与由水汽分离装置分离出的水一同经下降管进入锅炉底部集箱，然后转入水冷壁管中。锅炉水在水冷壁中受热产生蒸汽，蒸汽量为水量的 1/6~1/3，使水冷壁管中的水汽混合物密度远低于下降管中的水，形成自然循环。水汽混合物再由锅炉上部集箱与汽鼓的联络管引入汽鼓，或是直接引入汽鼓进行水汽分离。汽鼓在锅炉的饱和温度下长期工作，导致在工作压力作用下承受的应力巨大。各种开孔使材料具有缺口效应，引起应力集中。因此，汽鼓应使用高强度、易焊接钢种，防止汽鼓厚度过大。

中低压锅炉汽包一般采用优质碳素钢 20G、22G 钢制造；高压或超高压锅炉汽包采用普通低合金钢制造，如 14MnMoVg 钢、18MnMoNbg 钢；亚临界锅炉汽包多选用 BHW-35 和 SA299 合金钢制造。当汽包蒸汽引出管温度为 480℃时，管子材质可用 20G，汽包下降管供水分配管材质也可用 20G。

1.3.1.2　水冷壁

水冷壁管通过鳍片焊成膜式水冷壁，前后左右四侧水冷壁围成炉膛。给水带入的杂质主要在水冷壁管中产生腐蚀与结垢，在炉膛温度最高地带的水冷壁管内部有螺纹，可以防止产生膜态沸腾现象，水冷壁管凭借其中循环与蒸发的工质冷却。

水冷壁的工质温度与汽鼓相同，但是工作条件更为严酷。首先，它直接受炉膛火焰辐照，起着向工质传递热量的作用，一旦有垢层和腐蚀产物阻隔，则管壁将产生由材料传热引起的温升，以及由叠加垢（含腐蚀产物）引起的温升。叠加垢的导热系数不及钢铁的 1/100，严重影响管内水流对管壁的冷却。其次，水冷壁管在工作中会受到各种腐蚀介质的作用，产生均匀腐蚀或局部腐蚀，甚至晶间腐蚀，使材料产生应力集中。

10.8MPa 及以下锅炉可使用 20G 钢。15.7MPa 及以上锅炉虽然仍可使用 20G 钢，但是为减小管壁厚度，也可使用低合金热强钢种，例如 16Mo 低碳钼钢，它可在壁温为 475℃下安全工作。水凝管在温度为 480℃时，材质可用 20G。冷灰斗螺旋管在温度为 482℃时，材质可采用 SA-209T1。螺旋管圈在温度为 502℃时，材质可采用 SA-213T12。螺旋管圈水冷壁在温度为 560℃时，材质可采用 13CrMo44（15CrMo）或 SA-213T23。垂直管屏水冷壁在温度为 530℃时，材质可采用 15Mo3（16Mo）或者 15CrMo。

1.3.1.3 过热器

汽鼓送出的蒸汽是饱和蒸汽，输入过热器受热成为过热蒸汽后推动汽轮机，其依次通过包墙过热器、顶棚过热器、前屏过热器、后屏过热器和对流过热器。包墙过热器和顶棚过热器中工质温度低，可使用碳钢。屏式过热器应使用低合金热强钢，其外圈直接受高温烟气加热，常需使用高合金抗氧化腐蚀钢种。为防止过热器管壁超温，常需要对蒸汽进行减温，常用的方法是喷入给水进行温度调节。

壁温小于 500℃的过热器管，一般采用 20 号钢。壁温为 500~550℃的过热器管，采用 15CrMo。壁温为 550~580℃的过热器管，采用 12Cr1MoV、12MoVWBSiRe。壁温为 600~620℃的过热器管，采用 12Cr2MoWVTiB 和 12Cr3MoVSiTiB。在国外，过热器壁温超过 600℃的过热器管，采用 Cr12%的马氏体耐热钢和 1Cr18Ni9Ti 等 Cr-Ni 奥氏体不锈钢。当温度为 580℃或 704℃时，前屏过热器管子可采用 12Cr1MoV/SA-213TP304H，后屏过热器管子可采用 12CrMoV。当温度为 600~620℃时，后屏过热器管子可采用 12Cr2MOWVTiB。其余常见过热器材质为 SA-213T12、SA-213T23、SA-213T92、SA-213T91、Super304H、Super304H SB、HR3C（TP310N）等。

1.3.1.4 再热器

再热器是将汽轮机高压缸的排汽再次加热到等同过热蒸汽的温度。对高温过热器和高温再热器材料的要求是：应有足够的持久强度、持久塑性和蠕变强度，材料在长期服役中组织稳定，有较强的抗氧化能力（氧化腐蚀速率小于 0.1mm/a）。由于过热器和再热器要进行加工与焊接，因此要求材料有良好的工艺性能。低温过、再热器和中压锅炉过热器一样，可以使用 20G 钢，它的冷加工性能和焊接性能均佳，是最廉价的锅炉钢材。20G 锅炉钢工作温度不超过 475℃，长期超温会产生珠光体球化和石墨化。

10.8MPa 锅炉的高温过热器最常用的材质是 12Cr1MoV 钢，它也可用于蒸汽管道与集箱，该钢种是珠光体钢，由 15CrMo、12CrMo 钢发展起来，抗珠光钢球化能力更强，其允许使用温度不超过 570℃。15.7MPa 锅炉高温过热器和高温再热器的热段可使用 102 钢（12Cr2MoVTiB），它用于受热面管允许温度为 600～620℃，用于管道及集箱温度为不超过 600℃。18MPa 锅炉及超临界参数锅炉的热段高温过热器与热段高温再热器常发生超温故障，为此使用高温抗氧化耐腐蚀钢种，如 10Cr9Mo1VNb（T91、P91）马氏体钢和奥氏体高合金钢 1Cr18Ni9（304）、0Cr17Ni12Mo2（316）、1Cr19NilINb（347）等。T91 常用于过热器与再热器的高温段外圈受热面管，允许管壁温度为 650℃，用于蒸汽管道及集箱时的允许温度为 600℃。奥氏体不锈热强钢的抗氧化腐蚀能力更强，用于高温过热器和高温再热器时，其使用温度允许达 705℃。其中，1Cr18Ni9（304）钢抗氯离子腐蚀能力差，有氯离子时，会产生晶间腐蚀。其余常见再热器管子材质为 SA-213T12、SA-213T23、SA-213T91、Super304H、HR3C（TP310N）。

1.3.1.5　省煤器

省煤器用来吸收锅炉烟气的热量，它布置在低温过热器之后的烟道内，省煤器和水冷壁相同之处是管内工质均是水，不同之处是省煤器内的水是未经浓缩的给水，其外壁是温度不足 400℃ 的烟气。因此，不论何种参数和型式的锅炉，省煤器管均可使用 20G 碳素钢。温度在 480℃ 时，可采用 SA-210C；温度在 500℃ 时，可采用 15MiCuMoNb5。

1.3.1.6　空气预热器

空气预热器和省煤器一样对烟气的含热量进行再吸收，但是其工质不同。省煤器管内是锅炉给水，空气预热器中则是对炉膛用的一次风、二次风进行加热。

1.3.2　汽轮机

汽轮机本体的主要部件是汽缸与转子、轴系及调节系统。中间再热大机组通常由高压、中压、低压三个缸组成，有的机组高压缸与中压缸组合为一体，低压缸通常是双流程对称地组合为一体。蒸汽在汽轮机中流过，推动转子旋转，转子是汽轮机本体的重要组成部分。喷嘴与隔板积盐，会增大气流阻力；转子叶片上积盐，则会引起振动和叶片损坏事故。汽轮机的高中压转子和低压转子，连同发电机的转子用刚性连接器连成一体。在每段转子的端部配有轴承，组成支承系统。在汽轮机本体中，进入由锅炉送来的蒸汽，排出已放出热能的蒸汽，转换成的机械能可带动发电机、给水泵或其他机械（如鼓风机、压缩机）。

汽轮机设备中大多选择耐热钢。碳素钢主要用于受力不大的零部件如汽轮机后汽缸、发电机隔板等，如 Q195、Q215 等。优质碳素钢必须同时保证化学成分和力学性能，主要用于 450℃ 以下的汽轮机转子、螺栓、齿轮，如 0.2% 的碳钢。铸钢可焊性较差，塑性和韧性较低，用于 400℃ 以下的汽轮机转子、汽缸、隔板、阀门、齿轮、轴承、气缸前后轴封等，如 ZG200-400。珠光体耐热钢比普通耐热钢具有良好的抗氧化能力和热强性，比高合金钢有较好的冷热加工性能，如

12CrMo、15CrMo、12Cr1MoV、10CrMo910，可用于汽轮机。20Cr3MoWV 可用于 500℃ 以下的叶轮、主轴、转子。Cr15Ni35W3Ti3AlB 用于 700℃ 以下的燃气轮机叶片。

汽轮机叶片材料应有足够的常温和高温机械性能、良好的抗震性、较高的组织稳定性，良好的耐蚀性及冷/热加工工艺性能。叶片用钢主要是铬不锈钢 1Cr3、2Cr13 和强化型不锈钢 1Cr11MoV、1Cr12WMoV、2Cr12WMoVNbB 等。1Cr13 主要用于温度小于 450℃ 的高压级叶片，如 200MW 汽轮机 6~12 级高压叶片。2Cr13 主要用于温度小于 450℃ 的后几级叶片。1Cr11MoV 用于温度小于 540℃ 的高压级叶片，如国产 125MW 机组、300MW 机组的前几级叶片。2Cr12NiMo1W1V 钢用于温度小于 566℃ 的末级叶片，如 600MW 机组的次末级长叶片。1Cr11Co3W3NiMoVNbNB 钢用于温度小于 650℃ 的高压级叶片，如 1000MW 机组的动/静叶片。1Cr12MoV 钢用于制造温度 580℃ 以下的大功率汽轮机前级叶片。2Cr12WMoVNbB 钢主要制造温度 600℃ 以下的高压汽轮机叶片及围带。

1.3.3 凝汽器

凝汽器是凝汽设备中的重要组成设备。凝汽器本体由喉部、壳体、水室、冷却水管、热水井组成，是整个热力循环中的冷源。用于凝汽器热交换管的材料有黄铜、白铜、不锈钢和钛，它们的价格相差较大，耐蚀能力及使用条件也不相同。凝汽器管的防腐蚀，取决于所选用的管材能否耐受冷却水的侵蚀，不同的材料特点不同。

1.3.3.1 铜合金管

（1）黄铜是铜锌合金。黄铜按其含锌量不同，可有六种固溶体，实际使用黄铜的是含锌量为 39% 以下的固溶体。常用的黄铜管有 H68、HSn70-1、HAl77-2 等。为提高凝汽管的耐蚀性，可添加微量砷，如 H68A、HSn70-1A、HAl77-2A 等，再者就是添加锡、铝等第三种元素，还可采用 B10 和 B30 等铜镍合金。黄铜管以半硬状态供货，其拉伸强度超过 300MPa，伸长率超过 35%。

（2）白铜是铜镍合金。含镍量（质量分数）小于 10% 的白铜实际是红色。常用的白铜是含铜量（质量分数）为 95%、90% 和 70% 的合金。前两者可用于淡水和清洁海水，后者可用于海水和空冷区防止氨蚀。

1.3.3.2 不锈钢管

不锈钢与铜合金管相比，不仅具有较高的力学强度和弹性模量，而且抗污染水体腐蚀和抗冲击腐蚀性能好，但是其必须是钝态，而非处于敏化状态。淡水冷却的凝汽器管常用的材质是 188 型奥氏体不锈钢，如 1Cr18Nig9 的 304 钢。在氯离子含量高的冷却水中可使用 0Cr17Ni2Mo2 的 316 不锈钢，或者使用加有钛或铌稳定的钢种，如 0Cr18Nil1Ti 的 321 钢、1Cr19NilINb 的 347 钢。

1.3.3.3 钛管

300 系列不锈钢管在海水中的耐蚀性较差，而焊接钛管以其优异的耐腐蚀抗冲刷、高强度、密度小和良好的综合力学性能，已成为海水冷却电厂凝汽器的理想管材。在防腐蚀工程中，耐蚀性是最重要的，凝汽器主要采用工业纯钛。工业纯钛中含有少量铁、硅、碳、氮、氢、氧等杂质，因此其强度大大提高，塑性显著降低。牌号为 TAO、TA1、TA2、TA3，其杂质含量（质量分数）依上述牌号略有增长。以 TAO 和 TA2 为例，前者铁低于 0.15%、碳低于 0.1%、氢低于 0.015%、氧低于 0.15%、氮低于 0.03%；后者的碳、氢、氮含量与前者相同，铁为 0.3%、氧为 0.25%、硅低于 0.15%。不论是无缝钛管，还是焊接轧制钛管，均是以退火后的软状态供货，其拉伸强度大于 440MPa，伸长率大于 20%。

1.3.4 回热加热设备

低压加热器利用在汽轮机内做过部分功的蒸汽，抽至加热器内加热给水，提高水的温度，减少汽轮机排往凝汽器中的蒸汽量，降低能源损失，提高热力系统的循环效率。加热器的受热面一般是用黄铜管或无缝钢管构成的直管束或 U 形管束组成，被加热的水从上部进水管进入分隔开的水室一侧，再流入 U 形管束中，U 形管在加热器的蒸汽空间，加热蒸汽的热量由管壁传递给管内流动的水，被加热的水经过加热器出口水室流出。早期低压加热器材质主要是黄铜，现由于高参数机组易发生铜腐蚀，因此改为不锈钢管。

高压加热器是利用汽轮机的部分抽气对给水进行加热的装置。该装置由壳体和管系两大部分组成，在壳体内腔上部设置蒸汽凝结段，下部设置疏水冷却段，进、出水管顶端设置给水进口和给水出口。当过热蒸汽由进口进入壳体后即可将上部主螺管内的给水加热，蒸汽凝结为水后，凝结的热水又可将下部疏冷螺管内的部分给水加热，凝结水经疏水出口流出体外。本装置具有能耗低、结构紧凑、占用面积少、省耗用材料等显著优点，并能够较严格控制疏水水位、疏水流速和缩小疏水端差。

大容量高参数机组加热器常用的碳钢材料主要是 SA-556Gr. C2 和 20G 等；合金钢管材料主要是 SA-213T11、SA-213T12、SA-213T22、16Mo3、15Mo3 等；不锈钢材料主要是 SA-803TP439、TP304、TP304L、TP304N、TP316、TP316L、Cr18Ni8 等。

1.4 热力设备水汽循环系统

1.4.1 水汽循环流程

在热力发电厂和大型工业企业的动力厂中，热力系统主要由锅炉、汽轮机及其附属设备构成，热力系统中各种热交换部件或者水汽流经的设备统称为热力设备。水和蒸汽是热力设备中的工质，在热力系统中做水汽循环运行。典型热力系统（亚临界及以上压力机组）水汽循环流程如图1-5所示，水和蒸汽主要流经的热力设备包括：凝汽器→凝汽器热井→凝结水泵→凝结水精处理装置→轴封加热器→低压加热器（多为四级）→除氧器→给水泵→高压加热器（多为三级）→省煤器→汽包（水冷壁）→低温过热器→一级减温→高温过热器→二级减温→集汽母管→汽轮机高压缸→再热器→汽轮机中压缸→汽轮机低压缸→凝汽器。

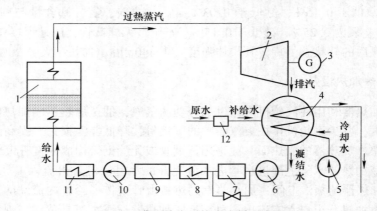

图 1-5　典型热力系统水汽循环流程

1—锅炉；2—汽轮机；3—发电机；4—凝汽器；5—循环水泵；6—凝结水泵；
7—凝结水精处理装置；8—低压加热器；9—除氧器；10—给水泵；
11—高压加热器；12—补给水除盐装置

　　水在热力设备系统中的相变过程与机组的工作过程相对应，蒸汽进入凝汽器被冷却成凝结水，依次经过凝汽器热井、凝结水泵、凝结水精处理装置、低压加热器、除氧器后，成为锅炉给水。给水经给水泵、高压加热器后，进入锅炉吸收热量，变成蒸汽，汽包锅炉中部分水转变为饱和蒸汽，部分成为锅炉炉水，对于直流锅炉而言，水全部转变为饱和或微过热蒸汽，饱和蒸汽再流经过热器进一步被加热后变成过热蒸汽。主蒸汽冲转汽轮机，做功带动发电机发电，经过汽轮机高压缸转变成冷再热蒸汽，再热器转变为热再热蒸汽，最后经汽轮机中、低压缸后，排汽进入凝汽器，完成整个循环。

　　水汽在热力系统循环过程中，总不免会因为热力系统某些设备的排汽放水、管道阀门的漏气漏水、水箱等设备的溢流或热水蒸发等原因造成一些损失。不对外供热的凝汽式机组，热力系统的水汽损失较小，亚临界及以上机组一般不超过锅炉蒸发量的1.5%；供热式机组送出的蒸汽往往大部分或全部不能回收，热力系统的水汽损失较大。为了维持热力系统正常的水汽循环平衡，需要用补给水来补充热力系统的水汽损失。亚临界及以上机组一般将补给水补充至凝汽器热井，与凝结水一并进入凝结水精处理装置处理；亚临界以下机组，补给水补充至除氧器，作为锅炉给水的组成部分。此外，高压加热器疏水回用至除氧器，低压加热器和轴封加热器疏水回用至凝汽器热井，供热式机组回收部分供热蒸汽凝结水（简称为返回水）也可作为给水的组成部分。

热力系统水汽循环中的水和蒸汽可分为下列几种。

（1）原水：未经任何处理的天然水、水源。

（2）补给水：补充热力系统水汽损失的水，除盐水泵出口。

（3）凝结水：在汽轮机做功后的蒸汽，到凝汽器中冷却而凝结的水称为凝结水。凝结水通常在凝结水泵出口处取样。

（4）疏水：各种蒸汽管道和用汽设备中的凝结水称为疏水，它是经疏水器汇集到疏水箱的。疏水一般在疏水箱或低位水箱取样。

（5）返回水：供热机组对外供汽供热后能回收的蒸汽凝结水。

（6）锅炉给水：送进锅炉的水称为锅炉给水（简称给水），它由汽轮机凝结水、补给水和疏水组成，供热机组还包含返回水。给水一般在除氧器出口和锅炉省煤器入口处取样。

（7）锅炉炉水：通常简称炉水，它是在汽包锅炉中流动的水。锅炉炉水一般在汽包的连续排污管上取样。

（8）冷却水：在凝汽器中用作冷却介质的水。冷却水在循环冷却系统排污口取样。

（9）饱和蒸汽：水在一定压力下，加热至沸腾，就开始气化，逐渐变为蒸汽，蒸汽的温度等于饱和温度，这种状态的蒸汽称为饱和蒸汽。饱和蒸汽在汽包蒸汽出口处取样。

（10）过热蒸汽：把饱和蒸汽继续进行加热，使其温度升高，超过该压力下的饱和温度一定温度的蒸汽就称为过热蒸汽。过热蒸汽在主汽管出口处取样。

1.4.2 水汽品质不良带来的危害

热力设备水汽循环系统中水汽品质不良会引起以下危害。

1.4.2.1 热力设备结垢

流经热力设备的水中如果含有可沉积的固形物质，那么在热力设备运行过程中，在和水（蒸汽）接触的受热面上，会生成一些固体附着物，这种固体附着物称为水垢，这种现象称为结垢。结垢的速度与锅炉的蒸发量成正比。因此，如果品质不良的水汽进入高参数、大容量机组的水汽循环系统，就有可能在短时间内造成更大的危害。因为水垢的导热性能比金属的差几百倍，其又易在热负荷很高的锅炉炉管中形成，这样结垢部位的金属管壁温度会过热，引起金属强度下降。在管内压力作用下，管道就会发生局部变形，产生鼓包，甚至引起爆管等严重事故。

结垢不仅危害锅炉的安全运行，而且影响发电厂的经济效益。对于高参数的大型锅炉，给水中的硬度已被全部去除，因此形成的水垢主要是氧化铁垢。另外，在汽轮机凝汽器内结垢，会导致凝汽器真空度降低，使汽轮机达不到额定出力，热效率下降；在加热器结垢会使水的加热温度达不到设计值，以致整个热力系统的经济性降低。热力设备结垢后必须及时进行清洗，因此增加了机组的停运时间，减少了发电量，增加了清洗、检修的费用及环保工作量等。

1.4.2.2　热力设备腐蚀

热力设备的运行常以水作为介质，如果水质不良，则会引起金属的腐蚀。金属材料与环境介质反应引起的金属材料的破坏称为金属的腐蚀。火力发电厂的给水管道、各种加热器、锅炉的省煤器、水冷壁、过热器和汽轮机凝汽器等都会因水中含有溶解性气体和腐蚀介质而发生腐蚀。腐蚀会缩短金属的使用寿命，因为金属腐蚀产物转入给水中后，使给水杂质增多，缩短了在热负荷高的受热面上的结垢过程，结成的垢又会促进锅炉管壁的垢下腐蚀。这种恶性循环，会迅速导致爆管事故的发生。

1.4.2.3　过热器和汽轮机积盐

如果锅炉使用的水质不良，就不能产生高纯度的蒸汽，随蒸汽带出的杂质就会沉积在蒸汽流通部分（如过热器和汽轮机），这种现象称为积盐。过热器管内积盐会引起金属管壁过热，甚至爆管；汽轮机内积盐会大大降低汽轮机的出力和效率。特别是对于高温、高压的大容量汽轮机，它的高压蒸汽通流部分的截面积很小，所以少量的积盐就会大大增加蒸汽流通的阻力，使汽轮机的出力下降。汽轮机积盐严重时，还会使推力轴承负荷增大，隔板弯曲，降低汽轮机的工作效率或造成事故停机。

1.4.3　水汽循环中杂质来源

热力设备水汽循环中的工质带杂质，是引起热力设备结垢、腐蚀和积盐等故障的主要根源，水汽系统中杂质的来源有以下几方面。

1.4.3.1　补给水中含杂质

目前高参数机组锅炉补给水一般采用二级除盐水，即硬度为 $0\mu mol/L$、二氧化硅含量低于 $10\mu g/L$、电导率（25℃）低于 $0.15\mu S/cm$。补给水中含有的杂质与水处理方式及原水中杂质的种类、成分和含量有关。补给水虽然经过多级处理，但水中仍然含有各种微量杂质，这些微量杂质包括盐类、硅化合物和有机物等，主要有 K^+、Na^+、Ca^{2+}、Mg^{2+}、Al^{3+}、Fe^{3+}、Cl^-、SO_4^{2-}、SiO_2^{2-}、HCO_3^- 等。有些杂质在水中用常规的微量分析方法无法检测到，但在垢样成分中能检测到。

如水源中有机物含量过高而处理手段不足时，会有少量漏过，严重时还会影响补给水的氢电导率。当水处理除盐系统的设备有缺陷或运行操作管理不当时，除盐水中钠化合物、硅化合物和有机物等杂质的含量也会增加。

1.4.3.2 凝汽器渗漏冷却水

热力设备的冷却水系统大多采用直流冷却系统或敞开式循环（冷却塔或冷却池）冷却系统。直流冷却系统是从水源取天然水作冷却水，一次流过凝汽器再排到水源中，这种冷却水中含有与天然水相同的悬浮态、胶态、离子态等杂质。敞开式循环冷却系统是把通过凝汽器的冷却水导入冷却塔冷却后循环使用。这种循环冷却水取自天然水水源，而且一般还经过澄清和过滤处理，但水中的无机物和有机物的含量高于原来天然水中的含量，这是因为循环冷却水在冷却塔冷却过程中不断蒸发浓缩。此外，灰尘杂物落入、菌藻和微生物滋生等原因也使得冷却水中各种杂质的含量成倍增加。

当冷却水从凝汽器不严密处渗漏进入凝结水中时，冷却水中含有的各种盐类、硅化合物和有机物等杂质也进入凝结水中。凝汽器的结构与运行工况不同，渗漏的冷却水量也有很大差别。严密性好的凝汽器，可以使渗入的冷却水量为汽轮机额定负荷时凝结水量的 0.0035% ~ 0.01%，然而一般凝汽器在正常运行条件下的渗漏率为 0.01% ~ 0.05%。当凝汽器出现管子破裂、穿孔或断损，或管子与管板连接处的严密性被破坏时，进入凝结水中的冷却水量会高于一般情况下的渗漏量。凝汽器泄漏会造成凝结水中各种杂质的含量增大，水质显著劣化。因此，冷却水渗漏污染凝结水是各种结垢物质和侵蚀性离子进入热力系统的主要途径。

1.4.3.3 热力系统的金属腐蚀产物

无论是补给水、返回水还是疏水，都或多或少含有铁、铜的氧化物，它们是设备和管路金属腐蚀的产物。疏水箱疏水和返回凝结水在收集、存储和返回热力系统的过程中，通常会带来大量的金属腐蚀产物。以疏水为例，由于设备和管道种类的不同，疏水中铁、铜含量存在很大差异，而且随着运行条件的变化，其含铁量可达 $50 \sim 5000\mu g/L$、含铜量可达 $50 \sim 1500\mu g/L$。

凝结水系统和给水系统内部，各种管道和设备在运行中会发生不同程度的腐蚀，致使凝结水和给水中含有腐蚀产物，主要为铁、铜的腐蚀产物。以汽轮机蒸汽凝结水为例，机组正常运行时，凝结水含铁量一般为 $10 \sim 50\mu g/L$，含铜量一般为 $5 \sim 15\mu g/L$，甚至更小。在机组启动时，凝结水含铁量可达 $300 \sim 500\mu g/L$，含铜量可达 $20 \sim 100\mu g/L$。凝结水和给水中铁化合物的形态主要是 Fe_3O_4 和 Fe_2O_3 等氧化物，它们在水中呈悬浮态（颗粒大于 $0.1\mu m$）和胶态。

1.4.3.4 供热返回水中含有杂质

在热用户的用热过程中，蒸汽往往受到污染，致使从热用户返回的供热蒸汽凝结水含有许多杂质。从不同工业企业的热用户返回的凝结水，其中杂质的成分和含量也大不相同。一般来说，供热用汽往往污染较严重，返回水中含油量、硬度和含铁量较大，不经过适当处理不能直接回收作为锅炉给水使用。进入热力系统中的返回水水质应以不至于导致给水水质不合格为基本前提，并且回收的返回水水质应该符合硬度小于 $2.5\mu mol/L$、铁含量低于 $100\mu g/L$、含油量低于 $1mg/L$ 的要求。

1.4.3.5　水处理材料引入杂质

水处理系统的离子交换装置中树脂粉末可能进入锅炉补给水中，树脂的基团降解脱落后也可能会被带入锅炉水中。在凝结水精处理系统中，除了树脂方面的问题，还有覆盖材料（如纸粉及粉末树脂等）的水溶物污染以及备用设备投运初期带入的 O_2、CO_2 等气态杂质，这些杂质在高温水中分解后，会产生低分子有机酸，对炉管与汽轮机带来酸腐蚀问题。此外，除盐水中还可能带有破碎的离子交换树脂粉末等合成有机物、离子交换器内滋生的细菌及微生物等。

此外，水质调节过程一般要加入碱化剂，如挥发性处理时加入 NH_3、N_2H_4，汽包锅炉加入磷酸盐、氢氧化钠等，这些物质有时也会给热力设备造成危害。如磷酸盐较高时产生的暂时消失现象，Na^+ 与 PO_4^{3-} 摩尔比不合适会出现游离碱或 pH 值过低，NH_3 的浓缩对凝汽器空抽区铜管的腐蚀等。这些药品的纯度不高，会引入一定含量的杂质。

1.4.3.6　其他因素

凝结水箱、除盐水箱密封不严而带入的 O_2、CO_2 等气态杂质；凝结水泵、疏水泵等不严密而带入的气态杂质；疏水回收带入的杂质（腐蚀产物、硬度盐类、油等）；特种转动设备密封水的回水有时因设备故障而受到润滑油的污染；设备局部检修带来的污染（如加热器检修泵压水未放尽、化学清洗后未冲洗干净即投入系统运行）等都会对水汽系统带来不利的影响。

2 热力设备的结垢与防止方法

2.1 水垢和水渣

2.1.1 水垢和水渣的定义

水垢是一种牢固附着在金属壁面上的沉积物。除了水垢之外，在锅炉和热力设备的水中，还可能析出一些呈悬浮状态和沉渣状态的固体物质，即水渣。水垢与水渣均会对热力设备的安全经济运行造成较大危害。锅炉运行过程中既能生成一次水垢，又可能生成二次水垢。一次水垢是指在锅炉在正常运行的条件下，随给水进入锅炉的结垢物质，在锅炉水不断蒸发、浓缩的状态下改变其本身的结构，即从溶解状态转变成结晶状态，形成不溶于水的沉淀物质。当这些沉淀物质在靠近锅炉管壁的锅炉水中达到过饱和状态时，会直接附着沉积在受热面上，这时就形成了一次水垢，这种水垢十分坚硬。二次水垢是指锅炉水中结垢物质先从锅炉水中析出，呈悬浮状态，当锅炉水的碱度较低和水循环被破坏时，这些悬浮状物质黏附在已有沉积物的受热面及表面粗糙的一次水垢上面，就形成了二次水垢。

2.1.2 水垢的组成与分类

火电厂热力设备内受热面上形成的水垢，其外观、物理性质和化学组成等因锅炉给水水质、水垢生成部位以及受热面热负荷等不同而存在很大差异。研究水垢产生的原因、防止及清除方法，首要的是确定其化学成分。水垢的化学组成一般比较复杂，由多种化合物组成，化学成分分析常采用氧化物的重量百分率表示。某亚临界锅炉省煤器入口水垢的化学成分分析结果见表 2-1。

表 2-1　某亚临界锅炉省煤器入口水垢的化学成分分析结果（质量分数）（%）

样品名称	含　　量	样品名称	含　　量
Fe_2O_3	81.2	NiO	0.084
CuO	16.5	K_2O	0.059

样品名称	含　量	样品名称	含　量
Al_2O_3	1.03	CaO	0.038
ZnO	0.41	MnO	0.017
SiO_2	0.40	P_2O_5	0.014
Cr_2O_3	0.20	MoO_3	0.009
TiO_2	0.088	V_2O_5	0.004

　　水垢中虽然含有多种化学成分，但往往以某一种化学成分为主。水垢按其主要化学成分可分为钙镁水垢、硅酸盐水垢、氧化铁垢、铜垢以及磷酸盐水垢。水垢中各种物质确切的化学形态需采用物相分析确定，常用的分析方法是 X 射线衍射法（XRD）。某锅炉水垢物相分析结果见表 2-2。

表 2-2　某锅炉水垢的组成

水垢内组成物名称	化　学　式	水垢内组成物名称	化　学　式
方沸石	$Na_2O \cdot Al_2O_3 \cdot 4SiO_2 \cdot 2H_2O$	石英	SiO_2
锥辉石	$Na_2O \cdot Fe_2O_3 \cdot 4SiO_2$	水滑石	$Mg(OH)_2$
针钠钙石	$Na_2O \cdot 4CaO \cdot 6SiO_2 \cdot 2H_2O$	海泡石	$2MgO \cdot 3SiO_2 \cdot 4H_2O$
钙霞石	$4Na_2O \cdot CaO \cdot 4Al_2O_3 \cdot 2CO_2$ $9SiO_2 \cdot 3H_2O$	蛇纹石	$3MgO \cdot 2SiO_2 \cdot 2H_2O$
文石	$CaCO_3$	纤铁	$\gamma\text{-}FeO \cdot OH$
方解石	$CaCO_3$	赤铁	Fe_2O_3
硬石膏	$CaCO_4$	磁赤铁	$\gamma\text{-}Fe_2O_3$
磷辉石	$Ca(PO_4)_2$	磁铁	Fe_3O_4
硅石	$CaSiO_3$	赤铜	Cu_2O
硬硅钙石	$5CaO \cdot 5SiO_2 \cdot H_2O$	铜铁	$CuFeO_2$

2.1.2.1　钙镁水垢

　　钙镁水垢中，钙、镁盐的含量（质量分数）常常很大，可达 90% 左右。钙镁水垢按其主要化合物的形态可分为碳酸钙水垢（主要成分为 $CaCO_3$）、硫酸钙水垢（$CaSO_4$，$CaSO_3 \cdot 2H_2O$，$2CaSO_4 \cdot H_2O$）、硅酸盐水垢（$CaSiO_3$，$5CaO \cdot 5SiO_2 \cdot H_2O$）以及镁垢（$Mg_3(PO_4)_2$，$Mg(OH)_2$）。表 2-3 列举了典型钙镁水垢的化学成分分析结果。

表 2-3　各种钙镁水垢的化学成分分析结果（质量分数）　　（%）

水垢种类	Fe_2O_3	CaO	MgO	SiO_2	SO_3	CO_2	灼烧减量
硫酸钙水垢	6.6	35.7	0.9	10.3	43.7	0.3	2.8
碳酸钙水垢	9.8	36.4	2.5	12.3	2.7	24.7	31.2
硅酸钙水垢	4.9	43.0	1.1	41.9	微量	5.4	8.8
混合水垢（含硫酸钙、碳酸钙、硅酸钙）	2.8	35.2	3.7	19.6	12.5	16.7	21.0

2.1.2.2　硅酸盐水垢

硅酸盐水垢的化学成分，绝大部分是铝、铁的硅酸化合物，它的化学结构较复杂。这种水垢中往往含有（质量分数）40%～50%二氧化硅、25%～30%铝铁氧化物及 10%～20%钠的氧化物，钙、镁化合物的总含量（质量分数）一般不超过 5%。表 2-4 是某中压锅炉炉管内复杂硅酸盐水垢的化学成分分析结果。

表 2-4　某中压锅炉炉管内复杂硅酸盐水垢的化学成分分析结果（质量分数）（%）

垢样部位	SiO_2	Al_2O_3	Na_2O	Fe_2O_3	CaO	MgO	P_2O_5	灼烧减量
水冷壁管内	47.02	24.58	17.00	0.60	1.30	0.20	1.0	8.3

这种水垢的化学成分和结构常与某些天然矿物相似，如锥辉石（$Na_2O \cdot Fe_2O_3 \cdot 4SiO_2$）、方沸石（$Na_2O \cdot Al_2O_3 \cdot 4SiO_2 \cdot 2H_2O$）、钠沸石（$Na_2Al_2Si_3O_{10} \cdot 2H_2O$）、黝方石（$4Na_2O_3 \cdot 3Al_2O_3 \cdot 6SiO_2 \cdot SO_3$）等。

2.1.2.3　氧化铁垢

氧化铁垢的主要成分是铁氧化物，其含量（质量分数）可达 70%～90%。有研究报道锅炉水中铁的氧化物最稳定的形式是 Fe_3O_4，其他形式均会转化为 Fe_3O_4，因此，磁性氧化物 Fe_3O_4 是氧化铁垢的主要成分。此外，氧化铁垢中通常还含有金属铜及铜的氧化物，少量钙、镁、硅和磷酸盐等物质。表 2-5 为某锅炉内氧化铁垢的化学成分分析结果，表 2-6 为水冷壁管垢样的化学成分分析结果。

表 2-5　某锅炉内氧化铁垢的化学成分分析结果（质量分数）　　（%）

部位	SiO_2	R_2O_3	P_2O_5	SO_3	CaO	MgO	CuO
汽包底部	0.68	50.65	18.95	0.85	6.61	0.58	19.70
汽包侧壁	0.83	41.20	18.05	1.21	26.1	0.04	11.79

表 2-6　水冷壁管垢样的化学成分分析结果（质量分数）　　（%）

部位	R_2O_3	P_2O_5	SO_3	CaO	MgO	CuO
背火侧	52.14	12.78	0.78	13.5	2.77	24.7
向火侧	67.87	14.65	0.96	14.28	4.52	3.58

2.1.2.4　铜垢

铜垢的化学成分含量随向火侧和背火侧而变化。炉管向火侧化学成分（质量分数）一般为 $Cu(51.8\%)$、$R_2O_3(24.50\%)$、$Fe_2O_3(18.80\%)$、$SiO_2(15.40\%)$、$CaO(1.12\%)$、$MgO(1.71\%)$；炉管背火侧化学成分（质量分数）一般为 $Cu(35.52\%)$、$R_2O_3(39.30\%)$、$Fe_2O_3(33.20\%)$、$SiO_2(3.40\%)$、$CaO(1.12\%)$、$MgO(1.21\%)$。

2.1.2.5　磷酸盐垢

磷酸盐垢是锅炉采用磷酸盐处理时常见的水垢，包括磷酸盐铁垢和普通磷酸盐水垢。磷酸盐铁垢是发生酸性磷酸盐腐蚀时产生的一种特殊水垢，其主要成分是磷酸亚铁钠（$NaFePO_4$）。普通磷酸盐水垢是指锅内在进行磷酸盐处理时，锅炉水中含有大量 PO_4^{3-}，以及浓度较低的 $NaOH$，所产生的以 $Ca_3(PO_4)_2$ 或 $Mg_3(PO_4)_2$ 为主要成分的水垢。

2.1.3　水垢的物理性质

不同水垢的物理性质各有差异。有的水垢很坚硬，有的较软；有的水垢致密，有的多孔；有的水垢牢固地黏附在金属表面，有的较疏松。通常表征水垢物理性质的指标有坚硬度、孔隙率和导热性等。

（1）坚硬度。表征水垢的坚硬程度，其是否容易用机械方法（如刮刀、铣刀、金属刷等）清除。

（2）孔隙率。表征水垢中孔隙占水垢体积的百分率，一般情况下，水垢孔隙率越大，水垢的导热性越差。

（3）导热性。一般情况下，水垢的导热性很差，不同的水垢其化学组成、内部孔隙、水垢内各层次结构与导热性均不相同。钢和各种水垢的导热系数见表 2-7。水垢与钢材相比，导热系数相差几十倍到几百倍，当金属管壁结有 1mm 厚的水垢时，其传热效能相当于钢管管壁加厚了几十毫米到几百毫米，因此，金属管壁上形成水垢会严重地阻碍传热。

表 2-7　钢和各种水垢的导热系数　　　　　　　　　　$(W/(m \cdot ℃))$

名　称	导热系数 λ	名　称	导热系数 λ
低碳钢	46.40~69.60	炭黑	0.060~0.116
氧化铁垢	0.116~0.232	油脂膜	0.116
硅酸盐水垢（SiO_2 质量分数大于 25%）	0.058~0.232	钢材	46~70
硫酸钙水垢	0.58~2.90	被油污染的水垢	0.1
钙、镁的碳酸盐水垢	0.58~6.96		

2.1.4 水渣的特性

水渣的化学组成十分复杂，并且随水质的不同而变化。以除盐水作补给水的锅炉中，水渣的主要成分是金属的腐蚀产物，如铁的氧化物（Fe_2O_3、Fe_3O_4）、铜的氧化物（CuO、Cu_2O）、碱式磷酸钙 $[Ca_{10}(OH)_2(PO_4)_6]$ 和蛇纹石（$3MgO \cdot 2SiO_2 \cdot 2H_2O$）等。水渣根据性质的不同，可分为以下两类。

（1）不会黏附在受热面上的水渣。这类水渣比较松软，通常是悬浮在炉水中，所以容易随污水从锅内排出。此类水渣主要有碱式磷酸钙 $[Ca_{10}(OH)_2(PO_4)_6]$ 和蛇纹石（$3MgO \cdot 2SiO_2 \cdot 2H_2O$）。

（2）易黏附在受热面上转化成二次水垢的水渣。这种水渣容易黏附在炉管受热面的内壁上，特别容易黏附在水流缓慢或停滞的地方。这些黏附的水渣经高温烘焙后，会转变成较松软并有黏性的水垢，即二次水垢，如磷酸镁 $[Mg_3(PO_4)_2]$ 和氢氧化镁 $[Mg(OH)_2]$ 等。

水渣的危害则在于，如果炉水中水渣太多，不仅会影响锅炉的蒸汽品质，而且还有可能堵塞炉管，对锅炉的安全运行造成威胁。因此，应通过锅炉排污的方式及时将炉水中的水渣排出锅炉。另外，还要尽可能避免生成黏附性的磷酸镁和氢氧化镁水渣，以防止生成二次水垢。

2.2 水垢的危害

水垢的导热性差是水垢危害大的主要原因，主要表现在以下几个方面。

（1）降低锅炉热效率，增加热损失。锅炉或其热交换设备中结垢时，因水垢的导热系数很小，受热面的传热性能变差，燃料燃烧时所放出的热量不能迅速传递给锅炉水，而被烟气带走大量热量，造成排烟温度升高，增加排烟热损失，锅炉热效率降低。在这种情况下，为了维持锅炉额定参数，就必须向炉膛投加更多燃料，并加大鼓风和引风来强化燃烧。其结果是大量未完全燃烧的物质排出烟囱，增加了燃料消耗。锅炉炉膛容积和水冷壁面积是一定的，燃料燃烧受限，因而增加燃料投加量不可能提高锅炉的热效率。锅炉中水垢结得越厚，热效率就越低，燃料消耗就越大。据估算，火力发电厂锅炉省煤器中若结 1mm 厚的水垢，燃煤消耗量将增加 1.5%～2%。锅炉水冷壁管内结垢厚 1mm，燃煤消耗量约增加 10%。

（2）引起金属管壁过热，影响锅炉安全运行。锅炉的水垢常常生成在热负荷很高的水冷壁管上，由于水垢导热性很差，因此金属管壁局部温度大大升高，当温度超过金属所能承受的允许温度时，金属因过热而蠕变，强度降低，在管内工质压力作用下，金属管发生鼓包、穿孔、破裂，引起锅炉的爆管事故。高参数锅炉水冷壁管即使结很薄的水垢（0.1~0.5mm），也有可能引起爆管事故，导致事故停炉。

（3）导致金属发生沉积物下腐蚀（即垢下腐蚀）。锅炉水冷壁管内有水垢附着的条件下，从水垢的孔隙、缝隙渗入的锅炉水，会在沉积的水垢层与管壁之间急剧蒸发。在水垢层下，炉水中的杂质可被浓缩到很高的浓度，其中有些侵蚀性物质（如 NaOH、HCl、CaCl$_2$ 等）在高温高浓度条件下会对管壁金属产生严重腐蚀。结垢、腐蚀过程的互相促进，会很快导致水冷壁管损坏，以致锅炉发生爆管事故。

（4）破坏水循环，降低锅炉出力。锅炉水循环有自然水循环和强制水循环两种形式。前者是靠上升管和下降管的汽水密度不同产生的压力差而进行的水循环；后者主要依靠水泵的机械动力作用而进行强制循环。炉管内壁结垢后，管内流通截面积减小，流动阻力增大，正常的水循环被破坏，使得向火侧的金属壁温升高。当管路完全被水垢堵死时，水循环则完全停止，金属壁温则更高，就易因过热而发生爆管事故。水冷壁管是均匀布置在炉膛内的，吸收的是辐射热。在距联箱400mm 左右的向火侧高温区，如果结垢，则易发生鼓包、泄漏、弯曲、爆破等事故。

（5）设备检修和化学清洗工作量增加，设备年运行时间减少，使用寿命缩短。锅炉受热面上沉积水垢后，必须彻底清除才能保证锅炉安全、经济运行。采取机械手段或化学清洗清除水垢，都会不同程度地对锅炉造成损伤，缩短使用寿命。随着水垢厚度的增加，药剂的消耗和投入的资金也增多。同时，检查和除垢工作还会增加设备检修工作量和检修费用，延长停运时间，造成巨大经济损失。

2.3　水垢的类型

2.3.1　钙镁水垢

2.3.1.1　形成部位

钙镁水垢是中低压锅炉常见的水垢类型。锅炉若采用一级钠离子交换水作补给水，则软化水中的残余硬度是给水中钙镁化合物的主要来源；若采用两级钠离子交换水或除盐水作补给水，给水中的钙镁化合物主要是来自凝汽器泄漏或者由供热蒸汽返回水带入。如果凝汽器很严密，供热蒸汽返回水也经过处理，那么给水中钙镁化合物含量一般很小。尽管如此，由于炉管内的水发生剧烈的沸腾过程，水的汽化使锅炉水中钙镁化合物的浓度剧增，因此依然会引起钙镁水垢的结生。

碳酸钙/镁水垢是最常见的一种水垢，外观多为白色、灰白色。其由于生成条件不同，可以是坚硬、致密的硬垢，也可以是松散、海绵状的软垢。硬垢主要发生在热负荷低、蒸发强度小的部位，如省煤器、给水管的进口、汽轮机、凝汽器的冷却水通道以及冷却塔循环水流动较差的部位，碳酸钙容易以结晶形态沉积在管壁上，形成坚硬致密的碳酸盐水垢。而在锅炉本体中，由于炉水碱度大，且水沸腾扰动强烈，碳酸钙常成为松软泥渣而随锅炉排污排出。

硫酸钙水垢坚固、密实，呈黄白色，硅酸钙水垢外表呈灰白色，均不溶于有机酸，在盐酸中能缓慢溶解，一般生成在热负荷高的受热面上，如水冷壁管、锅炉对流管束、蒸发器等。

2.3.1.2 形成过程

形成钙镁水垢的原因主要是在炉水不断受热蒸发、浓缩的情况下，水中钙、镁盐类达到并超过了溶度积，导致这些盐类从水中结晶析出，并附着在受热面上。由于受热面金属表面粗糙不平，有许多微小凸起的小丘，这些小丘便成为由过饱和溶液中产生固相的结晶核心。此外，锅炉受热面金属壁上还覆盖着一层金属氧化物，也称为氧化膜。这种氧化物具有相当大的吸附能力，成为金属壁和结晶析出的沉淀物的黏结层。

在锅炉和各种热交换器中，水中钙、镁盐类的离子浓度积大于溶度积的原因主要有以下几个方面。

（1）随着温度的升高，某些钙、镁化合物在水中的溶解度下降，如 $CaCO_3$、$CaSO_4$、$Mg(OH)_2$ 等。如图 2-1 所示，$CaSO_4$ 的溶解度对温度变化最为敏感，这类水垢的形成速度取决于物质浓度和炉管的局部热负荷。

（2）水中盐类在水不断受热蒸发的过程中逐渐浓缩。尤其是在锅炉传热面换热时，由于流体的黏滞作用，靠近管内壁均有一层滞流层，其温度接近管内壁的温度，高于主流体的温度，因此滞流层首先受热蒸发，导致此处盐类浓度大于主流体的浓度。

（3）在水不断受热蒸发时，水中某些钙、镁盐类因发生化学反应，从易溶于水的物质变成难溶的物质而析出。例如碳酸氢钙和碳酸氢镁在水中受热可分解，Na_2CO_3 和 $CaCl_2$ 或 Na_2SO_4 和 $CaCl_2$ 相互作用生成 $CaCO_3$ 或 $CaSO_4$ 沉淀，反应式如下：

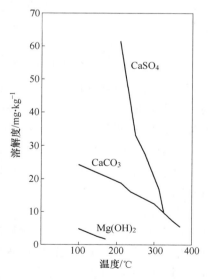

图 2-1 难溶钙、镁盐在锅炉水中的溶解度

$$Ca(HCO_3)_2 \longrightarrow CaCO_3 \downarrow + H_2O + CO_2 \uparrow$$
$$Mg(HCO_3)_2 \longrightarrow Mg(OH)_2 \downarrow + 2CO_2 \uparrow$$
$$Na_2CO_3 + CaCl_2 \longrightarrow CaCO_3 \downarrow + 2NaCl$$
$$Na_2SO_4 + CaCl_2 \longrightarrow CaSO_4 \downarrow + 2NaCl$$

　　盐类物质从水中析出后，所形成的状态取决于其化学成分、结晶形态以及析出时的条件。例如，在省煤器、给水管道、加热器、凝汽器冷却水通道和冷水塔中，析出的碳酸钙往往结成坚硬的水垢；而在锅炉中，由于水的碱性较强，并且处于剧烈的沸腾状态，析出的碳酸钙往往形成海绵状的松软水渣。

2.3.2　硅酸盐水垢

　　如图 2-2 所示，硅酸盐水垢外观为白色或灰白色薄片状（若垢中混有腐蚀产物，则呈灰黑色或粉红色），其附着坚固，质硬而脆，呈玻璃状。这种垢在盐酸、硝酸和王水中都不能完全溶解，但在盐酸中加入氟化钠（NaF）、氟化钾（KF）后，即可溶解。锅炉中形成的硅酸盐水垢，或疏松、多孔，或致密、坚硬，常常匀整地覆盖在热负荷很高或炉水循环不良的炉管内壁上。

图 2-2　硅酸盐水垢的宏观形貌

　　复杂的硅酸盐水垢主要生成在普通高压锅炉中，因补给水除硅不完善、凝汽器泄漏等原因，一般在锅炉水冷壁管等热负荷很高的地方形成。给水中铝、铁和硅的化合物含量较高时，在热负荷很高的炉管，因温度升高硅酸盐化合物的溶解度降低，或者因剧烈的蒸发浓缩硅酸盐化合物直接结晶析出，都会造成硅酸盐水垢的产生。在某些中低压锅炉中，硅酸盐水垢生成的现象也普遍存在。这是由于中低压锅炉对给水二氧化硅含量的要求没有高参数机组那样严格，有时甚至没有除硅设备，当给水中二氧化硅含量过高，就必然会形成硅酸盐水垢。

　　关于硅酸盐水垢的形成机理，目前尚不很清楚。现有两种说法：一种认为，从锅炉水中析出并附着在炉管金属表面上的一些物质，在高热负荷的作用下，相互发生化学反应，就形成硅酸盐水垢。例如，在受热面上的硅酸钠和氧化铁能相互作用生成复杂的硅酸盐化合物，则认为是由析出在高热负荷的炉管上的钠盐、熔融状态的苛性钠及铁铝氧化物相互作用而生成的。

$$Na_2SiO_3 + Fe_2O_3 \longrightarrow Na_2O \cdot Fe_2O_3 \cdot SiO_2$$

另一种说法认为，某些复杂的硅酸盐水垢，是在高热负荷的炉管壁上从高度浓缩的炉水中直接结晶出来的。在高压容器中硅酸钠和其他相应组分可以合成复杂的铝硅酸盐化合物。例如，硅酸钠和铝酸钠溶液在温度为182℃和282℃的高压釜内可合成得到方沸石晶体颗粒，研究发现，压力、热负荷和炉水中的含硅量和含铝量是形成方沸石的决定因素。除了铝硅酸盐水垢外，有些水循环工况不良的锅炉炉管内还发现有锥辉石水垢。研究表明，锅炉压力、炉管热负荷和炉水中硅化合物、铁的氧化物的浓度是形成锥辉石水垢的决定因素。

2.3.3 氧化铁垢的形成

2.3.3.1 形成部位

氧化铁垢最容易在高参数和大容量的锅炉内生成，但在其他锅炉中也可能产生。这种铁垢的生成部位，主要在热负荷很高的炉管管壁上，如燃烧器附近的炉管、敷设有燃烧带的锅炉在燃烧带上下部的炉管、燃烧带局部脱落或炉膛内结焦时的裸露炉管内等处。由氧化铁垢所引起的爆管事故，也正是发生在这些区域。

对于高参数机组而言，由于凝汽器的严密性较高，水处理工艺也较完善，天然水中常见杂质已基本除掉，给水水质较纯，因此避免了中低压锅炉以碳酸盐和硅酸盐为主要成分的结垢情况，而锅炉炉管上生成氧化铁垢主要是因为铁的氧化物（炉前热力系统的腐蚀产物）被给水携带到锅内所引起的。氧化铁垢的形成与炉水中铁的氧化物含量及炉管上的局部热负荷直接相关，其形成速度随炉水中铁含量的提高和热负荷的增加而增加。另外，锅炉在运行过程中发生碱性腐蚀或水汽腐蚀，其腐蚀产物附着在管壁上也会转化成氧化铁垢。

2.3.3.2 成分及特征

氧化铁垢表面为咖啡色，内层是黑色或灰色，多数呈片状，较疏松，垢的下部与金属接触处常有少量的白色盐类沉积物。

氧化铁垢的主要成分是铁的氧化物，在一定温度和压力的条件下，燃煤锅炉中可以产生三种稳态的固体铁的氧化物：磁铁矿（Fe_3O_4）、赤铁矿（$\alpha\text{-}Fe_2O_3$）和方铁矿（FeO）。磁性铁垢为中心面立方尖晶体，遍及整个锅炉的典型氧化物主层，在大范围的运行工况条件和氧气等级下都会有磁性铁垢的存在。三氧化二铁（$\alpha\text{-}Fe_2O_3$）在较高氧气浓度条件下是稳定的，形成氧化物的最外层。方铁矿（FeO）在最低氧气浓度条件下是稳定的，但依据钢材中合金的含量，当低于某一温度时其将不再稳定，对于1Cr5Mo和2.25Cr1Mo，此温度范围为560~620℃，低于此温度时它将分解为铁和磁性铁垢。如果它形成在过热器或再热器管道的蒸汽侧，则它可能位于管金属和主要磁性铁垢层间，是蒸汽管路中多层氧化物扩展的主要原因。

2.3.3.3　影响因素

A　含铁量

氧化铁垢的结垢速度和结垢量与锅炉给水或炉水中铁氧化物的含量有直接关系。炉水中含铁量越高,炉管上氧化铁垢的形成速度越快,试验研究结果见表 2-8。研究表明,当炉管热负荷达为 $3.50 \times 10^5 \, \text{W/m}^2$ 时,炉水含铁量只要超过 $100 \, \mu\text{g/L}$,就会产生氧化铁垢,含铁量为 $500 \, \mu\text{g/L}$ 时,氧化铁垢形成速率为 $0.09 \, \text{mg/(cm}^2 \cdot \text{d)}$。对于超(超)临界直流锅炉而言,锅炉给水中含铁量增加会导致省煤器和水冷壁管上结垢速率和结垢量急剧增加。有资料显示,某 600MW 超临界直流锅炉给水含铁量控制在 $10 \, \mu\text{g/L}$,省煤器向烟侧和水冷壁管向火侧的氧化铁垢的结垢速率分别可达 $0.087 \, \text{mg/(cm}^2 \cdot \text{d)}$ 和 $0.022 \, \text{mg/(cm}^2 \cdot \text{d)}$,当给水含铁量小于 $3 \, \mu\text{g/L}$ 时,结垢速率分别为 $0.003 \, \text{mg/(cm}^2 \cdot \text{d)}$ 和 $0.007 \, \text{mg/(cm}^2 \cdot \text{d)}$。

表 2-8　氧化铁垢的结垢速率　　　　　　　　$[\text{mg/(cm}^2 \cdot \text{d)}]$

热负荷	铁的浓度					
	$10 \mu\text{g/L}$	$30 \mu\text{g/L}$	$50 \mu\text{g/L}$	$70 \mu\text{g/L}$	$100 \mu\text{g/L}$	$150 \mu\text{g/L}$
$16 \times 10^5 \text{kJ/(m}^2 \cdot \text{h)}$	0.896	2.69	4.48	6.27	8.96	13.44
$20 \times 10^5 \text{kJ/(m}^2 \cdot \text{h)}$	1.40	4.20	7.0	9.80	14.0	21.0
$24 \times 10^5 \text{kJ/(m}^2 \cdot \text{h)}$	2.02	6.06	10.10	14.14	20.2	30.3

B　炉管热负荷

氧化铁垢的形成速度可以按经验公式(2-1)计算:

$$A_{\text{Fe}} = K_{\text{Fe}} \, S_{\text{G}}^{\text{Fe}} \, q^2 \qquad (2\text{-}1)$$

式中　A_{Fe}——氧化铁垢的形成速度,$\text{mg/(cm}^2 \cdot \text{h)}$;

　　　S_{G}^{Fe}——炉水中铁的含量,mg/L;

　　　q——炉管的局部热负荷,W/m^2;

　　　K_{Fe}——比例系数,按试验台研究的结果,此系数值为 5.7×10^{-14},按在锅炉上试验的资料,此系数值为 8.3×10^{-14}。

式(2-1)说明,氧化铁垢的形成速度与炉管的热负荷有很大关系。炉水中铁的含量一定时,在局部热负荷高的部位,氧化铁垢形成速度快,这也是氧化铁垢主要生产部位是热负荷高的炉管管壁的原因。图 2-3 和图 2-4 表明,氧化铁垢形成速度与炉水、给水含铁量和热负荷密切相关,炉水的含铁量主要取决于给水的含铁量,给水含铁量越高,热负荷对氧化铁垢的结垢速度的影响也越大。因此,对于高热负荷的机组,为了防止氧化铁垢的产生以维持安全运行,必须尽可能地降低给水中铁化合物的含量。

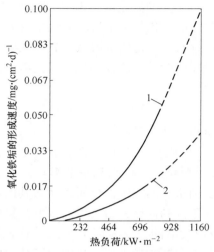

图 2-3　氧化铁垢生成速度与给水含铁量　　图 2-4　氧化铁垢的形成速度与锅炉水
　　　　和热负荷的关系　　　　　　　　　　　　含铁量和热负荷的关系

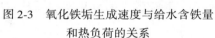

1—给水含铁量为 50μg/L；2—给水含铁量为 20μg/L

C 其他因素

由于氧化铁垢中往往含有铜垢，因此关于铜对氧化铁垢形成速度的影响也进行了试验研究。研究结果表明，氧化铁垢的形成过程与铜垢的形成过程，是两个彼此相互独立进行的过程，对结垢的速度彼此没有影响，但是这两个过程都与热负荷有很大关系。表 2-9 是铜对氧化铁垢形成速度的影响的试验研究结果。

表 2-9　铜对氧化铁垢形成速度的影响

锅炉水含铜量/mg·L^{-1}	氧化铁垢的形成速度 /mg·(cm^2·h)$^{-1}$	铜垢的形成速度 /mg·(cm^2·h)$^{-1}$
痕量	0.0188	0.0001
0.05	0.0172	0.0005
0.5	0.0199	0.0010
5	0.0185	0.0014
10	0.0193	0.0015
15	0.0200	0.0017

注：热负荷 $q = 300 \times 10^3 \text{W/m}^2$；锅炉水水质：$S_G^{Fe} = 5\text{mg/L}$，$c(PO_4^{3-}) = 100\text{mg/L}$，$pH = 10.8$。

研究还指出，氧化铁垢的形成速度与水中铁化合物的化合价无关，在其他条件都相同时，二价铁同三价铁形成氧化铁垢的速度相同。此外，锅内水循环的流速，对氧化铁垢的形成也没有显著影响，当水循环的流速从 0.3m/s 改变到 1m/s 时，并不影响氧化铁垢的形成速度。氧化铁垢的颜色与水中溶解氧含量有关，一般容量小的锅炉，给水除氧效果较差，水中含有一定量的溶解氧，氧化铁垢往往呈暗红色。大容量、高参数的锅炉，氧化铁垢一般呈灰色或黑色。实施给水加氧处理的锅炉，水冷壁管上氧化铁垢呈暗红色。

2.3.3.4 形成原因

关于氧化铁垢的形成机理，目前主要有以下两种看法。

（1）炉水中铁的化合物沉积在管壁上，形成氧化铁垢。炉水中铁化合物的形态主要是胶体态的氧化铁，也有少量较大颗粒的氧化铁和呈溶解状态的氧化铁，胶体态氧化铁带正电。在炉管局部热负荷很高的地区，金属表面与其他各部位的金属表面之间，会产生电位差。热负荷很高的区域，金属表面因电荷集中而带负电。这样，带正电的氧化铁微粒就向带负电的金属表面聚集，形成氧化铁垢。炉水在近壁层急剧汽化而高度浓缩过程中，颗粒较大的氧化铁逐渐从水中析出并沉积在炉管管壁上形成氧化铁垢。

上述看法可以用来解释以下现象：高参数锅炉内比较容易生成氧化铁垢，通常是锅炉的参数越高，容量越大，炉膛内的热负荷也就越大；另外，高参数锅炉内炉水温度较高，而铁的氧化物在水中的溶解度随温度升高而下降（见图 2-5），结果使锅炉水中有更多的铁以固态微粒存在，所以比较容易生成氧化铁垢。

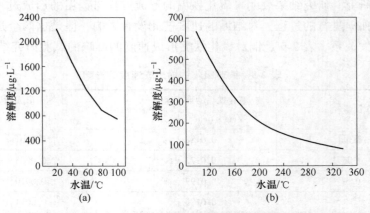

图 2-5 铁的氧化物（Fe_3O_4）在水中的溶解度

（a）低温水；（b）高温水

（2）炉管上的金属腐蚀产物转化成为氧化铁垢。在锅炉运行时，如果炉管内发生碱性腐蚀或汽水腐蚀，其腐蚀产物附着在管壁上就成为氧化铁垢。锅炉制造、安装或停用时，若保护不当，由于大气腐蚀在炉管内会生成氧化铁等腐蚀产物，这些腐蚀产物有的附着在管壁上，锅炉运行后，也会转化成氧化铁垢。

2.3.4 铜垢

2.3.4.1 形成部位

若水垢中金属铜的含量很大，平均铜含量（质量分数）达到20%以上时，这种水垢称作铜垢。在各种压力的锅炉中都可能生成铜垢，经常超额定负荷运行的锅炉或炉膛内燃烧工况变化引起局部热负荷过高的锅炉，更容易形成铜垢。铜垢的生成部位主要是局部热负荷很高的炉管，有时在汽包和联箱内的水渣中也发现有铜，这些铜是从局部热负荷很高的管壁上脱落下来，被水流带到水流速度较缓慢的汽包和联箱中，与水渣一起积聚形成。

2.3.4.2 特征

铜垢的特征是牢固地贴附在金属表面，且垢中每层的铜含量各不相同。铜垢中金属铜的分布往往有一个特点：在水垢的上层，即受炉水冲刷的表层，含铜质量分数很高，常达70%～90%；越是接近金属管壁处含铜质量分数越小，一般靠近管壁处为10%～25%或更少。图2-6表明了铜在铜垢中的分布特点。铜垢的表面层较松软，也较薄，主要由细小的金属铜的小丘组成，含铜质量分数85%；下面的一层含铜质量分数60%；紧贴金属管壁的一层厚度大，很紧密，含铜质量分数25%。

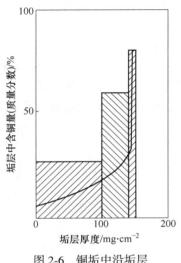

图2-6 铜垢中沿垢层厚度铜的分布

这与氧化铁垢中含铜的情况不一样，铜在氧化铁垢层中的分布大致是均匀的，即水垢的上层和与管壁金属接触的垢层含铜百分数大体相同。

2.3.4.3 形成原因

铜垢的形成原因目前的看法是热力系统中铜合金制件遭到腐蚀后，铜的腐蚀产物随给水进入锅内。为了防止锅炉金属材料的腐蚀，国内锅炉多采用加氨处理，调节给水pH值，在氨和氧共存的条件下，显著地促进铜合金的腐蚀反应：$CuO + 4NH_3 + H_2O \rightarrow [Cu(NH_3)_4(OH)_2]$。在沸腾的碱性锅炉水中，铜主要以络合物形式存在，这些络合物和铜离子呈离解平衡，所以炉水中铜离子的实际含量与炉水总含铜量并不相符，这与铜的络合物的稳定性有关。在高热负荷部位，一方面，炉水中部分铜的络合物会被破坏变成铜离子，使炉水中的铜离子含量升高；另一方面，由于高热负荷的作用，炉管中高热负荷部位的金属氧化保护膜被破坏，并且使高热负荷部位的金属表面与其他部位的金属表面之间产生电位差，局部热负荷越大时，这种电位差也越大。因而，铜离子就在带负电量多的局部热负荷高的区域捕获电子而析出金属铜（$Cu^{2+}+2e\rightarrow Cu$）；与此同时，在面积很大的邻近区域上进行铁释放电子的过程（$Fe\rightarrow Fe^{2+}+2e$），所以铜垢总是形成在局部热负荷高的管壁上。因此，铜垢可以在给水含铜量不相同的各类锅炉中产生。例如，曾在一台给水含铜量仅 $2\mu g/L$ 的锅炉中发现了铜垢，但在有些给水含铜量达到 $100\mu g/L$ 的锅炉内却往往没有铜垢。

开始析出的金属铜呈一个个多孔的小丘，小丘的直径为 $0.1\sim0.8mm$，随后许多小丘逐渐连成整片，形成多孔海绵状沉淀层，炉水则充灌到这种孔中。由于热负荷很高，孔中的这些锅炉水很快就被蒸干而将氧化铁、磷酸钙、硅化合物等杂质留下。这种过程一直进行到杂质将孔填满为止。杂质填充的结果就使实际垢层中铜的百分含量比刚形成而未填充杂质的垢层中铜的百分含量小。铜垢有很好的导电性，不妨碍上述过程的继续进行，所以在已生成的垢层上又按同样的过程产生新的铜垢层。

如图 2-7 所示，当受热面热负荷超过 $2.0\times10^5 W/m^2$ 时，就会产生铜垢；铜垢的形成速度主要与热负荷有关，它随着热负荷的增大而加快。在热负荷最大的管段，往往形成的铜垢量最多。

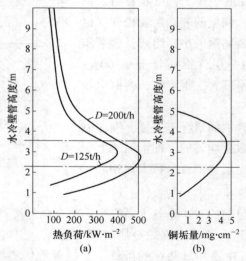

图 2-7 TⅡ-200-1 型锅炉净段水冷壁内铜垢的分布

（a）热负荷的分布；（b）铜垢量的分布

2.3.5 磷酸盐铁垢

随着对工业锅炉节能减排工作的日益重视，大容量的工业锅炉采用反渗透除盐水代替软化水，蒸汽冷凝水回收利用，锅炉排污率降低了，锅炉热效率提高了，但锅炉腐蚀、结垢现象并没有解决。通常通过加磷酸盐进行炉内加药处理，降低锅炉结垢速度，但水垢一旦形成，往往就形成难以清除的磷酸盐铁垢类难溶垢。这类水垢导热系数很小，会严重影响传热效果，造成能源浪费，甚至影响生产正常运行。此外，这类水垢易发生垢下腐蚀，会大大降低锅炉的使用寿命。

2.3.5.1　形成部位

锅炉发生酸性磷酸盐腐蚀时，NaH_2PO_4 或 Na_2HPO_4 与 Fe_3O_4 发生反应，腐蚀产物为磷酸盐铁垢，一般产生在高参数锅炉中高热负荷区的受热面上，低压供汽锅炉、热水锅炉、热交换器和循环冷却水系统中不产生此类水垢。酸性磷酸盐腐蚀一般容易发生在以下部位：一是炉管内水循环受干扰的地方，如沉积物沉积部位、炉管方向骤变或内径改变处、炉管弯管处；二是高热流量区域；三是热力或水力流动受影响位置，如水平炉管或倾斜炉管。

2.3.5.2　磷酸盐铁垢的特点

发生酸性磷酸盐腐蚀时，炉管水侧保护性的磁性氧化铁（Fe_3O_4）层被破坏，形成一个蚀槽区。蚀槽区内腐蚀产物通常有两个明显的区别层，外层黑色，为沉积的给水腐蚀产物，内层呈透明灰色（主要是 $NaFePO_4$），有时还会覆盖有红色的 Fe_2O_3 斑点。磷酸盐铁垢呈灰白色，坚硬多孔，导热性很差，一旦产生，形成速度很快，能很快引起爆管事故。而普通磷酸盐水垢外观多呈灰白色，质地松散，在设备上附着力不强。

2.3.5.3　形成过程

磷酸盐铁垢的形成过程可概略地用以下反应式表示：

$$Na_3PO_4 + Fe(OH)_2 \rightleftharpoons NaFePO_4 + 2NaOH$$

从化学反应平衡的观点来看，对于炉水中的每一个磷酸根，有一个与它对应的平衡 NaOH，当炉水中 NaOH 浓度超过这个平衡浓度时，由于化学平衡向左边移动，因此不会生成磷酸盐铁垢。所以磷酸盐铁垢能否生成是与炉水中的 PO_4^{3-} 和 NaOH 浓度有关的，如图 2-8 所示。

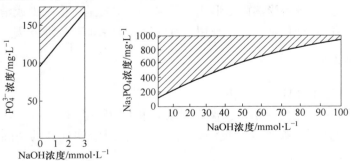

图 2-8　磷酸盐铁垢与锅水中 PO_4^{3-} 和游离 NaOH 的关系

  磷酸盐铁垢的产生与酸性磷酸盐腐蚀紧密相关，因此，酸性磷酸盐腐蚀过程是磷酸盐铁垢形成的主要途径。在高参数汽包锅炉采用协调 pH-磷酸盐或磷酸盐水工况下，发生磷酸盐隐藏现象时，为减少磷酸盐的损失和游离 NaOH，使运行参数控制在运行范围之内，往往添加 NaH_2PO_4 及 Na_2HPO_4，结果导致炉水的 Na^+ 与 PO_4^{3-} 比值降低，炉水中存在较多酸性磷酸盐，炉水的局部浓缩促进酸性磷酸盐腐蚀的发生。

  当炉水中 Na^+ 与 PO_4^{3-} 比值低于 2.5，锅炉水温度大于 177℃，且沉积在管壁上的磷酸盐浓度超过一个临界值时，磷酸盐和炉管表面 Fe_3O_4 保护膜会反应生成 $NaFePO_4$，即发生酸性磷酸盐腐蚀，其腐蚀速率一般大于 $100\mu m/a$。这个临界值随温度的升高而降低，反应方程式如下：

$$Fe_3O_4 + 5Na^+ + 5HPO_4^{2-} + H_2O \Longrightarrow 2Na_2Fe(HPO_4)PO_4 + NaFePO_4 + 5OH^-$$

$$Fe_3O_4 + \frac{29}{3}Na^+ + 5HPO_4^{2-} \Longrightarrow 2Na_4FeOH(PO_4)_2 \cdot \frac{1}{3}NaOH +$$

$$NaFePO_4 + \frac{1}{3}OH^- + H_2O$$

  这两个反应导致锅炉水 pH 值升高，PO_4^{3-} 浓度降低。当温度和压力降低时，反应产物 $NaFePO_4$ 和 $Na_4FeOH(PO_4)_2 \cdot \frac{1}{3}NaOH$ 又溶于水，导致锅炉水 pH 值降低，严重时炉水 pH 值会低于 9，可能引发炉管全面酸性腐蚀，甚至还会导致炉管氢脆的发生。

  由于引起酸性磷酸盐腐蚀的主要原因是添加了 NaH_2PO_4 或 Na_2HPO_4。因此，酸性磷酸盐腐蚀一般被认为是采用了协调 pH-磷酸盐处理后逐渐出现的实际问题。有资料统计，采用协调 pH-磷酸盐处理的锅炉有 90% 发生磷酸盐隐藏现象，60% 发生酸性磷酸盐腐蚀。

2.4   防止热力设备结垢的方法

  为了防止热力设备受热面上形成各种水垢，主要是尽量减少或消除锅炉给水中会形成水垢的各种化学成分，采用适宜的锅炉炉水加药处理方法。

2.4.1   补给水处理

  常见的补给水处理方法如下。

  （1）制备高质量的补给水，彻底去除原水中的硬度。

  （2）提高离子交换器或者反渗透膜分离装置对溶解性硅的去除效果，使补给水中 SiO_2 含量不超过 $10\mu g/L$。

（3）在补给水中，硅化合物一方面以胶体物存在，另一方面以固形物出现。因此，可以通过混凝、沉淀和过滤等净化工作，把浊度、悬浮物等指标控制在最低限度。

2.4.2　凝结水精处理

当凝汽器发生泄漏时，冷却水进入汽轮机凝结水中，使凝结水的硬度大大提高，造成给水中钙、镁盐类物质含量严重超标，进入锅内将导致炉管结垢。所以，应当保证凝汽器严密，当发现凝结水硬度升高时，应迅速查漏并及时消除。例如，有的亚临界压力汽包锅炉，装有凝结水净化设备，这就能更好地保证凝结水水质；有的高参数机组有凝结水精处理系统，经过处理后可以去除水中钙、镁、硅，以及腐蚀产物铁、铜的氧化物，从而对凝结水进行净化。

2.4.3　锅炉给水处理

热力设备发生腐蚀后，腐蚀产物会被给水带入锅炉，导致在热负荷高的管段上形成水垢，主要是氧化铁垢和铜垢，其会对锅炉正常运行造成巨大危害。因此，应防止热力设备内的腐蚀，减少铁、铜的杂质来源，从而减少结垢。

为了降低给水含铁量，除了防止给水系统金属腐蚀外，还必须降低给水的各组成部分（包括补给水、汽轮机主凝结水、疏水和生产返回凝结水等）的含铁量，主要措施有：

（1）调整除氧器以保证良好的除氧效果；

（2）采用给水联氨处理，消除给水中残余氧；

（3）给水加氨或加胺类处理，调节凝结水和给水的 pH 值；

（4）采用加氧处理抑制流动加速腐蚀。

为了防止在锅炉中生成铜垢，在锅炉运行方面，应尽量避免炉管局部热负荷过高；在水质方面，应尽量降低锅炉水的含铜量。降低锅炉水的含铜量有两种办法：

（1）防止给水和凝结水系统中铜制件被腐蚀，降低给水的含铜量；

（2）往炉水中加分散剂。

2.4.4　锅炉炉水处理

中低压汽包锅炉凝汽器即使在正常情况下也会有微量渗漏，而且这类汽包锅炉机组一般没有凝结水净化处理，所以即使用除盐水或蒸馏水作补给水，给水中也会含有少量钙、镁盐类物质。这些钙、镁盐类进入锅炉内后，由于蒸发强度大，炉水急剧蒸发浓缩，因此水中钙、镁离子浓度骤增，形成水垢。为了不使锅炉内形成水垢，对于中低压汽包锅炉要采用磷酸盐水质调节处理，在炉水中投加磷酸盐，使炉水中的钙、镁离子形成一种不易黏附在受热面上的水渣，随锅炉排污排掉。

对于普通高压锅炉中含硅量较高的给水，锅炉在运行中应尽量提高锅炉水的碱度和 pH 值，把它们控制在标准的上限范围。一方面，促使锅炉水中的二氧化硅在较强的碱性下生成溶解态的硅酸盐，防止生成坚硬的硅酸盐水垢；另一方面，在较强的碱性下，硅酸盐与铁、铝等氧化物结合形成的化合物，受 OH^- 的影响作用，难以附着在管壁上，而是沉淀下来，可以通过锅炉排污排除，也有效地阻止了硅酸盐沉积物的附着结合。

采用协调 pH-磷酸盐处理的高压或超高压汽包锅炉，要防止磷酸盐铁垢的形成，即要防止锅炉产生酸性磷酸盐腐蚀。为了防止酸性磷酸盐腐蚀发生，高参数汽包炉机组应采用平衡磷酸盐水工况或低磷酸盐-低 NaOH 水工况来代替协调 pH-磷酸盐水工况。当然，随着机组参数的提高和水处理工艺的完善，也可以选择全挥发处理、联合水处理或中性水处理。《火电厂汽水化学导则 第 2 部分：锅炉炉水磷酸盐处理》（DL/T 805.2—2016）也规定：锅炉压力在 12.7MPa 以上，不允许使用 Na_2HPO_4，即不允许采用协调 pH-磷酸盐处理，这是防止磷酸盐铁垢的根本措施。

2.4.5　其他方法

防止热力设备结垢的其他方法有：

（1）在给水系统或汽轮机凝结水系统中装电磁过滤器或其他除铁过滤器，以降低水中的含铁量；

（2）补给水设备和管道、疏水箱、除氧器水箱、返回水水箱等内壁衬橡胶或涂漆防腐；

（3）减少疏水箱中疏水或生产返回水箱中水的含铁量，例如，采用纸浆（纤维索）或其他物质过滤除铁，不合格的水排放掉；

（4）对返回水进行处理，由于热用户的污染或输送管道的腐蚀，给热电厂的生产返回水中增加了杂质，主要是金属腐蚀产物（铁锈）、油等，应进行除铁和除油处理；

（5）做好锅炉的停运保护，避免停运期间的各种腐蚀，并且在机组启动前分步骤进行冲洗，冲洗合格后锅炉方可点火。

2.5　锅炉化学清洗

2.5.1　化学清洗的必要性

2.5.1.1　新建锅炉化学清洗的必要性

新建锅炉在制造、储运和安装过程中，不可避免地会形成氧化皮、腐蚀产物和焊渣,并且会带入砂子、尘土、水泥和保温材料碎渣等含硅杂质。管道在加工成型时,有时使用含硅、铜的冷热润滑剂(如石英砂、硫酸铜等),或者在弯管时灌砂,这些都可能使管内残留含硅、铜的杂质。此外,设备在出厂时还可能涂覆有油脂类的防腐剂,这些杂物如果在锅炉投运前不除掉,就会产生下列危害:

(1)锅炉启动时,汽水品质特别是含硅量不容易合格,影响机组的启动时间;

(2)妨碍炉管管壁的传热,造成炉管过热和损坏;

(3)在锅内形成碎片或沉渣,堵塞炉管,破坏汽水的正常流动工况;

(4)加速受热面沉积物的累积,使介质浓缩腐蚀加剧,导致炉管变薄、穿孔和爆破。

新建锅炉的化学清洗条件如下。

(1)直流锅炉和过热蒸汽出口压力为 9.8MPa 及以上的汽包锅炉,在投产前应该进行酸洗;压力在 9.8MPa 以下的汽包锅炉,当沉积物量高于 $150g/m^2$ 时应进行酸洗,低于 $150g/m^2$ 时,可不进行酸洗,但必须进行碱洗或碱煮。

(2)再热器一般不进行化学清洗。出口压力为 17.4MPa 及以上机组的锅炉,再热器可根据情况进行化学清洗,但必须有消除立式管内气塞和防止腐蚀产物在管内沉积的措施,应保持管内清洗流速在 0.2m/s 以上。

(3)过热器垢量大于 $100g/m^2$ 时,可采用化学清洗,但必须有防止立式管产生气塞和腐蚀产物在管内沉积的措施,并应进行应力腐蚀试验和晶间腐蚀试验,清洗液不应造成金属应力腐蚀和晶间腐蚀。

(4)机组容量为 200MW 及以上机组的凝结水系统及高压给水系统,垢量小于 $150g/m^2$ 时,可采用流速大于 0.5m/s 的水冲洗;垢量大于 $150g/m^2$ 时,应进行化学清洗。机组容量为 600MW 及以上机组的凝结水及给水管道系统至少应进行碱洗;凝汽器、低压加热器和高压加热器的汽侧及其疏水系统也应进行碱洗或水冲洗。

2.5.1.2 运行锅炉化学清洗的必要性

锅炉投入运行后,即使有完善的补给水处理工艺和合理的锅内水工况,仍然不可避免地会有杂质进入给水系统,热力系统也会遭受腐蚀。如不进行化学清洗除掉这些污脏物,受热面将会形成水垢,影响炉管的传热和水汽流动特性,加速介质浓缩腐蚀和炉管的损坏,恶化蒸汽品质,危害机组正常运行。因此,锅炉运行一定时间后,必须进行化学清洗。

运行锅炉进行化学清洗的间隔,应根据锅炉类型、参数、燃料品种、补给水品质以及内部的实际污脏程度来决定。一般来说,可以根据锅炉的运行年限确定化学清洗时间,即锅炉运行一定时间后就需进行化学清洗。也可以根据管内的结垢量来确定化学清洗时间。还可以综合考虑运行年限和锅炉结垢量两个因素确定化学清洗时间。

运行锅炉的化学清洗条件如下。

（1）在大修时或大修前的最后一个小修期割取有代表性的水冷壁管，测定垢量。当水冷壁管内的垢量达到表2-10规定的范围时，应安排化学清洗；运行期间若水质和锅炉出现异常情况，经过技术分析可提前安排清洗。

（2）以重油和天然气为燃料的锅炉和液态排渣炉，应按表2-10中的规定，将锅炉垢量参数提高一级确定是否化学清洗，一般只需清洗锅炉本体。蒸汽通流部分的化学清洗，应按实际情况决定。一旦发生因结垢而导致爆管或水冷壁管蠕胀的，应立即进行清洗。

表 2-10　电站锅炉需要化学清洗的条件

炉　　型	汽包锅炉				直流炉
主蒸汽压力/MPa	<5.9	5.9~12.6	12.7~15.6	>15.6	—
垢量/g·m^{-2}	>600	>400	>300	>250	>200
清洗间隔年限/a	10~15	7~12	5~10	5~10	5~10

注：垢量是在水冷壁管热负荷最高处，向火侧180℃部位割管处取样，用洗垢法测定的垢量。

2.5.2　常用化学清洗药剂及其特性

2.5.2.1　清洗药剂的分类

化学清洗药剂主要包括清洗剂、添加剂、缓蚀剂、漂洗剂和钝化剂等。清洗剂是指能够与被清洗物反应，或溶解、分散被清洗物从而达到清洗效果的药剂。常用清洗剂有碱性清洗剂、酸性清洗剂和络合清洗剂等。清洗添加剂是指为提高清洗效果，或抑制清洗中某些有害离子而添加的辅助药剂，主要包括表面活性剂、氧化剂、还原剂、掩蔽剂、助溶剂等。具体清洗药剂见表2-11。缓蚀剂主要是指酸洗时，必须加入的能够抑制氢离子及氧化性离子对金属腐蚀的一类药剂。缓蚀剂品种很多，应根据清洗剂种类、清洗条件等选择。锅炉化学清洗要求缓蚀剂的缓蚀效率达98%以上。漂洗剂是指为了提高钝化质量，在钝化前加入的清除金属表面浮锈的药剂，如柠檬酸、磷酸等。钝化剂是指能够在金属表面形成均匀致密的钝化保护膜的药剂。

2.5.2.2　常用清洗剂的适用性

清洗剂的种类有很多，各类清洗剂的使用特性、除垢性能和适用材质有所不同。碱性清洗剂除油污和硅垢的效果较好，但清除锈垢和无机盐垢的速度慢，效果不理想。无机酸溶解力强，溶垢速度快，清洗效果好，费用低，应用范围广，但对金属的腐蚀性较大，必须使用合适的缓蚀剂来防止酸对金属的腐蚀。有机酸（包括络合剂）大多为弱酸，不含氯离子成分，对金属腐蚀倾向小，使用安全，而且清洗过程中不会出现大量沉渣或悬浮物，可避免管道堵塞，这对结构复杂的高参数大容量机组非常有利。但有机酸溶解垢的速度较慢，清洗温度较高（一般在80℃以上），清洗时间相对较长，成本较高，一般适用于清洗超高压以上电站锅炉和其他结构复杂的大型设备。

表 2-11　清洗药剂分类

清洗药剂	分 类	药 品 名 称
清洗剂	碱性清洗剂	氢氧化钠、碳酸钠、磷酸盐、硅酸钠
	酸性清洗剂	无机酸：盐酸、硝酸、磷酸、硫酸、氢氟酸； 有机酸：乙二胺四乙酸（EDTA）、柠檬酸、甲酸、羟基乙酸、羟基亚乙基二膦酸（HEDP）、草酸、酒石酸、顺丁烯二酸、邻苯二甲酸
	络合清洗剂	聚马来酸（PMA）、聚丙烯酸（PAA）、羟基乙叉二膦酸（HEDP）、乙二胺四甲叉膦酸（EDTMP）
	黏泥菌藻清洗剂	聚丙烯酸钠、聚马来酸钠、过氧化氢、杀菌灭藻剂
清洗添加剂	氧化剂	高锰酸钾、过氧化氢水溶液、过硫酸盐
	还原剂	氯化亚锡、联氨、异抗坏血酸钠
	掩蔽剂	硫脲、氨
	助溶剂	氟化物

常用清洗液的除垢类型及适用材质见表 2-12。

表 2-12　各种清洗液的除垢类型及适用材质

清洗液	除垢类型	适用材质
盐酸	除了硫酸盐和硅酸盐水垢外，对其他垢溶解都较快，无再沉积现象	碳钢、低合金钢、铜，不得用于不锈钢
硫酸	清铁锈、氧化皮、含钙量很低的垢及铝的氧化物较理想；清洗含钙量较高的垢不理想	碳钢、低合金钢、不锈钢
硝酸	除了硫酸盐和硅酸盐水垢外，对其他垢溶解都较快（氧化性酸）	碳钢、钢、不锈钢、合金钢
氢氟酸	钙、镁、铁垢及硅垢	碳钢、钢、低合金钢
氨基磺酸	钙、镁垢、金属碳酸盐垢、氢氧化物类垢；清除氧化铁垢稍差些	碳钢、铜、不锈钢、合金钢
柠檬酸	以清除氧化铁垢为主，对硅垢、钙、镁无效；氨化后可以除铜垢	碳钢、不锈钢、合金钢
氨化柠檬酸	氧化铁垢、铜垢	碳钢、不锈钢、合金钢、铜、铝合金
草酸	清除氧化铁垢；对硅垢、钙镁垢无效	碳钢、铜、不锈钢、合金钢

清洗液	除垢类型	适用材质
羟基乙酸	高温氧化皮、氧化铁垢	碳钢、不锈钢、合金钢、铜、铝合金、钛合金
EDTA	络合除铁垢及垢中的金属离子，价格较高	碳钢、铜、不锈钢、合金钢
盐酸-氢氟酸	高温氧化皮、氧化铁垢、碳酸盐水垢、磷酸盐和硅酸盐水垢、铜垢、水渣	碳钢、合金钢、铜合金
硝酸-氢氟酸	钙、镁、铁垢及硅垢	碳钢、钢、不锈钢、合金钢

2.5.2.3 碱洗清洗剂的特性

碱洗是一种以碱性药剂为主清洗剂的化学清洗方法，清洗成本低，应用广泛，主要用于清除油污、硅垢、金属氧化物和油脂涂层等。碱性清洗剂可以单独使用，也可以和其他清洗剂交替或混合使用。

在工业清洗中，常用的碱性清洗剂见表 2-11，通常是用它们中的两种或两种以上的混合物，有时添加一定的表面活化剂和有机溶剂。它们不仅呈现碱性，起到清洗油污的作用，而且有的还具有 pH 缓冲剂、金属离子络合剂、硬水软化剂、油污分散剂、缓蚀剂、钝化剂等作用。

常用碱洗药品的相对除油污能力见表 2-13。

表 2-13　常用碱洗药品的相对除油污能力比较

药　品	pH 值（1%）	洗净力	分散力	乳化力	渗透力	水洗性
氢氧化钠	13.0	良好	良好	良好	差	差
磷酸三钠	11.95	优	优	优	一般	良好
碳酸钠	11.20	优	一般	良好	差	优
三聚磷酸钠	9.60	良好	良好	—	一般	一般

A　氢氧化钠

氢氧化钠（NaOH）又称为苛性钠，俗名烧碱、火碱。纯品是无色透明晶体，相对密度 2.13，熔点 318.4℃，沸点 1390℃。固体烧碱有很强的吸湿性，在空气中易潮解而液化；易溶于水，溶解时放出大量热，水溶液呈强碱性，有滑腻感；溶于乙醇和甘油，不溶于丙酮、乙醚和液氨；腐蚀性极强，对纤维、皮肤、玻璃、陶瓷等有腐蚀作用；与金属铝和锌、非金属硼和硅等反应放出氢气，与氯、溴、碘等卤素发生歧化反应，与酸类起中和作用而生成盐和水。

氢氧化钠常用于新安装锅炉碱洗或煮炉的清洗，主要作用是清除金属表面的油污、硅和铁的氧化物。其反应原理和特点如下。

（1）氢氧化钠除油主要是通过皂化作用，与油脂反应后生成可溶于水的皂类物质，并且具有表面活性。反应式如下：

$$(C_{17}H_{35}COO)_3C_3H_5 + 3NaOH \longrightarrow 3C_{17}H_{35}COONa + C_3H_5(OH)_3$$

（2）利用氢氧化钠可与两性氧化物反应的特点，除去氧化铁皮：

$$Fe_2O_3 + NaOH \longrightarrow NaFeO_2 + H_2O$$

（3）氢氧化钠与 SiO_2 发生反应，生成可溶性的硅酸钠：

$$SiO_2 + 2NaOH \longrightarrow Na_2SiO_3 + H_2O$$

因此，当锅炉中结有硅垢时，采用氢氧化钠在高温高压条件下煮炉清洗或使垢转型，可获得较好的效果。但是高压锅炉或者高压部件含有奥氏体钢材质的锅炉，不宜使用氢氧化钠为主要碱洗剂。因为高浓度的氢氧化钠在高压下易使金属产生碱脆。

B 碳酸钠

碳酸钠（Na_2CO_3）俗名纯碱或苏打，呈白色细小颗粒或粉状，相对密度 2.532，熔点 851℃。工业品中常含有少量氯化钠、硫酸钠和碳酸氢钠等杂质。碳酸钠易溶于水，属于强碱弱酸盐，水解后的水溶液呈强碱性，不溶于乙醇和乙醚。

碳酸钠常用作锅炉碱煮药剂，其作用原理和特点如下。

（1）碳酸钠在高温下易发生水解反应生成氢氧化钠，因此具有氢氧化钠的作用。碳酸钠用于清洗油脂，可使油脂疏松、分散、乳化和皂化。

$$Na_2CO_3 + H_2O \longrightarrow NaOH + CO_2\uparrow$$

（2）碳酸钠可使难溶垢转型。根据溶度积原理，碳酸钠可使部分难溶于酸的强碱强酸盐（如硫酸钙）转化为易溶于酸的碳酸盐，同时在垢的转型过程中可使坚硬的水垢得以疏松甚至脱落。

$$CaSO_4 + Na_2CO_3 \longrightarrow Na_2SO_4 + CaCO_3\downarrow$$

C 磷酸盐

磷酸盐不仅是常用的碱性清洗剂，而且常被用作阻垢剂和钝化剂。磷酸盐的种类较多，常用的主要有磷酸三钠（$Na_3PO_4 \cdot 12H_2O$）、磷酸氢二钠（Na_2HPO_4）、磷酸二氢钠（NaH_2PO_4）及多聚磷酸钠等。

磷酸三钠是最常见的简单磷酸盐，呈白色晶体，相对密度 1.62，熔点 73.4℃。磷酸氢二钠和磷酸二氢钠是磷酸三钠的酸式盐，碱性比磷酸三钠弱，属于弱碱性清洗剂。高压锅炉清洗常用磷酸氢二钠和磷酸二氢钠作碱洗剂。

磷酸盐在化学清洗中的使用特点如下。

（1）去污作用。磷酸盐具有显著的分散作用，能把颗粒较大的污垢分散到接近胶体粒子大小的颗粒，对油污有较好的清洗作用。

（2）钝化作用。磷酸盐可以在金属表面形成磷酸铁保护膜，具有显著的抑制金属腐蚀的性质，因此可用作酸洗后的钝化剂。

（3）使难溶垢转型。根据溶度积原理，由于碱式磷酸钙的溶度积非常小（$K_{sp} = 1.6 \times 10^{-58}$），在碱性条件下，通过煮炉磷酸盐可将难溶于酸的硫酸钙水垢转为疏松的、能溶于酸的磷酸钙，然后再用酸洗除去。

（4）多聚磷酸盐用于碱性清洗剂时，具有较明显的表面活性。虽然它的表面活性比硅酸钠稍弱，但比磷酸三钠强，可以用在不能使用硅酸钠的清洗液中。

2.5.2.4　酸性清洗剂的特性

A　无机酸

常用的无机酸清洗剂见表 2-11。无机酸主要是依靠酸溶解、气掀、疏松和剥离的共同作用来清除水垢和锈蚀产物的原理。

a　盐酸

盐酸（HCl）相对分子质量 36.45，市售工业盐酸的质量分数为 30%~38%，属易挥发强酸。纯盐酸无色，工业盐酸由于含有 $FeCl_3$ 等杂质而带黄色。

盐酸是最常用的无机酸清洗剂，其主要优点有：

（1）清洗能力强、清洗速度快，而且清洗后的表面状态好；

（2）价格便宜，容易购买，输送简便，清洗费用低；

（3）清洗废液处理较简单，容易达到环保要求；

（4）清洗操作容易掌握，适合于碳钢、低合金钢、铸铁、铜及铝合金等多种材质，所以常用来清洗各种换热器、反应器、锅炉等设备。

虽然盐酸对硫酸盐垢和硅垢的溶解能力较差，但通过酸洗前碱煮转型，再用盐酸清洗，或在盐酸中添加氟化物除硅垢，也能得到较好的清洗效果。

盐酸的缺点如下。

（1）盐酸不能清洗含有奥氏体不锈钢材质的设备，因为盐酸中的氯离子会使奥氏体钢产生应力腐蚀和晶间腐蚀破裂。

（2）盐酸是一种挥发性酸，当温度较高（如高于 60℃）时易造成难以抑制的"气蚀"，且产生的酸雾，对人体和环境有害；另外，虽然加入合适的缓蚀剂，可使它对金属的腐蚀性降低至很小，但若掌握不好仍会有腐蚀现象，因此盐酸清洗时温度不能过高，尤其应注意酸液加热时不要局部过热。

（3）盐酸对超高压以上的锅炉和过热器等材质比较敏感，因此仅限于清洗高压以下锅炉本体，且汽包内部装置应在清洗后再装。

（4）盐酸清洗后会产生大量垢渣，因此清洗后要对被清洗设备底部或死角进行清扫，且汽包内部装置（如旋风分离器）应在清洗后再装入。

b　氢氟酸

氢氟酸（HF）相对分子质量 20.0，市售商品氢氟酸的质量分数为 35%~40%，相对密度为 1.14，易挥发。氢氟酸虽然是一种弱酸性无机酸，但它具有比一般清洗剂强得多的溶解硅垢和氧化铁垢的能力，即使在质量分数较小（如1%）和温度较低（如30℃）的情况下，也有较强的溶解能力，所以是一种很有效的除硅垢和氧化铁垢的清洗剂。氢氟酸是唯一能溶解硅垢的酸性清洗剂，当锅炉结生硅酸盐垢高达40%～50%时，常需用氢氟酸清洗液来清洗，硅垢含量较低时也可采用其他酸加氟化钠或氟化氨等氟化物来清洗。氢氟酸与硅垢反应，生成可溶性氟硅酸，反应式如下：

$$SiO_2 + 6HF \rightleftharpoons H_2SiF_6 + 2H_2O$$

氢氟酸溶解氧化铁垢的能力超过盐酸和柠檬酸，这主要是由于氟离子对铁离子有很强的络合能力。氢氟酸与磁性氧化铁接触时先进行氟-氧交换，继而进行F^-的络合作用，生成溶解性很好的氟铁酸盐络合物$[Fe(FeF_5)]$，使氧化铁皮得以溶解。在盐酸中加入氟化物，也能显著增强氧化铁垢的溶解性，主要也是由于F^-的络合作用。

氢氟酸酸洗的主要特点如下。

（1）锅炉经酸洗后，受热面洁净，并能获得暂时的钝化膜，为将来启动运行生成良好的磁性氧化膜创造条件。

（2）氢氟酸酸洗反应大致是酸浓度增加1倍或温度升高10℃，反应速度也增加1倍。考虑到有机缓释剂各组分的稳定性，氢氟酸选用40～50℃即可。

（3）启动之后蒸汽品质可以较快达到合格，特别是蒸汽SiO_2含量，运行一天即可下降。

（4）酸洗时间比较短、能效高，即溶解氧化铁的起始速度高，反应时间短，悬浮状的氧化铁在酸液中溶解得多，能将系统内氧化铁皮、硅酸盐等沉积腐蚀产物很快溶解，并随酸液冲走。

氢氟酸清洗存在的问题如下。

（1）氢氟酸是一种有毒的挥发性酸，对人体有一定的毒害作用，且废液处理较麻烦。氢氟酸废液排放时可用石灰乳处理，使氟离子生成CaF_2（萤石）沉淀，但单一的石灰处理后，氟离子浓度一般仍有20～30mg/L，达不到环保排放的要求（小于10mg/L），因此还需要再加入1% $Al_2(SO_4)·5H_2O$对废液进行二次处理，氟离子浓度小于10mg/L才能排放。

（2）开式酸洗过程要求分析化验快速、准确、可靠，否则会影响加药量和终点的判断。

c　其他无机酸

其他酸洗过程中常见的无机酸有硝酸、氨基磺酸、硫酸、磷酸等，这些酸在具体的使用过程中各具特点。硝酸的优点主要有：酸原液浓度高，配制清洗液所需浓酸体积小，便于运输，除垢除锈速度快，清洗时间短。氨基磺酸的优点主要有：化学稳定性好（干燥状态），分解温度高，存放时间长，便于运输，对金属腐蚀性小。硫酸的主要特点是：易使金属变脆，硫酸盐易使脂肪族有机缓蚀剂失效，反应产物溶解度低，能够清除氧化铁垢。磷酸常用作酸洗后、钝化前的漂洗剂。

B　有机酸

用于锅炉化学清洗的有机酸见表 2-11，其中以柠檬酸、EDTA 最常用。与无机酸清洗剂相比，有机酸清洗剂的特点有：

（1）不仅是利用它的酸性溶解水垢，而且主要是利用它的络合能力溶解水垢；

（2）除垢过程不会产生大量沉渣或悬浮物，不致堵塞管道，有利于清洗结构和系统复杂的高参数、大容量机组；

（3）可用于清洗奥氏体钢或其他特种钢设备；

（4）残留清洗液危害性小，例如构造复杂的锅炉和炉前系统，清洗后完全排干废液非常困难，如用有机酸清洗，则残留的有机酸在高温下分解成水和危害性小的二氧化碳。

a　柠檬酸

柠檬酸（$H_3C_6H_5O_7$）相对分子质量 192.12，是一种三元酸，无色半透明结晶或白色颗粒，或白色结晶状粉末。柠檬酸结晶形态因结晶条件不同而不同，有无水柠檬酸（$C_6H_8O_7$），也有含结晶水的柠檬酸（$C_6H_8O_7 \cdot H_2O$ 或 $C_6H_8O_7 \cdot 2H_2O$）。柠檬酸无臭，味酸，溶于水、乙醇、乙醚，微溶于氯仿，不溶于苯，相对密度 1.542，熔点 153℃。其钙盐在冷水中比在热水中易溶解，此性质常用来鉴定和分离柠檬酸。柠檬酸是一种较强的有机酸，有 3 个 H^+ 可以电离，水溶液呈酸性；加热可以分解成多种产物，与酸、碱、甘油等发生反应；在干燥空气中稍有风化性，在潮湿空气中有潮解性，175℃ 以上分解放出水和二氧化碳。

在锅炉化学清洗方面，柠檬酸既是酸洗剂，也是漂洗剂。因为柠檬酸与铁的氧化物反应易产生柠檬酸铁沉淀，所以通常在柠檬酸清洗液中加氨，将溶液 pH 值调至 3.5~4.0。在该条件下，绝大部分柠檬酸转化为柠檬酸单铵（$NH_4H_2C_6H_5O_7$），它可与铁垢作用生成易溶的络合物，故除去金属表面腐蚀产物效果好，而此时柠檬酸对铁垢的酸性溶解只起辅助作用。

柠檬酸对钙、镁水垢也有一定的去除作用，生成较为稳定的柠檬酸钙络合物。使用柠檬酸清洗锅炉沉积的铜垢时，可以在溶液 pH 值 3.5~4.0 范围内完成铁氧化物的清洗后，再将柠檬酸溶液 pH 值调至 9.5 左右，添加氧化剂过氧化氢后进行清洗。过氧化氢和其分解产物氧气都是强氧化剂，能把沉积在炉管上的单质铜氧化成 Cu^{2+}。

$$2H_2O_2 \rightarrow O_2 + 2H_2O$$

$$Cu + [O] \longrightarrow CuO$$

$$CuO + 4NH_3 + H_2O \longrightarrow [Cu(NH_3)_4]^{2+} + 2OH^-$$

在 pH 值为 9.5~10.0 的条件下，钝化液中含有的柠檬酸根和氨，都能和 Cu^{2+} 生成稳定的络合物，其络合反应和络合物常数 K 如下：

$$Cu^{2+} + 4NH_3 \longrightarrow [Cu(NH_3)_4]^{2+}, \quad K = 1010.86$$

$$Cu^{2+} + C_6H_5O_7^{3-} \longrightarrow CuC_6H_5O_7^-, \quad K = 1014.2$$

由于钝化液中存在过量的氨、柠檬酸根和过氧化氢，因此反应完全向生成物方向进行，除铜彻底，铜被络合进入溶液中，随钝化液排出系统。

柠檬酸清洗的工艺特点：

（1）清洗工艺控制要求严格，系统连接复杂；

（2）柠檬酸清洗以络合作用为主，不含氯离子，不会发生应力腐蚀和晶间腐蚀，适用于奥氏体钢和蛇形管的清洗，阀门不用保护；

（3）清洗流速应大于 0.3m/s，不得超过 2m/s，清洗时间为 3~5h；

（4）清洗过程应很好地控制 pH 值，以便很好地解决柠檬酸铁沉淀的问题。

柠檬酸清洗存在的问题：

（1）药品昂贵，清洗费用较高；

（2）废液处理复杂，虽可采用焚烧法处理，但因为弱酸性废液在高温下对锅炉受热面仍有腐蚀，所以影响锅炉安全运行，若采用氧化剂处理，费用较高；

（3）溶解钙、镁、硅垢的能力很差，用柠檬酸清洗后，大型机组启动时还应有洗硅措施；

（4）系统复杂，酸洗后至吹管时间间隔较长。

b　EDTA

乙二胺四乙酸（$C_{10}H_{16}N_2O_8$）别名 EDTA，相对分子质量 292.248，为无色结晶固体，熔点 240℃。EDTA 在水中的溶解度较小（每 100g 水仅能溶解 0.02g），也不溶于酸和普通有机溶剂，易溶于碱性溶液中。EDTA 属于四元酸，简写为 H_4Y，在水中分四步电离，各级电离常数分别为 1×10^{-2}、1×10^{-3}、6.9×10^{-7}、5.5×10^{-11}，在溶液中它通常以 H_6Y^{2+}、H_5Y^+、H_4Y、H_3Y^-、H_2Y^{2-}、HY^{3-} 和 Y^{4-} 七种形式存在，它们的分配系数与 pH 值有关，在 pH<1 的强酸溶液中，主要以 H_6Y^{2+} 的形式存在。

EDTA 清洗是用 EDTA 或其钠盐、铵盐进行化学清洗的总称。EDTA 分子中有 2 个氨基氮原子和 4 个羧基氧原子，可以与金属离子形成 6 配位键的螯合物，属于广谱型络合剂。EDTA 与金属离子络合具有普遍性，能与许多二价及以上金属离子（如水垢中常见的 Fe^{2+}、Fe^{3+}、Cu^{2+}、Ca^{2+}、Mg^{2+} 等）在合适的 pH 值范围内形成稳定的络合物。EDTA 络合物的组成确定，其与金属离子的络合比与 EDTA 的形态无关，与金属离子的价态无关，都是 1∶1。EDTA 络合物的可溶性好，其与金属离子的络合物大多易溶于水。EDTA 络合物的稳定性好，其对垢中金属离子的络合能力依次为：$Fe^{3+}>Cu^{2+}>Zn^{2+}>Al^{3+}>Fe^{2+}>Ca^{2+}>Mg^{2+}$。

EDTA 清洗的特点：

（1）EDTA 清洗介质使用及操作安全，清洗效果好；

（2）临时工作量少，可缩短清洗后至吹管的时间间隔；

（3）钝化和清洗可一步进行，不需要单独钝化；

（4）清洗废液处理工作量少。

EDTA 清洗存在的问题如下。

（1）点炉加热存在温度不均匀问题，温度高 EDTA 易分解，140℃以上开始分解，温度低清洗效果差，而且省煤器几乎不循环，不易保证清洗效果。

（2）用 EDTA 清洗过热器回收率低，仅 40% 左右，单洗蒸发受热面回收率一般在 60%~70%。

（3）药品昂贵，药品回收率低。

（4）药品回收后，存在杂质污染，重复利用次数较低，一般使用 2~3 次后需进行精处理，否则影响清洗效果。

（5）临时系统简单，无法在酸洗前进行大量水冲洗，冲通过热器系统。某些厂清洗后，在锅炉汽包和水包内发现有大量锈渣和固形物，并出现过锅炉爆管事故。

（6）EDTA 对硅酸盐垢不起作用，故用 EDTA 清洗工艺，机组启动时应有洗硅措施。

（7）EDTA 回收可采用硫酸或盐酸。使用硫酸回收，由于有难溶性的硫酸盐存在，因此会影响药品的质量。使用盐酸回收，又会引入大量的氯离子，需对药品进行多次水洗，以减少氯离子对奥氏体钢的腐蚀。

　　c　其他有机酸

其他清洗过程中常见的有机酸有羟基乙酸、甲酸、羟基亚乙基二膦酸和草酸等。羟基乙酸纯品为无色易潮解晶体，易溶于水、甲醇、乙醇等，其依靠络合能力适合于清洗钙、镁水垢和铁的腐蚀产物，其化学反应生成的络合物具有水溶性好，不易挥发的特点。甲酸别名蚁酸，为无色发烟易燃液体，具有强烈的刺激性气味，溶于水、乙醇和乙醚，微溶于苯。在锅炉化学清洗中，甲酸常作为羟基乙酸的复配酸联合使用，可以提高羟基乙酸清洗氧化皮的能力，其自身也具有除锈、溶垢的能力。

羟基亚乙基二膦酸在高 pH 值下很稳定，不易水解，一般光热条件下不易分解，其化学清洗以络合为主，能与铜、铁、锌等多种金属离子形成稳定的络合物，能溶解金属表面的氧化物，可以做金属和非金属的清洗剂。

草酸学名乙二酸，具有很强的还原性，与氧化剂作用易被氧化成二氧化碳和水。草酸能与许多金属形成溶于水的络合物，可以用来除锈，能与碳酸根作用放出二氧化碳。草酸能与钙离子形成草酸钙沉淀，并且对不锈钢有较强的腐蚀性。

2.5.2.5 清洗添加剂

A 缓蚀剂

锅炉酸洗过程中，在去除水垢和腐蚀产物的同时，酸会对金属基体产生腐蚀，严重时会伴生氢脆现象。因此，酸洗液中必须加入抑制酸对金属腐蚀的缓蚀剂，以最大限度地抑制金属基体遭受酸的腐蚀。为了控制和防止清洗过程中发生渗氢而造成锅炉管氢脆爆管，在酸洗溶液中添加合适的缓蚀剂是最有效的技术措施，或抑制阳极过程，$Fe \rightarrow Fe^{2+} + 2e$，减少铁腐蚀和放出的电子；或抑制阴极过程，$H^+ + e \rightarrow [H]$，减少氢原子的生成。

美国材料与试验协会在《关于腐蚀和腐蚀试验术语的标准定义》中给出了缓蚀剂的定义：缓蚀剂是一种以适当的浓度和形式存在于环境（介质）中时，可以防止或减缓腐蚀的化学物质或几种化学物质的混合物。

a 缓蚀剂的性能要求

良好的化学清洗缓蚀剂应具备以下性能。

（1）高效。加入极少量（千分之几或万分之几），就能大大地降低酸对金属的腐蚀速度。

（2）水溶性好，不溶物少，不含有能附着在金属壁表面的沉积物，不会影响或降低清洗液去除腐蚀产物、沉积物的能力。

（3）在清洗条件下（包括清洗剂浓度、温度、时间、流速）不分解，缓蚀性能不因 Fe^{3+} 的影响而降低，缓蚀性能稳定。

（4）不会扩大和加深原始腐蚀状态，不存在产生点蚀的危险。用于清洗奥氏体钢设备的缓蚀剂，其 Cl^-、F^- 等杂质含量（质量分数）应小于 0.005%，不会产生应力腐蚀和晶间腐蚀。对金属的力学性能和金相组织没有任何影响。保护金属不吸氢，不发生腐蚀破裂。

（5）无毒性，使用安全、方便，排放的废液不会污染环境。

（6）通过药剂组分调配，可以同时保护多种金属。

（7）在金属表面吸附速度快、覆盖率高。酸洗后，不残留有害薄膜，不影响后续清洗工艺。

（8）与其他添加剂（如还原剂、掩蔽剂）有良好的相容性，不易与酸洗介质发生化学反应，不降低酸的溶垢能力，具有辅助溶垢去污能力。

（9）在环境温度条件下可较长时间存放，不分解变质，性能稳定。

b 缓蚀剂的分类

缓蚀剂种类繁多，缓蚀机理复杂，没有一种统一的方法可以将其合理分类，并反映其分子结构和作用机理之间的关系。常用以下几种方法对缓蚀剂进行分类。

（1）按物质化学组成的划分，缓蚀剂可以分为无机缓蚀剂和有机缓蚀剂两大类。常用的无机缓蚀剂有亚硝酸盐、铬酸盐、重铬酸盐、硅酸盐、钼酸盐、聚磷酸盐、亚砷酸盐等。常用的有机缓蚀剂有胺类、季铵盐、醛类、杂环化合物、炔醇类、有机硫化合物、咪唑类化合物等。

（2）按对电极过程的影响划分，缓蚀剂可以分为阳极型缓蚀剂、阴极型缓蚀剂和混合型缓蚀剂。

（3）按形成保护膜的特征划分，缓蚀剂可以分为氧化膜型缓蚀剂、沉淀膜型缓蚀剂和吸附膜型缓蚀剂。

c　缓蚀剂的选用原则

酸洗缓蚀剂的缓蚀效果和许多因素有关，实际应用时有严格的选择要求。在选用缓蚀剂时一般应考虑以下因素。

（1）金属材质。不同金属的化学、电化学性质和腐蚀特性不同，各种金属在不同介质中的腐蚀行为、吸附和钝化特性也有很大的不同，在选用缓蚀剂时要考虑金属材料的这些特性。

（2）清洗介质。不同清洗介质需选用不同类型的缓蚀剂，以实现对金属的有效保护。在中性水介质中常使用的是无机缓蚀剂，以钝化膜型和沉淀膜型为主；在酸性介质中，金属缓蚀剂则多为有机化合物，尤其以吸附型为主。

（3）适宜性。选用缓蚀剂时，除了考虑抑制金属腐蚀外，还应当考虑在清洗过程中不引起金属材料的应力腐蚀和晶间腐蚀、不与清洗药剂发生不良的化学反应、不降低清洗介质去除垢和腐蚀产物的能力。

（4）用量。只要能产生有效的缓蚀作用，缓蚀剂的用量越少越好。

（5）复配。考虑复配对缓蚀剂的影响。

（6）环境影响。选用低毒、无毒高效缓蚀剂。

d　影响缓蚀剂效果的主要因素

影响酸洗缓蚀剂效果的因素较多，主要有清洗主剂的种类、浓度，基体金属的种类、状态，缓蚀剂本身的浓度、清洗条件（包括清洗温度、清洗流速、溶液中 Fe^{3+} 的浓度等）。

（1）主酸洗剂的种类。金属材质相同的设备在不同的酸洗介质中，用同一种缓蚀剂，其缓蚀效率是不同的。

（2）主酸洗剂的浓度。一般情况下，缓蚀剂的缓蚀效率随着酸浓度的提高而下降。

（3）金属材质的种类及状态。不同的金属材质在酸选介质中需匹配的缓蚀剂是不相同的。

（4）缓蚀剂浓度。缓蚀剂的浓度不同，起到的缓蚀效果差异大。

（5）温度。温度在一定范围内对缓蚀效果影响不大，当超过这个范围时，缓蚀效果会受到影响。

（6）介质流速。在一定范围内提高介质流速可使缓蚀剂均匀分布到金属表面，提高缓蚀效率。

e 酸洗缓蚀剂

可用于各种酸清洗介质的缓蚀剂品种较多，一般需要通过小型模拟试验择优选用和确定缓蚀制的用量。模拟试验条件主要有酸的浓度、添加剂量、温度、流速、时间、缓蚀剂量、Fe^{3+} 的浓度等，从腐蚀速度、抗 Fe^{3+} 的影响、溶解分散性、热稳定性和缓蚀效率几个方面评价缓蚀剂的性能。

（1）盐酸缓蚀剂。我国为盐酸酸洗开发的缓蚀剂有 200 多个品种，主要种类有含氮化合物，包括单胺、二胺、酰胺、季铵盐、杂环芳香等。其中，杂环芳香含氮化合物使用最多，效果最好。这些缓蚀剂在盐酸酸洗时吸附于金属表面，所形成的覆盖膜起到屏蔽介质与金属接触的作用，有效保护金属免遭腐蚀。

（2）氢氟酸缓蚀剂。应用较多的氢氟酸缓蚀剂有 IMC-5、SH-416、MC16、MC20、MOF、OF（杂环酮胺缩合物）、SH-501（季铁盐类）、F-102、SH-406、7701、若丁系列、8401-J（季铵盐类）、8703-A（季铵盐类）、LAN-826、W-19等。

（3）柠檬酸缓蚀剂。柠檬酸在酸洗锅炉等金属设备时常在较高温度下使用，清洗液循环较快。现主要使用的缓蚀剂有甲醛-硝基苄混合物、苯基硫脲、邻二甲苯硫脲、二苄基亚砜、二苯基硫脲、咪唑啉衍生物、醛胺缩合物、十二烷基吡啶黄原酸盐、丙炔醇、己炔醇、氟化氢铵、2-巯基苯并噻唑、2-巯基苯并咪唑等。我国柠檬酸酸洗缓蚀剂有 Rodine31A、SH-405、M-78、柠檬 1 号（SH-369）、SH-416、CM-991、DDN-001、LAN-826、LAN-888、新若丁、7701、SH-05、CL-059 等，缓蚀率可达99%以上。

（4）EDTA 缓蚀剂。国内广泛应用 EDTA 清洗新建和运行的大型电站锅炉，可以使用的缓蚀剂配方有 MBT+吡啶季铵盐+OP-15、MBT+乌洛托品+OP-15、0.03%MBT+0.3%TSX-04+0.15%N_2H_4+0.03%乌洛托品及 YHH-1 等。

B 清洗助剂

化学清洗除了选择好碱性清洗剂和酸性清洗剂外，为了提高主清洗剂去除清洗沉积物、腐蚀产物和污染物的能力，防止和减缓金属基体在清洗过程中的腐蚀，还需要添加一些恰当的清洗助剂，使得清洗溶液对沉积物、附着物、腐蚀产物有更好的渗透、分散、助溶作用，防止因清洗溶液中氧化性离子 Fe^{3+} 和 Cu^{2+} 的含量增加，引起金属基体腐蚀。添加的清洗助剂主要有表面活化剂、氧化剂、还原剂、络合剂、消泡剂等。

a 助溶剂

清洗液中能加快溶垢速度和帮助溶解难溶垢成分的添加剂称为助溶添加剂，统称助溶剂。在酸洗液中，硅酸盐垢、铜垢不易溶解，氧化铁的溶解速度也不快，所以需要向清洗液中添加助溶剂。

（1）氟化氢铵或氟化钠。氟化氢铵或氟化钠溶入酸溶液后，电离出的氟离子在酸的作用下，部分形成 HF，即转变成为氢氟酸，提高了盐酸、柠檬酸等对硅化合物、铁氧化物的清洗能力。

（2）过硫酸铵。化学清洗时，利用过硫酸铵的氧化性，将沉积在锅炉管表面的金属铜或单质铜氧化成二价铜，利于清洗时将铜的腐蚀产物从锅炉系统中清洗掉。

b 还原剂与掩蔽剂

在化学清洗中，投入还原剂或掩蔽剂是利用其还原作用或络合作用消除氧化性离子 Fe^{3+}、Cu^{2+} 的影响。酸清洗时，常用的还原剂有 D-异抗坏血酸钠（$C_6H_7O_6Na$）或异抗坏血酸（$C_6H_8O_6$）、亚硫酸钠（Na_2SO_3）、氯化亚锡（$SnCl_2$）、乙醛肟等。一般情况下，若清洗液中 Fe^{3+} 浓度大于 300mg/L，则添加还原剂，将 Fe^{3+} 还原为 Fe^{2+}，清洗液中还原剂的质量分数为 0.1%~0.2%。当垢中含有铜成分时，若清洗液中 Cu^{2+} 较多，可以向清洗液中添加络合剂（掩蔽剂），如硫脲、六亚甲基四胺等，络合在酸洗过程中被溶解出的铜离子，防止铜离子在金属表面再沉积或者析出金属铜，引发锅炉运行中的腐蚀。

c 表面活化剂

表面活性剂又称界面活性剂，是一类在溶液中浓度很低时就可以显著降低溶剂表面张力的物质。表面活性剂有很多种，通常根据亲水基电离特性分为阳离子型、阴离子型、非离子型和两性离子型四类，化学清洗常用前三类表面活性剂。阳离子型表面活性剂锅炉清洗中一般不用，因为其大多具有杀菌能力，常用于清洗循环水系统的生物黏泥。锅炉化学清洗中常用阴离子型和非离子型表面活性剂，这两类表面活性剂还可以和缓蚀剂配制成混合缓蚀剂。表面活性剂在锅炉化学清洗中的作用主要有：润湿渗透作用、乳化作用、悬浮分散作用、发泡作用、增溶作用。

（1）阳离子表面活性剂。化学清洗中常用的阳离子表面活化剂有十二烷基二甲基苄基氯化铵（洁尔灭）和十二烷基二甲基苄基溴化铵（新洁尔灭）。

（2）阴离子表面活性剂。用于清洗的阴离子表面活性剂主要有烷基磺酸盐、烷基硫酸酯盐和磷酸酯盐，如石油磺酸钠（AS）、十二烷基苯磺酸钠（AAS）、直链烷基苯磺酸钠（LAS）、仲烷基磺酸钠（SAS）等。

（3）非离子表面活性剂。用于清洗的非离子表面活性剂主要有脂肪醇聚氧乙烯（10）醚（AEO-10）、脂肪醇聚氧乙烯（15）醚（AEO-15）等。

d　钝化剂

酸洗后对金属表面的钝化处理，是防止金属表面短期内再锈蚀的重要技术工艺。锅炉钝化剂的选择原则包括：钝化工艺条件容易实现；生成的钝化膜不会成为锅炉发生运行腐蚀的诱因；生成的钝化膜在锅炉投用后不会对水汽质量造成影响；经济、储运和使用方便；钝化废液容易处理。

（1）无机类。

1）过氧化氢，别名双氧水，无色透明液体，分子式 H_2O_2，分子量 34.01。过氧化氢不稳定，放置时渐渐分解为氧气及水；可被催化分解，分解时放热，同时产生氧气，其稳定性随溶液的稀释而提高。影响过氧化氢分解的主要因素有温度、pH 值、杂质和光等，其分解反应方程式为：

$$2H_2O_2 \longrightarrow 2H_2O + O_2 + 196.21kJ\uparrow$$

过氧化氢的分解速度与温度有直接的关系。当温度为 60℃ 时，分解率为 50% 左右；当温度达到 90~100℃ 时，分解率达 90%。

①温度的影响。过氧化氢在较低温度和较高纯度时较为稳定。纯过氧化氢在加热到 153℃ 或更高温度时，便会发生猛烈爆炸性分解；较低温度下分解作用平稳进行。

②pH 值的影响。介质的酸碱性对过氧化氢的稳定性有很大的影响。酸性条件下过氧化氢性质稳定，氧化速度较慢；在碱性介质中，过氧化氢很不稳定，分解速度很快。

③杂质的影响。杂质是影响过氧化氢分解的重要因素，很多金属离子，如 Fe^{2+}、Mn^{2+}、Cu^{2+}、Cr^{3+} 等都能加速过氧化氢的分解。

④光的影响。波长为 3200×10^{-10} ~ 3800×10^{-10} m 的光也能使过氧化氢的分解速度加快。

2）联氨，别名肼，分子式 N_2H_4。联氨能与水和乙醇混溶，不溶于氯仿和乙醚。在水溶液中，联氨既显示还原性，也显示氧化性。联氨在酸性介质中是氧化剂，在碱性介质中是强还原剂。其钝化作用机理是，在碱性条件下，联氨和氨共同作用，在钢铁表面形成致密的磁性氧化铁 Fe_3O_4 保护膜。

（2）有机类。

1）乙醛肟，分子式 C_2H_5NO，分子量 59.07，溶于水，会自动氧化形成具有爆炸性的过氧化物。燃烧分解时，释放出有毒的氮氧化物气体，能腐蚀铁及其他金属。在化学清洗中，利用乙醛肟的还原性，将溶液中的 Fe^{3+} 还原成 Fe^{2+}，控制 Fe^{3+} 在酸洗过程中对基体铁的氧化性腐蚀。具体反应式如下：

$$6Fe_2O_3 + 2CH_3CHN=OH \longrightarrow 4Fe_3O_4 + 2CH_3CHO + N_2O + H_2O$$

2）二甲基酮肟，又名丙酮肟，分子式 C_3H_7NO，分子量 73.09，水溶性 330g/L（20℃），外观为白色晶体，含量 99%，有很强的还原性。在碱性条件下，二甲基酮肟利用其还原性，在钢铁表面形成致密的 Fe_3O_4 保护膜。反应式如下：

$$6Fe_2O_3 + 2CH_3CH_3C = NOH \longrightarrow 4Fe_3O_4 + 2CH_3CH_3C = O + N_2O + H_2O$$

2.5.3　化学清洗工艺及步骤

2.5.3.1　化学清洗方案

化学清洗方案必须依据热力系统的材质、腐蚀程度、结垢量、水汽系统结构、运行时间等状况制订，主要是在设备割管检查和小型试验的基础上，确定清洗系统和拟订化学清洗的工艺条件。

A　割管检查

（1）详细了解锅炉的结构和材质，检查锅炉结垢状况，对有缺陷的锅炉预先作妥善处理。清洗单位应当在清洗前检查锅炉是否存在泄漏或者堵塞等缺陷，并且得到使用单位的认可，以便分清责任，同时应该采取措施预先处理，确保清洗安全顺利进行。要采集有代表性的垢样，做化验分析和小型试验。取样时应尽量按《火力发电厂锅炉化学清洗导则》（DL/T 794—2012）在锅炉受热强度较高的部位取样，不宜在非受热面取样或者随意取脱落的垢渣作垢样。

（2）正确选择和确定运行锅炉的制管部位，以真实反映出锅炉实际的腐蚀、结垢状态。对于已经割取的样管，需要再制备才能方便进行垢量测量、化学清洗的小型试验。

B　化学清洗工艺的确定原则

化学清洗工艺包括清洗剂的选择和清洗工艺条件的确定。综合考虑被清洗设备的材质及性能、被清洗设备的结构、垢的类型与组成及垢量的大小，然后根据选定的清洗剂确定合理的清洗工艺条件。虽然清洗剂的品种和清洗方法、被清洗设备与被清洗物有差异，但选择确定具体的清洗剂与清洗工艺条件，可以遵循一些共同的原则。

（1）对被清洗设备的损伤应限制在相关标准允许的范围内。应根据设备的材质选用合适的清洗药剂，避免药剂对材质的伤害；并且控制工艺条件，对金属可能造成的腐蚀有相应的抑制措施，使腐蚀速率和腐蚀量控制在规定范围内。

（2）根据垢量的大小选择清洗工艺。不同的清洗剂和清洗工艺条件对除垢能力和对金属的腐蚀性各有不同。垢量大时需要选择清洗能力强的清洗剂，垢量较小时可以考虑清洗能力稍弱的、浓度低的清洗剂，以提高清洗的安全性。

（3）根据洗净程度和清洗时间的要求确定清洗剂和清洗工艺。洗净程度要求越高，时间要求短，在清洗中就越需要采用提高清洗温度、加大流速、提高清洗剂浓度等强化手段，清洗药剂尤其是缓蚀剂的要求也就越高。

（4）清洗工艺选择应遵循清洗质量、安全性与经济性统一的原则。在保证清洗质量和设备安全的前提下，选择对人体与环境无毒或低毒、危害小、符合国家相关法规的要求的方案。

C　清洗方案的制订

编制化学清洗方案的主要依据包括对热力设备腐蚀、结垢、污染状况的检查结果，化学清洗小型试验报告，锅炉说明书，热力系统图，《火力发电厂锅炉化学清洗导则》等技术文件和标准。清洗方案的重点要素包括热力设备基本概况、化学清洗依据的规范和标准、清洗现场应具备的条件、清洗范围、被清洗设备的管系特性、选用的清洗介质、清洗工艺、动/静态清洗方式、清洗系统的划分和连接、清洗质量要求及关键控制点、清洗废液的排放与处理、化学清洗系统图等。

a　清洗方式

热力设备在停用状态的清洗方式有动态闭式循环清洗、静态浸泡清洗、开路清洗和半开半闭方式清洗。

动态闭式循环清洗具有以下几个优点：

（1）被洗系统的各部位液温、药品浓度和壁温均匀，不会因温度不均产生清洗效果差异；

（2）容易根据出口清洗液的分析结果，判断清洗的进度及终点；

（3）流动的溶液可以搅动、冲刷，利于清除沉积物。

静态浸泡清洗属于一种临时系统，方法简单，但是要保证清洗质量还需要考虑以下几点：

（1）腐蚀产物和被清洗污物去除的难易程度；

（2）锅炉的结构是否有利于被清洗下来的腐蚀产物和沉渣从中排出；

（3）能否由锅炉底部进行通气搅拌；

（4）酸洗过程中是否容易取得具有代表性的水样以监测酸、铁的浓度变化，正确判断清洗的终点。

静置浸泡的效果没有流动清洗好，但是准备工作简单、药品用量少，适用于小型实验型且锅炉短时间内就要投入运行或只需要清洗锅炉的水冷壁管的情况。大型发电厂机组都选用动态闭式循环方式清洗。动态清洗和静态清洗方式比较见表 2-14。

表 2-14　动态清洗和静态清洗方式比较

比较内容	动态清洗	静态清洗
适用钢炉结构	适应性好	局限于结构简单的水冷壁管
临时系统安装	较复杂	简单

比较内容	动态清洗	静态清洗
酸洗设备	较多	少
加药配药补药	方便、容易	一次性配好药，补药不方便
药品消耗	比静态多 10%~15%	相对少
清洗用水	约 15 倍清洗水容积	小于 10 倍清洗水容积
清洗溶液浓度、温度控制	均匀、传质性好	相对较差
去除腐蚀产物、排出沉渣	效果好	由清洗介质和被去除腐蚀产物特性以及锅炉结构决定
清洗终点判断	容易	水样代表性较差
清洗腐蚀率	容易控制	略低于动态清洗
清洗质量	符合质量要求	可以符合质量要求

b　药品剂量

清洗药品的用量完全不同于化学反应平衡的剂量。清洗剂、缓蚀剂和表面活性剂等药品的剂量，随锅内沉积物的状况不同而异，合适的剂量应通过小型试验确定。在实际清洗中，清洗液浓度都要保有一定的富余量。

c　清洗液温度

清洗液的温度对清洗效果有较大影响。例如，液温高对清除铁的氧化物等沉积物有利，因为它们的溶解度和溶解速度随温度升高而增大。当液温下降时，已溶解的沉积物还可能再沉淀。但缓蚀剂抑制腐蚀的能力却随液温上升而下降，当超过一定液温时，缓蚀作用可能完全失效。

d　清洗流速

采用循环清洗方式时，应适当控制清洗液的流速，不宜过大和过小。流速过大，虽然沉积物的溶解速度增快，但缓蚀剂抑制腐蚀的能力下降；流速过小，则不能保证清洗液在系统各部分充分流动，清洗效果差。允许的最大和最小流速可通过动态小型试验确定，一般为 0.2~1.0m/s。几种常用清洗工艺流速对清洗锈垢的效果对比见表 2-15。

表 2-15　几种常用清洗工艺流速对清洗锈垢的效果对比

酸液及其质量分数	条件		流速/m·s⁻¹					
	温度/℃	清洗时间/h	静置	0.009	0.03	0.3	0.6	0.9
5%盐酸	71~77	6	C	C	C	C	C	C
3%磷酸	100	6	C	—	C	C	C	C
3%柠檬酸单铵	94~105	6	U	U	U	C	C	C
1%甲酸+2%羟基乙酸	94~105	6	—	U	U	C	C	C

续表 2-15

酸液及其质量分数	条件		流速/m·s⁻¹					
	温度/℃	清洗时间/h	静置	0.009	0.03	0.3	0.6	0.9
3%EDTA 铵盐	135~149	6	—	U	U	C	C	C
15%EDTA 二钠盐	94~105	6	—	—	—	—	U	U

注：C 表示除锈效果为 95%~100%，U 表示除锈效果为 0~80%。

e 清洗时间

清洗时间通常是指清洗液在清洗系统中循环流动的时间。因为清洗的化学反应速度随清洗剂的不同而异，所以清洗所需时间也随清洗液的种类而不同，实际时间应根据化学监督的数据掌握，过长的清洗时间会增加对金属本体的腐蚀。用加热的盐酸、硫酸溶液清洗时，不宜超过 10h，避免在水冷壁管发生渗氢或氢脆的危害。

f 常用酸洗工艺条件

（1）盐酸清洗工艺：酸洗液组成为 4%~6% 盐酸、0.3%~0.4% 缓蚀剂、0.2%~0.3% 氟化物；清洗温度为 60~65℃；流速为 0.2~1m/s；清洗时间通常为 6~8h。

（2）氢氟酸酸洗：酸洗液组成为 1%~2% 氢氟酸、0.3%~0.4% 缓蚀剂；清洗温度为 45~55℃；流速为 0.15~1m/s；清洗时间通常为 2~3h；多采用开路清洗和半开闭清洗。

（3）柠檬酸清洗工艺：酸洗液组成为 3%~4% 柠檬酸、0.3%~0.4% 缓蚀剂、加氨调 pH 值为 3.5~3.8、0.2%~0.3% 氟化物；清洗温度为 85~95℃；流速为 0.3~1m/s；清洗时间通常为 6~8h。

（4）EDTA 清洗工艺：酸洗液组成为 4%~8%EDTA 钠盐（直流炉采用铵盐）、0.3%~0.5% 复合缓蚀剂；清洗温度为 125℃±5℃；清洗开始时 pH 值为 4.5~5.5，钝化阶段 pH 值为 8.5~9.5；清洗时间通常为 12~15h。

（5）氨基磺酸清洗：酸洗液组成为 5%~10% 氨基磺酸、0.3% 缓蚀剂、0.2%~0.3% 氟化物；清洗温度为 50~60℃；流速为 0.2~1m/s；清洗时间通常为 6~8h。为了提高氧化铁垢清洗效果，可添加 1%~2% 的硫酸。

2.5.3.2 化学清洗系统

A 自然循环汽包锅炉化学清洗系统

大型锅炉化学清洗一般采用动态循环方式，为保证清洗流速，对锅炉四周水冷壁进行分组循环清洗。应根据汽包下降管到水冷壁下集箱分配管的布置情况进行分组。图 2-9 所示的循环清洗按下列流程进行。

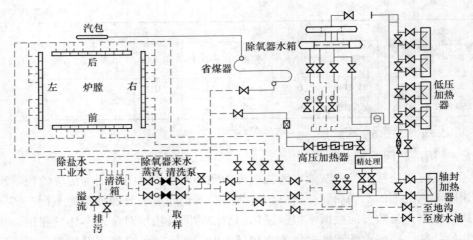

图 2-9　某 300MW 亚临界压力自然循环锅炉及炉前水系统循环清洗示意图

　　300MW 亚临界压力自然循环汽包锅炉整体循环清洗回路流程是：清洗箱→清洗泵→进水母管→省煤器→汽包→四周水冷壁→水冷壁下集箱→回水母管。

　　300MW 亚临界压力自然循环汽包锅炉水冷壁 1/2 分组循环清洗回路流程是：清洗箱→清洗泵→进水母管→（左墙+1/2 前墙左+1/2 后墙右）水冷壁下集箱→（左墙+1/2 前墙左+1/2 后墙右）水冷壁→汽包→（右墙+1/2 前墙右+1/2 后墙右）水冷壁→（右墙+1/2 前墙右+1/2 后墙右）水冷壁下集箱→回水母管。

　　300MW 亚临界压力自然循环汽包锅炉水冷壁 1/4 分组循环清洗回路流程是：清洗箱→清洗泵→进水母管→（1/2 左墙后+1/2 后墙左）水冷壁下集箱→（1/2 左墙后+1/2 后墙左）水冷壁→汽包→（1/2 前墙右+1/2 右墙前）水冷壁→（1/2 前墙右+1/2 右墙前）水冷壁下集箱→回水母管。

　　B　强制循环汽包锅炉化学清洗系统

　　亚临界压力强制循环汽包锅炉化学清洗系统及清洗循环流程如图 2-10 所示。

　　强制循环汽包锅炉化学清洗循环流程是：清洗箱→清洗泵→进水母管→省煤器→汽包→下降管→汇合集箱（循环）→炉水循环泵→下水包（循环）→四周水冷壁→汽包（循环）。

　　C　直流锅炉化学清洗系统

　　超超临界压力直流锅炉化学清洗系统如图 2-11 和图 2-12 所示。

　　典型超超临界压力直流锅炉化学清洗循环流程（不含过热器）是：清洗箱（除氧器）→清洗泵（前置泵）→临时管道→高压加热器及旁路→锅炉至凝汽器疏水管→凝结水泵出口→轴封加热器→低压加热器（循环）或者在高压加热器及旁路→省煤器→四周水冷壁→启动分离器→储水箱→临时管道（循环）。

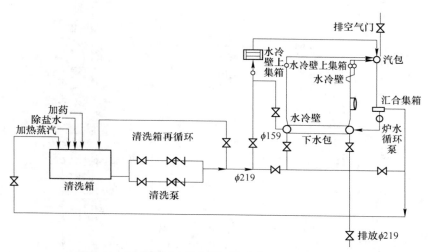

图 2-10　亚临界压力强制循环汽包锅炉化学清洗系统

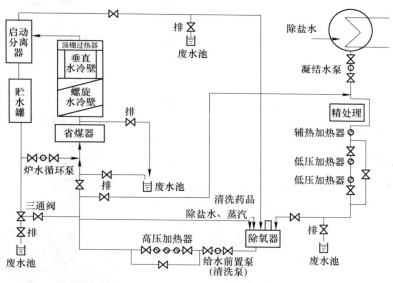

图 2-11　超超临界压力直流锅炉化学清洗循环流程（不含过热器）

　　典型超超临界压力直流锅炉化学清洗循环流程（含过热器）是：清洗箱（除氧器）→清洗泵（前置泵）→临时管道→高压加热器及旁路→省煤器→四周水冷壁→启动分离器→过热器→临时管道。

　　典型超超临界压力直流锅炉化学清洗循环流程（不含凝汽器）是：清洗箱（除氧器）→清洗泵（前置泵）→临时管道→高压加热器及旁路→锅炉至凝汽器疏水管→凝结水泵出口→轴封加热器→低压加热器→临时管道。

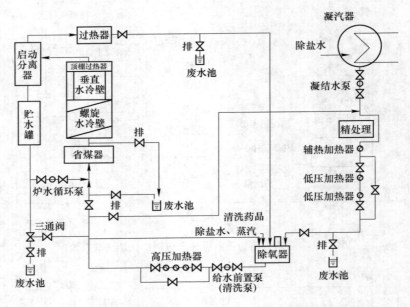

图 2-12　超超临界压力直流锅炉化学清洗循环流程（含过热器）

2.5.3.3　化学清洗步骤

锅炉化学清洗是用含有清洗能力的化学药品的溶液，通过一定的清洗工艺步骤，清除锅炉水汽系统中的腐蚀产物、沉积物和污染物，保持锅炉受热面的内表面清洁，并在金属表面形成良好的保护性钝化膜。化学清洗过程实际上是以化学和电化学反应为主，以机械能剥离为辅的过程。锅炉化学清洗一般包括水冲洗、碱洗（或碱煮）、碱洗（或碱煮）后的水冲洗、酸洗、酸洗后的水冲洗、漂洗和钝化等工艺步骤，典型的清洗步骤如图 2-13 所示。

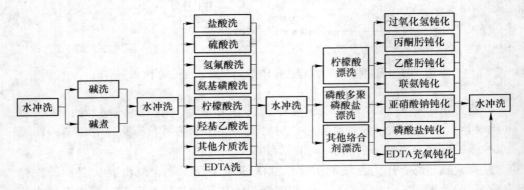

图 2-13　清洗步骤流程

A　清洗前水冲洗

a　清洗前水冲洗的作用

化学清洗前的水冲洗，对于新建锅炉是为了去除安装后脱落的焊渣、尘埃和氧化皮等，对于运行锅炉是为了冲去运行中产生的可冲掉的沉积物。此外，水冲洗可检验清洗系统是否严密。在对临时清洗系统进行冲洗的同时，进行水压试验，检查系统的泄漏情况；利用大流量水冲洗，可除去设备内泥砂以及管道内表面疏松的污物，减轻清洗除垢时的负担，使清洗取得更好的效果；为了使前面系统的污物不带入后面系统中，水冲洗可以分段进行，这对保证系统清洗有很好的效果。

b　水冲洗要求

冲洗水可用过滤后的澄清水或工业水，分段冲洗炉本体（不含奥氏体钢）。水冲洗时流速一般为 0.5~1.5m/s，一般冲洗至出水清澈透明，既可使设备冲洗得干净，又节省水。奥氏体钢的设备用含氯量小于 0.2mg/L 的除盐水冲洗。

B　碱洗或碱煮

碱洗通常是将碱洗液加热至 90~95℃，通过临时循环系统进行的清洗。碱煮通常是指将配制好的碱洗液加入锅炉后，点火升压，使锅炉在一定压力下煮炉一定时间。这两种方法的选用，应根据锅炉的具体情况而定。

a　酸洗前碱洗或碱煮的作用及工艺选择

新建锅炉在酸洗前通常需进行碱洗除油，但当锅炉油污较重时，应当在酸洗前进行碱煮除油，其目的是除去锅炉在制造和安装过程中，涂覆在锅内金属表面的防锈剂及安装时沾染的油污和硅化物等附着物，为下步酸洗创造有利条件。碱洗和碱煮时通常在碱洗液内添加表面润湿剂，使其吸附在金属表面和氧化铁上，从而改变金属表面张力，使原来憎水的金属表面变为亲水表面，提高酸洗效果。

当锅内垢及沉积物中含有较多硫酸盐和硅酸盐时，通常应采用碱煮转型，使难溶于酸的硬垢转化为易溶于酸的磷酸盐或碳酸盐，以便在酸洗中更好地除去。

b　常用碱洗和碱煮药剂

碱洗常用的药剂有 Na_2CO_3、Na_3PO_4、$NaOH$ 和表面活性剂等。这些药剂很少单独使用，大多是混合使用。

c　碱洗和碱煮工艺步骤

（1）碱洗。在清洗箱中，用除盐水或软化水配制碱洗液（一般采用边循环边加药的方式进行配制），同时将除盐水加热并维持在 90~95℃，然后连续而缓慢地往清洗箱内加入已经配制好的浓药液，通过循环使药液在系统中充分混合均匀。

（2）碱煮。在锅炉中加入碱煮药剂，并循环均匀后，将锅炉加热升压到适当的压力（一般为 1.0~2.0MPa），除油碱煮维持 4~10h（垢的转型碱煮需不少于 24h）。碱煮过程中应进行几次底部排污，其排污量为额定蒸发量的 5%～10%。排污并补水后，再进行升压碱煮，这样反复进行"升压—排污—补充给水—升压保温"，直到测定结果锅水中无油脂为止。当药剂的浓度下降到开始浓度的 1/2 时，应适当补加药剂。

C 碱洗或碱煮后水冲洗

碱洗后水冲洗的目的是清除残留在系统内的沉积污物和碱洗液，降低管壁的 pH 值。用过滤澄清水、软化水或除盐水进行碱洗后水冲洗。碱煮或碱洗结束后，待水温降至 70～80℃，即可将系统内碱洗（煮）废液全部排出，然后用除盐水（或软化水）冲洗清洗回路，一直冲洗至出水 pH≤9.0，水质澄清、透明，无细微颗粒和油脂为止。检查完毕后，接好酸洗系统进行水冲洗，然后进行酸洗。对于碱洗后水冲洗的控制，一方面对水冲洗要求过高只会造成水的浪费和清洗时间的延长，另一方面只控制 pH 值为冲洗合格标准是不够的。

D 酸洗

酸洗是整个除垢化学清洗工序中最关键、最重要的环节。酸洗除垢效果的好坏关系到化学清洗的成败。

a 酸洗液配制

酸洗液的组成视设备情况、结垢性质、工艺条件等参数不同而不同。在酸洗时，为了改善清洗效果，缩短清洗时间，减小酸对锅炉金属的危害，除了使用酸洗剂以外，还要根据情况，添加必要的缓蚀剂、表面活性剂、掩蔽剂和还原剂。酸洗液应配成一定浓度，采用边循环边加清洗药剂的方法，即将清洗系统的配药用水加热至预定温度，并循环均匀后，加入缓蚀剂进行系统循环，然后用浓酸泵或酸喷射器向清洗箱内逐渐加入浓酸，边进行系统循环，边加酸至预定浓度。

b 酸洗过程中工艺条件控制

循环酸洗应通过合理的回路切换，维持清洗液浓度、流量和温度均匀，避免清洗系统有死角出现，一般每隔 1h 左右正反方向切换一次，对结垢严重的回路应增加循环清洗时间。每个循环回路的流速尽量均匀。酸洗温度越高，清洗效果越好，但设备的腐蚀速率也随之增加，同时缓蚀剂的缓蚀效果随之降低，甚至遭到破坏，因而要控制好酸洗温度。在酸洗过程中，每半小时应该测定一次酸浓度、Fe^{2+} 和 Fe^{3+} 质量浓度，用柠檬酸清洗时，还应测定 pH 值，适时补加酸，补加还原剂。清洗时间应根据清洗的实际情况来确定，以除垢彻底又不能过洗为原则。当水垢中磷酸盐和铁的氧化物含量较高时，可采用氮气鼓泡静态清洗一定时间。

c 酸洗终点判断

化学清洗的终点由以下几点来判断确定：酸洗到预定时间，酸洗液中 Fe^{3+}、Fe^{2+} 质量浓度达到平衡，而且间隔半小时两次测定酸洗液浓度基本不变；监视管段内的垢和氧化物清洗干净。

d 酸洗液排出

酸洗终点到达后,即可停止酸洗。酸洗液的排出方式一般有以下三种。

(1)氮气顶排。从防止金属受空气氧化的效果看,这种方式最好,但实际操作相对麻烦。

(2)除盐水顶排。这种方式耗水量大,对电厂来讲有一定困难。

(3)直接排放。这种方式既简单又省水,但会生成二次浮锈。排酸至漂洗钝化的时间需尽可能缩短,否则金属在退酸和水冲洗期间产生的腐蚀甚至会超过酸洗时的腐蚀,而且产生的二次锈蚀将显著影响钝化效果。

E 酸洗后水冲洗

酸洗液排出后,通常采用交变流量进行水冲洗,目的是彻底排除系统内的酸洗残液,提高管壁的 pH 值。

酸洗后水冲洗的要求是:流量尽可能高,冲洗时间越短越好,尽可能提高流速。一方面可提高管内的冲洗流速,将管壁上残留的未溶解沉渣冲洗掉,另一方面可节约冲洗用水,使水冲洗尽快合格,并避免清洗系统内出现死角。在水冲洗的初期,冲洗必须采用除盐水冲洗。在冲洗液中加适量还原剂(如抗血酸钠等),或在水冲洗的后期加少量柠檬酸(控制 pH 值为 4~4.5),可防止产生二次锈蚀。通常水冲洗至排出水 pH 值为 4~4.5,含铁量小于 20~50mg/L,排水清澈为止。

当锅炉结垢较严重时,酸洗过程中在锅炉底部、下集箱或其他水流滞缓的部位堆积得较多的垢渣剥离脱落,光靠水冲洗很难将其排出,会严重影响金属表面钝化膜的形成。

F 氨洗除铜(无镀铜现象时不必做)

当运行炉的垢中含铜,或酸洗时有镀铜现象时,应增加氨洗除铜工艺。由于水垢中的铜一般在底层,因此氨洗除铜宜在酸洗后进行。

氨洗除铜的原理:金属表面的镀铜是以金属铜形式存在的,在加有氧化剂过硫酸铵的氨溶液中,铜形成氧化铜,再与 NH_3 形成稳定的铜氨络离子。

G 漂洗

漂洗目的是除去被清洗的金属表面在酸洗后水冲洗时可能产生的二次浮锈,并将系统中的游离铁离子络合掩蔽,为形成良好的钝化膜打好基础。漂洗工艺可适当缩短水冲洗时间和减少冲洗用水量。

常用的漂洗方法主要有柠檬酸漂洗和磷酸+多聚磷酸盐漂洗。

漂洗液配制时可采用水冲洗合格后系统内的水。在水温升至工艺要求的温度后,在边循环边加入漂洗药剂至预定工艺条件下进行漂洗。漂洗过程中应检测漂洗液的 pH 值和总铁离子浓度。实验结果表明：控制漂洗液中总铁离子质量浓度小于 300mg/L，若超过该值，应用热的除盐水置换部分漂洗液。

H　钝化

为了防止酸洗后活泼金属受到腐蚀，酸洗后必须通过钝化使金属表面形成钝化保护膜。目前比较常用的钝化方法主要有磷酸盐钝化法、联氨钝化法、亚硝酸钠钝化法、过氧化氢钝化法、丙酮肟钝化法和乙醛肟钝化法。

通常酸洗时，酸洗液的液位应维持在汽包中心线上；水冲洗时，应维持液位比酸洗时液位略高；钝化时液位应比水冲洗的液位更高。经过钝化后，金属表面形成了钝化保护膜，在化学清洗结束到锅炉第一次点火投运，如果间隔时间在 20 天以内，可以不另行采用防锈蚀的保护措施。但钝化保护膜的防腐蚀作用是有限的，如果间隔时间超过 20 天，则清洗后应进一步实施防锈蚀保护。

I　EDTA

EDTA 清洗的最大特点是在微酸性条件下除垢，而且在清洗除垢的后期对金属表面起到钝化作用，清洗和钝化过程可以一步完成，无须另行做漂洗、钝化处理。

根据 pH 值控制不同，EDTA 清洗有两种方法：一种是加氢氧化钠；另一种是加入氨水。EDTA 微溶于水、难溶于酸、易溶于碱，提高温度能够大大加快溶解速度。除盐水加热至 50℃ 以上后，先加入适量氢氧化钠或氨水，然后边对配药箱进行内循环边加入 EDTA 至预定浓度，调节 pH 值和 EDTA 浓度达到要求后打入清洗系统，进行封闭循环清洗。清洗过程中，应监测 EDTA 残余浓度和总铁离子含量，含量基本不变时，拆下监视管检查，管内壁已清洗干净并且形成钝化膜，可认为达到清洗终点，结束清洗。清洗结束，EDTA 排出系统后，用除盐水冲洗至金属表面清洁，EDTA 形成的钝化膜较差，尚需二次钝化。利用 EDTA 难溶于酸的特性，清洗后可将 EDTA 清洗废液通过浓硫酸（当水垢中钙含量较高时，用浓盐酸处理）使之沉淀后回收，操作得当时 EDTA 回收率可达 70% 以上。

J　清洗后内部检查和系统的恢复

化学清洗质量的见证检查包括监视管、汽包、联箱、腐蚀指示片等，必要时进行割管检查或业主提出的特别检查。

（1）清洗后，应打开循环锅炉的汽包、联箱，直流锅炉的启动分离器和联箱手孔进行内部检查，并彻底清除沉渣，使金属表面清洁。

（2）检查除垢率。一般应对水冷壁、省煤器进行割管检查，判断清洗效果。割管位置应在酸洗前确定，并同时割去鳍片。清洗后割管时不应使用乙炔切割，可用手工锯割，管样长度应不小于 150mm，如必须用砂轮切割时，管样长度不应小于 400mm。对于运行炉应在热负荷最高处（一般在燃烧器上方标高 2~3m 处）

割管。对于新建炉应在清洗流速最低处割取管样。

（3）检查钝化膜和腐蚀情况。清洗结束后取出腐蚀指标片，测定腐蚀速率和腐蚀量，并通过查看监视管、汽包、联箱等，检查钝化膜形成是否均匀、致密、完整。必要时可通过腐蚀指示片鉴别钝化膜的耐蚀性能。

（4）检查完事后，应将汽包内和系统中拆下的装置和部件全部恢复，并撤掉堵头，灌满加有联氨（质量浓度 200mg/L）并加氨水调节 pH 值为 9~10 的除盐水，而且清洗结束后，应用同样的除盐水对过热器进行反复冲洗。

2.5.4 典型锅炉化学清洗案例

2.5.4.1 盐酸清洗工艺

某电厂 4 号锅炉为 SG-1025/183-M317 亚临界、中间再热强制循环汽包锅炉。锅炉在大修期间对水冷壁管道进行割管检查，通过小型试验的管样的平均垢量为 282.27g/m²，参照《火力发电厂锅炉化学清洗导则》（DL/T 794—2012）的要求及锅炉状况需对锅炉进行化学清洗。锅炉清洗采用盐酸清洗、柠檬酸漂洗、过氧化氢水溶液钝化工艺。化学清洗的范围包括汽包、锅炉循环泵、下降管、下水包、水冷壁、省煤器及连接管道。结合水冷壁特点及参数，为了满足清洗流速的要求，本次清洗回路划分为 I 回路和 II 回路。其中：I 回路主要用于各阶段清洗药液的配制、升温和循环清洗；II 回路主要用于水冲洗。

I 回路：下水包→清洗箱→清洗泵→省煤器→汽包→下降管→下联箱→炉水泵→下水包或下水包→水冷壁→汽包→下降管→下联箱→炉水泵→下水包。

II 回路：清洗箱→清洗泵→省煤器→汽包→下降管→下联箱→炉水泵→下水包→水冷壁→汽包→下降管→下联箱→炉水泵→下水包。

在酸洗前从锅炉水冷壁和省煤器负荷最高处进行割管，对加工省煤器及水冷壁管样各 5 段进行小型试验，确定加入 4%盐酸溶液+0.3%盐酸缓蚀剂+0.1%氟化钠+0.1%硫脲清洗液，温度维持在 50~60℃，清洗 6h。漂洗工艺采用 0.3%柠檬酸作为漂洗介质，用氨水调节 pH 值为 3.5~4.0，温度为 50~80℃，漂洗 1~2h。钝化工艺采用过氧化氢水溶液作为钝化介质，过氧化氢水溶液 0.3%~0.5%，用氨水调节 pH 值为 9.5~10.0，钝化温度 45~55℃，钝化 4~6h。

化学清洗流程：锅炉上水冲洗→过热器充氨→联氨保护液→清洗系统试压→升温试验→化学清洗加药→盐酸清洗→顶酸水冲洗→柠檬酸漂洗→过氧化氢水溶液钝化。

清洗结束后，对炉管、汽包及下水包等部位进行检查，锅炉清洗表面均形成了良好的钝化保护膜，无二次锈蚀和点蚀，整个系统设备经化学清洗后未发现有设备损伤情况。通过对腐蚀指示片称量，测得平均腐蚀速率为 4.2299g/（m²·h），腐蚀总量为 25.3802g/m²，除垢率为 97.66%。炉管清洗效果如图2-14（a）所示，汽包清洗效果如图2-14（b）所示，下水包清洗效果如图2-14（c）所示。

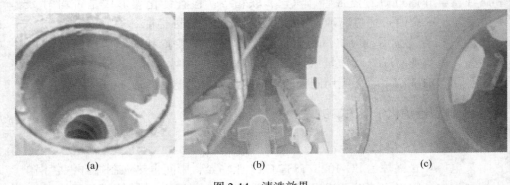

（a）　　　　　　　　　　（b）　　　　　　　　　　（c）

图2-14　清洗效果

（a）炉管清洗效果；（b）汽包清洗效果；（c）下水包清洗效果

2.5.4.2　柠檬酸清洗工艺

某电厂1号锅炉为SG-2026/17.5-M905型亚临界循环汽包炉。机组运行约63000h，锅炉后屏过热器连续出现两次因氧化皮脱落导致的爆管，爆管材质分别为T91和12Cr1MoV。停机检查发现过热器管道表面氧化皮厚度为0.1～0.23mm。因此拟对该过热器进行化学清洗，采用柠檬酸法。清洗分为两个阶段，试验条件见表2-16。化学清洗范围包括省煤器、汽包、水冷壁、分离屏过热器、后屏过热器、末级过热器及相关联箱、管道等。清洗工艺条件见表2-17。

表2-16　柠檬酸清洗试验条件

项　　目	第1阶段	第2阶段
清洗介质质量分数/%	6	6
清洗介质体积与管样内表面积之比/mL·cm^{-2}	3	3
缓蚀剂质量分数/%	0.5	0.5
催化剂质量分数/%	1.0	1.0
温度/℃	90	90
清洗时间/h	24	24

表2-17　锅炉化学清洗工艺条件

项　　目	化学清洗第1阶段	化学清洗第2阶段
柠檬酸质量分数/%	6～8	8～10
缓蚀剂质量分数/%	0.5～0.8	0.5～0.8
催化剂质量分数/%	1.0	1.0

续表 2-17

项　目	化学清洗第 1 阶段	化学清洗第 2 阶段
清洗液 pH 值	>3.5	>3.5
清洗液温度/℃	85~95	90~95
清洗时间/h	24~36	24~36

化学清洗结束后，对各种材质的监视管进行残余垢量测定，并根据其原始垢量计算除垢率，结果见表 2-18。

表 2-18　柠檬酸清洗除垢率

位置及管材	原始垢量/$g \cdot m^{-2}$	残余垢量/$g \cdot m^{-2}$	除垢率/%
分隔屏 15CrMo	279.56	22.80	91.8
分隔屏 12Cr1MoV	216.30	17.05	92.1
后屏 12Cr1MoV	537.56	24.98	95.4
末级过热器 T91（管样 A）	1050.0	54.68	94.8
末级过热器 T91（管样 B）	1050.0	52.21	95.0
末级过热器 T91（管样 C）	1050.0	54.01	94.9
后屏 TP347H	71.22	12.38	82.6

化学清洗结束后，各种材质的监视管表面状态如图 2-15 所示，显微镜下各管样断面的微观形貌（放大 200 倍）如图 2-16 所示。由两图可以看出：

（1）催化柠檬酸清洗后，15CrMo、12Cr1MoV 材质的管壁氧化皮已完全清除干净；

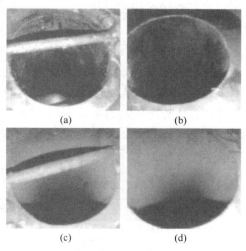

(a)　(b)

(c)　(d)

图 2-15　催化柠檬酸清洗后各种材质监视管的表面状态

（a）15CrMo 清洗后；（b）12Cr1MoV 清洗后；（c）T91 清洗后；（d）TP347H 清洗后

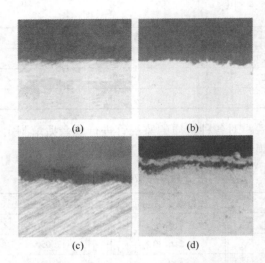

图 2-16　催化柠檬酸清洗后各种材质监视管的断面微观形貌

(a) 15CrMo 清洗后；(b) 12Cr1MoV 清洗后；(c) T91 清洗后；(d) TP347H 清洗后

(2) T91 和 TP347H 管样清洗后表面保留了富铬层，其平均厚度分别为 29.50μm 和 24.90μm，该富铬层的存在能够有效降低基体金属进一步氧化的速度。

化学清洗结束后，分别对第 1、第 2 清洗阶段的腐蚀指示片进行腐蚀速率及腐蚀总量的测定。除 T91 外其他材质腐蚀速率减小，腐蚀总量也减小，清洗过程中的腐蚀速率及腐蚀总量均满足相关导则的要求。

某电厂超临界机组的配套锅炉型号为 DG1900/25.4-II 1。清洗范围包括炉前，如凝结水管道、凝结水精处理旁路、低压加热器旁路、除氧给水箱、前置泵进水管道、高压加热器旁路，锅炉本体，如部分主给水管道、部分给水管道、省煤器、水冷壁系统、汽水分离器、储水箱。考虑安装进度、要求和炉前水汽系统及锅炉水汽系统的管道材质，确定采用柠檬酸作为酸洗介质。对锅炉内螺纹水冷壁管、垂直水冷壁管和省煤器管取样，进行垢量试验，其平均腐蚀垢量为 117.3g/m^2（Fe$_3$O$_4$）。锅炉水冷壁管系统的水容积约为 200m^3，总受热面积约为 20000m^2。因直流锅炉水冷壁的表面积和水容积之比约为 100，故确定柠檬酸的质量分数为 5%~6%。清洗参数见表 2-19。

表 2-19　清洗参数

项目	介质质量分数	pH 值	时间/h	温度/℃
碱洗	A5 除油剂 1%，消泡剂 0.04%	—	4~6	50±5
酸洗	柠檬酸质量分数 5%（炉前质量分数 3%），SHT-369 缓蚀剂 0.4%，氟化钠 0.2%	3.5~4.0	6	90±5

项目	介质质量分数	pH 值	时间/h	温度/℃
漂洗	柠檬酸 0.2%，缓蚀剂 SHT-369 0.1%	3.5~4.0	2	70±5
钝化	柠檬酸 0.2%，过氧化氢水溶液 0.2%	9.0~10.0	4~6	50±5

酸洗终点排放液中铁离子浓度为 850mg/L。根据腐蚀指示片计算得到的平均腐蚀速率为 1.032g/($m^2 \cdot$ h)。炉前酸洗过程随着时间的延长，柠檬酸浓度的降低，pH 值逐渐增大，二价铁先减小后平缓增大，全铁逐渐增大。锅炉本体酸洗的表面积 20280m^2，酸洗液容积 250m^3，酸洗 6h。根据腐蚀指示片计算得到的平均腐蚀速率为 2.81g/($m^2 \cdot$ h)，酸洗终点排放液铁离子浓度为 8400mg/L。腐蚀总量为 340.37kg，酸洗液中铁的总量为 2100kg。锅炉本体酸洗过程随着时间的延长，柠檬酸浓度先上升后下降，pH 值逐渐降低，二价铁先增大后下降，全铁先增大后下降。

化学清洗后，进行水冷壁和省煤器割管检查及除氧水箱内表面检查。结果显示，清洗表面形成了良好的保护膜，且保护膜完整，无点蚀及二次生锈。

2.5.4.3　EDTA 清洗工艺

某电厂锅炉为 HB-3310/26.25-YM3 超超临界直流锅炉，锅炉是变压运行一次上升直流锅炉，采用 Ⅱ 型布置。采用 EDTA 法清洗。锅炉酸洗范围包括除氧器水箱、气泵前置泵、3 号~1 号高压加热器、省煤器、水冷壁系统、启动分离器和储水罐。清洗的主要系统包括 16MnR 的除氧器筒体、WB36 的主给水管道、SA-106C 的省煤器入口管、SA-210C 的省煤器受热面、15GrMoG 的水冷壁管子（内螺纹管）、15GrMoG 的后水冷壁吊挂管、SA335-P12 的储水箱、12CrlMoVG 的分隔屏。除氧器有效容积 300m^3，给水及临时系统水容积 145m^3，省煤器 138m^3，水冷壁系统 200m^3，启动分离系统 24m^3，过热器 335m^3。酸洗水容积 807m^3。

加热方式选择 2 号高压加热器及除氧器水箱进行辅助蒸汽加热；蒸汽参数为 0.8MPa$\leq p \leq$1.2MPa，280℃ $\leq t \leq$350℃，蒸汽流量为 35~45t/h。通过小型试验确定温度在 120~130℃、流速在 0.2~1.0m/s 时效果最佳。受温度的限制，清洗过程需要加入缓蚀剂。选用 IS-136 铵缓蚀剂，使用质量分数为 0.3%~0.5%。清洗回路为：除氧器水箱—给水前置泵—临时管道—3 号~1 号高压加热器水侧—给水操作台—省煤器—水冷壁—顶棚—后烟道包墙—汽水分离器—贮水箱—临时管道—除氧器水箱。

清洗后的管道内表面清洁，无残留氧化物和焊渣，无金属粗晶析出的现象，也无镀铜现象。腐蚀指示片显示腐蚀总量为 20.2046g/m^2，平均腐蚀速度为 1.6837g/($m^2 \cdot$ h)，除垢率达 99%，钝化保护膜良好，没有出现二次锈蚀和点蚀，固定设备上的阀门、仪表等完好。酸洗鉴定结果为优良。

某电厂 3 号机组锅炉为 SG-1025/17.50-M885 亚临界一次再热控制循环汽包炉。2019 年大修期间的锅炉割管检查显示向火侧沉积量为 295.69g/m²，结垢速率为 22.50g/(m²·a)；背火侧沉积量为 263.66g/m²，结垢速率为 20.07g/(m²·a)。清洗前进行小型实验，采用 EDTA 法清洗。选用酸质量分数 5% 左右的 EDTA 作为清洗介质，可有效清除水冷壁管表面的垢，且腐蚀速率小于相关标准规定值。选用清洗泵主要是针对省煤器循环清洗用，省煤器管总横截面积约为 0.286m²，本次选用 500t/h 的清洗泵，根据计算，省煤器单管内流速约为 0.49m/s。锅炉化学清洗需满足换热管内流速为 0.2~0.5m/s，故本次选用两台额定流量为 500t/h 的清洗泵，在清洗过程中一用一备，即可满足化学清洗要求。

清洗回路为：汽包→下降管→汇合联箱→炉水泵→下水包→水冷壁管→汽包→再循环管→省煤器管→汽包下水包→清洗箱→清洗泵→省煤器→汽包→下降管→汇合联箱→炉水泵→下水包。

酸洗工艺条件，EDTA 质量分数 4%~6%，缓蚀剂质量分数 0.3%~0.5%，清洗温度 85~95℃，pH=4.5~5.5，具体清洗时间以清洗过程中清洗液的总铁及酸浓度监测值而定。本次化学清洗总 EDTA 用量约为 14t，实际清过程中加入 EDTA 总量为 15t，酸洗结束后 EDTA 残余质量分数为 0.876%，总铁质量分数为 10049.2mg/L。酸洗期间的监视管对比如图 2-17 所示。

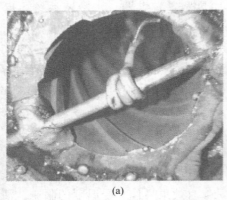

(a)   (b)

图 2-17 酸洗期间的监视管对比照片
(a) 酸洗期间的监视管；(b) 酸洗后的监视管

化学清洗结束后，割取一段水冷壁管检查本次清洗效果，并对下水包及汽包进行检查清理。结果显示，水冷壁管内的垢已清洗干净，无镀铜现象，钝化膜形成良好。各部位化学清洗后的表面状态如图 2-18 所示。

化学清洗结束后，对水冷壁监视管内悬挂的 20G 材质腐蚀指示片进行腐蚀速

 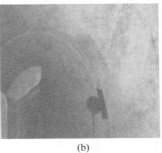 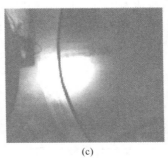

| (a) | (b) | (c) |

图 2-18 化学清洗后的照片对比

(a) 清洗后水冷壁割管；(b) 清洗后的下水包；(c) 清洗后的汽包

率及腐蚀总量的测定。结果显示，酸洗后腐蚀量减小，腐蚀平均速率为 $2.5376g/(m^2 \cdot h)$，平均腐蚀总量 $50.7527g/m^2$。

除垢率实验将清洗后水冷壁监视管及割取的水冷壁管均剖去其外壁，加工成圆环及半圆。配置 5% 的盐酸清洗液，并加入 0.3% 的缓蚀剂，清洗加工后的管样。第一次清洗至管样垢清除干净，露出金属本色，所用时间为 1h。第二次将管样放入清洗液中继续清洗 1h，清洗过程恒温 60℃。清洗结束后残余垢量数据见表 2-20。

表 2-20 锅炉系统化学清洗结束后残余垢量测定结果

编　号	管样高/mm	内表面积/m^2	垢量/$g \cdot m^{-2}$	平均垢量/$g \cdot m^{-2}$
圆环 1	40.7	0.00451	19.4863	
圆环 2	41.08	0.00452	17.0888	
向火 1	40	0.00208	9.2947	12.43
向火 2	40	0.00229	12.4074	
背火 1	40	0.00216	8.3273	
背火 2	40	0.00209	7.9685	

结论：清洗前原始管垢量约为 $280g/m^2$，据此计算本次化学清洗除垢率为 95.56%。

2.5.4.4 复合有机酸清洗工艺

某电厂为超超临界机组，采用复合有机酸进行静态、动态酸洗模拟试验。对电厂 1 号机割管检查，省煤器管和水冷壁管结垢量安全等级为 1 级，基本无腐蚀坑，腐蚀评价为一类水平。分析水冷壁管及省煤器内垢样发现，铁的氧化物成分在垢样比例中接近 70%，水冷壁结垢量 160.7g/m²，省煤器结垢量 219.5g/m²。该电厂锅炉水冷壁采用 15CrMo 管材，15CrMo 钢内层氧化膜以 Fe-O 化物为主，还生成了少量 $FeCr_2O_4$，主要分布在底层。由于垢中含有 Cr，一般的化学清洗配方很难清洗干净，所以应该选择具有络合能力的药剂。同 EDTA 和柠檬酸相比，羟基乙酸有更强的溶垢清洗能力，对材质的腐蚀性低，不会产生有机酸铁沉淀，与其他酸复配可提高清洗效果，因此确定复合有机酸的最佳组合。

　　复合有机酸化学清洗主要工艺参数见表 2-21，清洗方式：水冲洗—系统升温—循环清洗—顶酸水冲洗—漂洗—钝化—废液排放。清洗的范围包括部分给水管、省煤器、水冷壁、汽水分离器、储水箱等。监视管的前后对比如图 2-19 所示。

表 2-21　复合有机酸的清洗工艺参数

项目	介质质量分数/%	缓蚀剂质量分数/%	pH 值	温度/℃	清洗时间/h
复合有机酸清洗	羟基乙酸 2~4，氯化钠 0.5	0.3	—	85~95	8
漂洗	柠檬酸 0.1~0.3	0.1	3.5~4.0	50~55	2
钝化	过氧化氢 0.3~0.5	—	9.5~10.0	50~55	5

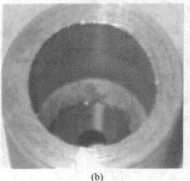

(a)　　　　　　　　　　　　　(b)

图 2-19　监视管的前后对比

(a) 清洗前；(b) 清洗后

　　不同清洗剂下的管样清洗数据见表 2-22。由表 2-22 可知，2%羟基乙酸+0.5%氯化钠+0.3%XD-245 缓蚀剂组成的清洗剂效果是最好的，清洗后的监视管道内壁无锈垢，无点蚀，无二次浮锈，无过洗现象，钝化保护膜完整、均匀、致密，呈钢灰色，除垢率大于 95%，试片腐蚀量 28.05g/m²（8h），平均腐蚀速率为 3.51g/(m²·h)。

表 2-22 不同清洗剂下的管样清洗数据

项 目	编号	试管内表面积/m²	失重/g	腐蚀速率/g·(m²·h)⁻¹	垢量/g·m⁻²
2%羟基乙酸+0.5%氟化钠清洗液+0.3%XD-245 缓蚀剂	试验管样 1	$2.542×10^{-3}$	1.0961	—	431.00
	空白管样 1	$2.424×10^{-3}$	0.0615	3.17	25.36
2%羟基乙酸+1.5% 甲酸清洗液+0.3%XD-245 缓蚀剂	试验管样 2	$2.540×10^{-3}$	1.0290	—	405.00
	空白管样 2	$2.522×10^{-3}$	0.1219	6.04	48.32
2%羟基乙酸+1.5%柠檬酸清洗液+0.3%XD-245 缓蚀剂	试验管样 3	$2.530×10^{-3}$	1.0551	—	417.00
	空白管样 3	$2.517×10^{-3}$	0.1003	4.98	39.84

2.5.5 化学清洗废液的处理

电站锅炉及其热力设备的化学清洗使用的清洗介质中含有酸、碱、盐、络合剂、缓蚀剂、钝化剂、表面活性剂等化学物质，在化学清洗过程中，从被清洗设备上清洗下来的污垢都进入清洗溶液中，形成含有多种污染物质的废水。如果这些废水不经过妥善处理直接排放，必然会对生态环境造成恶劣影响，也直接影响人类自身的工作环境和生活环境。

因此，应充分考虑化学清洗药品的选用，在保证清洗质量的前提下，应尽量选取无毒害、容易处理的药剂，最大限度地减少对环境和人体的影响。

2.5.5.1 化学清洗废液的特点

A 碱洗或碱煮废液的特点

碱洗或碱煮后的废液具有较高的碱性（pH>10），直接排放到水体中会使土壤盐碱化，影响水中植物和鱼类的正常生活；抑制水中微生物的生长；降低水体的自净能力；在缺氧的条件下被厌气性细菌分解时则会产生氨、硫化氢等有臭味的气体物质，使水质腐败变质；随碱洗废水排放到水中的矿物油漂浮在水面形成油膜，使大气与水面隔离，破坏正常的供氧条件，破坏水生植物正常的光合作用和呼吸作用，造成鱼类大量死亡；强碱性污水对人体皮肤有很强的刺激性，不仅不能饮用，而且不能用来洗浴。

B 酸洗废液的特点

酸洗废液中除了清洗药剂外，还含有各种类型的水垢及污垢。其由于酸性很强，会威胁水生动植物、微生物的生存，腐蚀混凝土等建筑材料和金属材料。使用氢氟酸作酸洗剂时，水中的氟化物会对人体和生物造成极大危害。使用有机酸作为酸洗剂时，如柠檬酸，酸洗废水有机物含量很高，化学耗氧量（COD）达20000mg/L 以上，直接排放会造成水体有机污染。

C　钝化废液的特点

锅炉化学清洗的钝化液多为碱性，pH 值一般在 9.5～11。

联氨对人体皮肤和黏膜有很强的损害作用，会影响人体内生物酶的功能。磷酸盐排放到湖泊水体，会造成水体富营养化，破坏水体中植物的生态平衡。化学清洗液的废水中常夹带固体悬浮物，会造成沟渠、管道、淤积及土壤孔隙的堵塞。化学清洗废水的排放量随发电机组容量和锅炉类型不同而不同，锅炉清洗废水的主要成分见表 2-23。

表 2-23　锅炉清洗废水的主要成分[①]　　　　　　　　　　（mg/L）

主要成分		化学清洗工艺方法					
		盐酸	柠檬酸	EDTA	氨基磺酸	硫酸	氢氟酸
Fe^{2+}、Fe^{3+}		1990～8000	2500～6000	2500～12000	2500～8000	2000～10000	3000～3600
Cu^{2+}		不确定	不确定	不确定	不确定	不确定	不确定
F^-		2000～3000	2000～3000	—	2000～3000	—	10000～15000
表面活性剂		500	500	500	500	500	500
氨氮	NH_4^+	400～1400	3000～4000	15000～30000[②]	400～1330	400～1400	400～1400
联氨		—	—	800～1000			500
磷酸盐（以 P 计）		470～570	470～570		470～570	470～570	
COD（O_2）		—	20000～35000	3500～20000			

①数据源自资料统计，具体含量由各项目确定。
②EDTA-铵清洗。

锅炉化学清洗废水排放应严格执行国家有关法规、标准的要求，严禁化学清洗废水直接排放和采用稀释的方法排放。化学清洗废水排放应该执行《污水综合排放标准》（GB 8978—1996），标准中和化学清洗相关的指标见表 2-24。

表 2-24　第二类污染物最高允许排放浓度　　　　　　　　（mg/L）

污　染　物	一级标准		二级标准		三级标准
	1997 年前建设的单位	1998 年后建设的单位	1997 年前建设的单位	1998 年后建设的单位	
pH 值	6～9	6～9	6～9	6～9	6～9
悬浮物（SS）	70	70	200	150	400
五日生化需氧量（BOD_5）	30	20	60	30	300
化学需氧量（COD）	100	100	150	150	500
石油类	10	5	10	10	30/20
氨氮	15	15	25	25	—

续表 2-24

污 染 物	一级标准		二级标准		三级标准
	1997 年前建设的单位	1998 年后建设的单位	1997 年前建设的单位	1998 年后建设的单位	
氟化物	10	10	10	10	20
磷酸盐（以 P 计）	0.5	1.0	0.5	1.0	—
苯胺类	1.0	2.0	1.0	2.0	5.0
阴离子表面活性剂（LAS）	5.0	10	5.0	10	20
总铜	0.5	0.5	1.0	1.0	2.0
总锌	2.0	2.0	5.0	5.0	5.0

2.5.5.2 悬浮物处理

化学清洗废水中的悬浮物主要是泥沙、锈垢及其他机械杂质，通常采用自由沉淀和絮凝沉淀的方法处理。

自由沉淀是指在清洗废水中悬浮物颗粒较大时，清洗废水在废水池存放一段时间让悬浮颗粒自由沉淀。

絮凝沉淀是指在清洗废水中悬浮物颗粒较小时，往清洗废水中投加聚合氯化铝铁、聚丙烯酰胺、聚丙烯酸等絮凝剂吸附悬浮颗粒，产生沉淀而去除。在设计有混凝沉降池的废水处理系统中，可将预先进行中和处理的浑浊废水经混凝沉降池处理。收集混凝沉降池排除的或沉降槽中沉积在池底的悬浮物，经浓缩脱水再在真空脱水机或加压脱水机中进一步脱水成为固体废弃物，而后加以填埋处理。

化学清洗废水处理流程是：碱洗、酸洗、钝化等废水→废水池→预中和→氧化、分解、混凝沉淀→清液中和排放（或者→除油污、除悬浮物、除氟离子、除铁铜及重金属离子、除氨氮化物、除亚硝酸钠、除磷酸盐、除其他杂质→固体沉淀物脱水/压块/掩埋）。

2.5.5.3 碱洗（煮）废液处理

碱洗或碱煮液中含有碱性药剂、表面活性剂及被清洗下来的油脂、油垢、涂料等高聚合物，处理应包括以下几方面。

（1）中和碱性。通常测出废水酚酞碱度总量，投加工业硫酸、盐酸中和处理，使其 pH 值在 6~9。

（2）去除油分。电站热力系统含油脂类污染物较少，可投入硫酸铝、氯化铝、硫酸亚铁、三氯化铁或聚丙烯酰胺等絮凝剂来除油。当含油脂类污染物较多时，采用破乳法，水中还存在的微量油污和表面活性剂可通过吸附、过滤去除，也可通过砂过滤器去除，最后达到水质净化的目的。

（3）降低化学需氧量。通常采用焚烧法或氧化法处理，以去除废水中的有机物。焚烧法是将废水中收集的油脂类污物与煤混合锅炉焚烧。氧化法是将空气或臭氧通入废水，利用空气中的氧气或臭氧的氧化作用使有机物氧化分解。碱洗废水排放标准是 pH 值在 6~9、含油量小于 10mg/L、化学需氧量降到 100mg/L 以下。

2.5.5.4　酸洗废液处理

酸洗废液处理一般包括中和酸性、去除重金属离子、去除氟离子、降低化学需氧量、去除悬浮物或沉淀物等几部分。下面按酸的种类及涉及的对象分别进行介绍。

A　盐酸、硫酸、硝酸废水

当使用盐酸、硝酸或硫酸作酸洗介质时，在废水池直接用液体工业氢氧化钠中和处理到 pH 值为 6~9，生成氯化钠、硝酸钠或硫酸钠等无害盐类，可直接排放。酸洗工序完成后，残留的酸还有 2%~4%，燃煤发电厂可将酸洗废水直接排到锅炉冲灰池，利用这些残余酸清洗冲灰管道，残余酸与沉积的碳酸钙等垢反应进一步被消耗，有机缓蚀剂和溶解到酸洗废水中的酸洗杂质、重金属离子同时也会被煤灰吸附固定在灰场。如果灰场灰水中还残留有酸度，再通过加碱仅调整灰水 pH 值到 6~9 范围内即可。

B　磷酸废水

当使用磷酸作酸洗介质时，加入过量消石灰或石灰乳中和处理，生成磷酸钙沉淀，降低废水中磷酸根的含量，收集沉淀物经过浓缩脱水挤压成块，将其掩埋在安全的地方。

C　氢氟酸废水

氢氟酸清洗废水的主要问题是处理溶液中含量过高的氟离子。根据所用药剂不同，氢氟酸废水处理方法，分为石灰法、石灰—铝盐法及石灰—磷酸盐法等。这里主要介绍石灰法。

使用过量的消石灰或石灰乳与氢氟酸反应生成氟化钙沉淀是最廉价、最有效的处理方法。此方法是将生石灰粉（CaO）或石灰乳 [Ca(OH)$_2$] 与含氟废水混合，生成氟化钙沉淀，以使氟离子从废水中去除。石灰的加入量应比依据反应式计算的理论量要高，约为废水中氟含量的 2.2 倍。所用生石灰中的氧化钙含量（质量分数）应大于 70%，一般使用的粉状生石灰，氧化钙含量（质量分数）应在 85% 以上。氢氟酸废水处理应在经过防渗处理的废水沉淀池中进行。处理过程要充分混合搅拌，使其反应完全。经过石灰法处理过的含氟酸性废水中仍残留有 20mg/L 左右的氟离子。为了提高除氟效率，在加入石灰的同时投入一定量的氯化钙可以使氟离子完全沉淀。

D 柠檬酸废水

a 与煤混合燃烧处理

柠檬酸清洗废水含其自身的化学需氧量、缓蚀剂带入的污染物质及清洗下的铁与铜。清洗液的 pH 值在 3.5~4，不符合排放标准。柠檬酸相当稳定，常规的氧化方法不易使其分解，但它是碳氢氧化合物，可通过燃烧的方式使它在高温下氧化分解。为防止其对燃烧器产生酸腐蚀，应调节 pH 值为 7~9，然后用专用喷燃器雾化后送入炉膛随煤粉一起燃烧。在干燥多风地区，中和后的柠檬酸清洗废水可作为防尘用水喷洒在煤场，随燃煤一起燃烧处理。

b 粉煤灰吸附处理

将废水排到锅炉冲灰池与灰水混合再排至灰场，利用粉煤灰的吸附性将柠檬酸（有机物）固定在粉煤灰上。

c 氧化法降化学需氧量

废水中加过氧化氢水溶液、次氯酸钠或漂白粉对化学清洗废水中的有机物进行氧化处理，处理流程如图 2-20 所示。具体步骤为：

（1）向废水中加入过氧化氢水溶液或次氯酸钠将废水中的有机物氧化，Fe^{2+} 会被氧化成 Fe^{3+}；

（2）向废水中加入烧碱、石灰乳等中和剂，调节 pH 值至 10~12，然后通入压缩空气进行搅拌，促进有机物进一步氧化，将 Fe^{2+} 全部氧化成 Fe^{3+}，并生成 $Fe(OH)_3$ 沉淀；

（3）向废水中投入明矾、聚丙烯酰胺等凝聚剂，使 $Fe(OH)_3$、$Cu(OH)_2$ 及悬浮物全部絮凝沉降，同时测定化学需氧量（应降至 300mg/L 以下）；

（4）为使有机物进一步氧化，化学需氧量降至 100mg/L 以下时加入氧化剂过硫酸铵，投放量为 1.2kg/m³，并通入压缩空气搅拌，使有机物充分氧化；

（5）用盐酸将溶液 pH 值调至 6~9，废水澄清后方可排放。

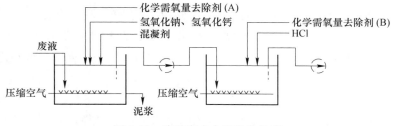

图 2-20 清洗废水中有机物处理

d Fenton 试剂处理

利用 Fenton 试剂处理柠檬酸废水，处理效果主要取决于 pH 值、过氧化氢水溶液的质量浓度和硫酸亚铁质量浓度。锅炉酸洗废水中含有大量铁离子和亚铁离子，要通过小型实验确定过氧化氢水溶液的投加量，找到最合适的配比。

E　氨基磺酸废水

对氨基磺酸废水进行处理时，可按等摩尔量加亚硝酸钠，利用亚硝酸钠的氧化性，将氨基磺酸转变成无害的硫酸氢钠，自身还原成氮气。但应注意，处理后的废水中不应残留有过多的氨基磺酸或亚硝酸钠成分。

F　乙二胺四乙酸（EDTA）废水

EDTA 废水处理应包括两部分：一是先回收废水中的 EDTA；二是处理废水中的联氨、铁铜等杂质。

a　直接硫酸法、盐酸法回收 EDTA

将 EDTA 废水排入回收箱（池），根据废水中 EDTA 残留的浓度，估算硫酸加入量。边搅拌边缓慢加入全部硫酸，混合均匀，确保溶液 pH<0.5，当反应完全，形成的 EDTA 结晶沉淀完全后，排出上部液体，收集沉淀的 EDTA 结晶物，用清水清洗结晶，待结晶干燥后装袋，完成初步回收。EDTA 结晶物使用前需再提纯，回收率约 65%。

盐酸法回收步骤和硫酸法相同。虽然使用 H_2SO_4 比 HCl 成本低，但废水中钙垢含量高时使用 H_2SO_4 容易产生硫酸钙沉淀，会对 EDTA 的回收质量造成影响。

b　碱法回收再利用

EDTA 各种形态在不同 pH 值溶液中的分配比例不同，当溶液 pH≥12 时，Y^{4-} 的分配常数为 1，EDTA 以 Na_4Y 的形式存在溶液中。溶液中同时存在下列平衡反应：

$$FeY^- \Longrightarrow Fe^{3+} + Y^{4-}$$
$$Fe^{3+} + 3OH^- \Longrightarrow Fe(OH)_3\downarrow$$
$$FeY^- + 3OH^- \Longrightarrow Y^{4-} + Fe(OH)_3\downarrow$$

第三个反应式的平衡常数 $K=1.99\times10^{12}$，反应强烈向右进行，生成难溶的 $Fe(OH)_3$；当在溶液中加入沉淀助剂后，$Fe(OH)_3$ 胶体脱稳沉淀，溶液中就只存在 Na_4Y。该方法适用于处理清洗铁氧化物为主的 EDTA 废水。沉淀完全后，EDTA 以 Y^{4-} 的形式保存在溶液中，待下次清洗时取出上部液体，再与需补加的 EDTA 酸配制使用。EDTA 回收率在 75% 以上。

c　Fenton 试剂法处理

对排放废水中 EDTA 含量较低或排放的 EDTA 废水已经进行了回收处理，废水中残留的化学需氧量仍然较高，可以采用 Fenton 试剂法处理降低溶液的化学需氧量含量。即在废水中加入适当配比的 Fenton 试剂，在催化氧化作用条件下，H_2O_2 分解产生 OH^-。

H_2O_2 在二价铁离子的催化分解下，经过一些过程将大分子有机物降解为小分子有机物或矿化为 CO_2 和 H_2O 等无机物。

处理过程反应条件的控制主要有以下两点。

（1）溶液 pH 值控制。有机物处理 pH 最佳控制值应通过试验室试验确定，一般通常在 2.8~3.2 范围内。

（2）Fenton 试剂配合比的控制。H_2O_2 与二价铁离子的配合比对反应产生的·OH 量有至关重要的影响。过量的 H_2O_2 会消耗羟基自由基·OH，反而降低处理效果。

2.5.5.5 钝化废液处理

电站热力设备化学清洗常用的钝化剂有氢氧化钠、氨、联氨、磷酸盐、过氧化氢水溶液、丙酮肟等，还包括可能还在使用的亚硝酸钠等。不同成分的钝化废水选用不同方法进行处理。

A 联氨废水

（1）空气氧化处理。将废水回收到废水处理池，调节 pH 值到 9 左右，通空气搅拌，在一价金属离子（如 Na^+）的催化作用下，氧与联氨反应生成过氧化氢和氮气。

（2）过氧化氢水溶液处理。先将废水回收到废水处理池，加入氢氧化钠调节 pH 值到 8~9，利用过氧化氢水溶液氧化分解联氨，反应产物是无害的氮气和水。

（3）次氯酸盐处理。先将废水回收到废水处理池，加入氢氧化钠调节 pH 值到 8~9，利用次氯酸盐氧化分解联氨，反应产物是无害的氮气和氯化钠。

B 磷酸盐废水

含磷酸盐的钝化废水处理，如同前面磷酸废水处理方法，其废水加入过量消石灰或石灰乳中和处理，反应生成磷酸钙沉淀，可降低废水中磷酸根的含量。废水排放标准要求磷含量应小于 1mg/L，即相当于磷酸根浓度不大于 3mg/L。

C 含氨废水

锅炉钝化大多用氨水调整钝化液的 pH 值，溶液中氨浓度在 2000~5000mg/L，超出国家允许排放标准近百倍，可用下述方法处理。

（1）$Ca(ClO)_2$ 法处理。$Ca(ClO)_2$ 处理氨是利用次氯酸钙的氧化性，将氨氧化转变生成无害的氮气，既可降低氨含量，也可消除氨的异味。

（2）通气法处理。较高温度的钝化溶液排放到废水池后，鼓空气到池内使溶液翻腾，也可有效地使氨从溶液中逸出，降低溶液中的氨含量。

化学清洗废水处理流程一般经过以下几个过程，经过碱洗、酸洗、钝化等的废水排入废水池，然后预中和，氧化分解混凝沉淀，除油污、除悬浮物、除氟离子、除铁铜及重金属离子、除氨氧化物、除磷酸盐、除其他杂质，再对固体沉淀物脱水、压块、掩埋，最后清液中和排放。

热力设备的腐蚀与防护

3.1 金属腐蚀基础

3.1.1 金属腐蚀的定义

金属腐蚀是包括金属材料和环境介质两者在内的一个具有反应作用的体系，即金属与周围环境（介质）之间发生化学或电化学作用所引起的破坏或变质现象。金属在发生腐蚀时，一般也同时发生外貌变化，如溃疡斑、小孔、表面有腐蚀产物或金属材料变薄等。金属腐蚀的结果有金属材料化学成分的改变（如铁变成铁锈）、金相组织发生变化（如碳钢的脱碳等）和力学性能的下降（如氢脆和晶间腐蚀导致的材料脆化）。要特别指出的是，就算金属还没有腐蚀到破坏或严重变质的程度，也足以造成设备事故或损坏。

对腐蚀的研究已发展成一门独立的学科——金属腐蚀学。它是在金属学、物理化学、工程力学等学科基础上发展起来的边缘性学科，它主要研究金属材料腐蚀的普遍规律，以及典型环境下金属腐蚀的原因及控制措施。

3.1.2 金属腐蚀的分类

由于腐蚀领域涉及的范围极为广泛，发生腐蚀的金属材料和环境，以及腐蚀的机理也是多种多样的，因此腐蚀的分类有多种方法。下面介绍几种常用的分类方法。

3.1.2.1 按腐蚀环境分类

根据腐蚀环境的不同，金属的腐蚀大致可分为以下几类。

（1）干腐蚀。干腐蚀是金属在干燥气体介质中发生的腐蚀，它主要是指金属与环境介质中的氧反应生成金属氧化物，常称为金属的氧化。过热器管和再热器管在干蒸汽中的汽水腐蚀可归入此类。

（2）湿腐蚀。湿腐蚀主要指金属在潮湿环境和含水介质中的腐蚀。它又可分为自然环境中的腐蚀（如大气腐蚀、土壤腐蚀、海水腐蚀等）和工业介质（如酸、碱和盐的溶液，以及工业水等）中的腐蚀。热力设备的腐蚀绝大部分属于湿腐蚀，其中热力设备与空气接触的外表面腐蚀属于大气腐蚀；热力设备运行中各种水（如给水、冷却水等）系统内部的腐蚀可归为工业水腐蚀。但是，在热力设备停用过程中，特别是设备检修期间，水汽系统内部也可能因空气进入而发生严重的大气腐蚀，这种腐蚀又称停用腐蚀。

（3）熔盐腐蚀。熔盐腐蚀是指金属在熔融盐中的腐蚀，如锅炉烟侧的高温腐蚀。

（4）有机介质中的腐蚀。此类腐蚀是指金属在无水的有机液体和气体（非电解质）中的腐蚀，如铝在四氯化碳、三氯甲烷、乙醇中的腐蚀，镁和钛在甲醇中的腐蚀等。

3.1.2.2　按腐蚀机理分类

根据腐蚀过程特点，腐蚀可分为化学腐蚀和电化学腐蚀两大类。

（1）化学腐蚀。化学腐蚀是指金属表面与非电解质直接发生纯化学作用而引起的破坏。在化学腐蚀过程中，非电解质中的氧化剂在一定条件下直接与金属表面的原子发生氧化还原反应而生成腐蚀产物，反应中电子的传递是在金属与氧化剂之间直接进行的，所以没有电流产生。单纯化学腐蚀的实例较少，金属在有机介质中的腐蚀属于化学腐蚀，但这种腐蚀往往因介质含有少量水分而转变为电化学腐蚀。

（2）电化学腐蚀。电化学腐蚀是指金属表面与电解质发生电化学作用而引起的破坏。在电化学腐蚀过程中，金属的氧化（阳极反应）和氧化剂的还原（阴极反应）在被腐蚀的金属表面不同的区域同时进行，电子可通过金属从阳极区流向阴极区，从而产生电流。例如，碳钢在酸中腐蚀时，在阳极区铁被氧化为Fe^{2+}，所放出的电子通过钢的基体由阳极（Fe）流至钢中的阴极（Fe_3C）表面，被 H^+ 吸收而产生氢气。

阳极反应：　　　　　　　　　$Fe \longrightarrow Fe^{2+} + 2e$

阴极反应：　　　　　　　$2H^+ + 2e \longrightarrow H_2$

总反应：　　　　　　　$Fe + 2H^+ \longrightarrow Fe^{2+} + H_2$

可见，电化学腐蚀实际上是一种短路原电池反应的结果，这种短路原电池称为腐蚀电池。电化学腐蚀的实例很多，各种湿腐蚀及熔盐腐蚀皆属此类，热力设备的腐蚀绝大部分属于电化学腐蚀。

3.1.2.3　按腐蚀形态分类

根据腐蚀在金属表面上的分布情况，腐蚀可分为全面腐蚀和局部腐蚀两大类。

金属发生全面腐蚀时，整个与介质接触的金属表面都发生程度（腐蚀深度）相近或相同的腐蚀。此时，如果各点腐蚀深度相同，则称为均匀腐蚀，如钢铁在盐酸等非氧化性酸溶液中的腐蚀。但是，多数情况下腐蚀表面会呈现出凹凸不平的形态，如碳钢在海水等中性水溶液中腐蚀。全面腐蚀，尤其是均匀腐蚀的危险性较小，因为它们不仅容易发现和预测，而且容易控制。例如，向腐蚀介质中添加缓蚀剂就是控制全面腐蚀的非常有效的一种方法；另外，我们能比较容易而准确地测量全面腐蚀速率，并据此适当增大结构部件的尺寸，进而保证设备的使用寿命。

金属发生局部腐蚀时，腐蚀主要集中于金属表面某局部区域，有多种形态，但大都具有隐蔽、难以预测、发展快、破坏性大等特点，所以其危险性较大。局部腐蚀主要有下列 8 种。

（1）电偶腐蚀。两种金属在腐蚀介质中互相接触，导致电极电位较负的金属在接触部位附近发生局部加速腐蚀称为电偶腐蚀。

（2）点蚀。点蚀又称为孔蚀，是一种典型的局部腐蚀。其特点是腐蚀主要集中在金属表面某些活性点上，并向金属内部纵深发展，通常蚀孔深度显著大于其孔径，严重时可使设备穿孔。

（3）缝隙腐蚀。金属表面上由于存在异物或结构上的原因形成缝隙而引起的缝隙内金属的局部腐蚀，称为缝隙腐蚀。

（4）晶间腐蚀。这种腐蚀首先在晶粒边界上发生，并沿着晶界向纵深处发展。这时，虽然从金属外观看不出有明显的变化，但其力学性能却已大为降低。晶间腐蚀常见于奥氏体不锈钢（304 等），特别容易在奥氏体不锈钢的焊缝附近发生。

（5）选择性腐蚀。合金腐蚀时其各种成分不是按合金的比例溶解，而是其中电位较低的成分选择性溶解，结果造成另一种组分富集于金属表面上，这种腐蚀称为选择性腐蚀。黄铜的脱锌腐蚀就是一种典型的选择性腐蚀。

（6）磨损腐蚀。磨损腐蚀是在腐蚀性介质与金属表面间发生相对运动时，由介质的电化学作用和机械磨损作用共同引起的一种局部腐蚀。

（7）应力腐蚀。金属构件在腐蚀介质和机械应力的共同作用下产生腐蚀裂纹，甚至发生断裂，称为应力腐蚀。这是一类极其危险的局部腐蚀。根据所受应力的不同，应力腐蚀又可分为应力腐蚀破裂（SCC，stress corrosion cracking）和腐蚀疲劳。应力腐蚀破裂是金属在特定腐蚀介质和拉应力共同作用下产生的一种应力腐蚀。例如，奥氏体不锈钢在含氯离子的水溶液中、碳钢在浓碱溶液中、铜或铜合金在含氨的水溶液中，受拉应力的作用时都可能发生 SCC。腐蚀疲劳不需要特定的腐蚀介质，只要存在腐蚀介质与交变应力的共同作用，大多数金属都可能发生腐蚀疲劳。

（8）氢脆。在某些介质中，因腐蚀或其他原因产生的原子氢扩散进入钢等金属内部，使金属材料的塑性和断裂强度显著降低，并可能在应力的作用下发生脆性破裂或断裂，这种腐蚀破坏称为氢脆或氢损伤。金属发生酸性腐蚀或进行酸洗时都可能有原子氢产生。在高温下，钢中的原子氢可与钢中的 Fe_3C 发生反应生成甲烷气体（$Fe_3C + 4H \rightarrow 3Fe + CH_4 \uparrow$），并使钢发生脱碳。

3.1.3 热力设备腐蚀的类型

热力设备在运行中或停用时，介质中的各种腐蚀性成分，对设备会产生严重的腐蚀。根据运行实践，国内外火电厂和核电站的各种热力设备，比如火电厂的锅炉和核电站的蒸汽发生器、汽轮机、凝汽器、加热器、给水泵、水处理设备以及各种水、汽管道，均发生过比较严重的腐蚀。热力设备的腐蚀形态也比较多，有点蚀、缝隙腐蚀、应力腐蚀破裂、腐蚀疲劳、氢脆、选择性腐蚀、电偶腐蚀及磨损腐蚀等。

随着炉外水处理技术的发展，锅炉结垢和汽轮机积盐的问题已得到有效地控制，腐蚀成为突出的问题。相较于小容量的中低压机组，大容量高参数机组的腐蚀形态和特点，有较明显的区别。

热力设备腐蚀的分类方法有两种。

（1）按设备分类，如水处理设备的腐蚀、给水系统的腐蚀、水冷壁管的腐蚀等。这种分类方法的好处是，对于每种设备可能遭受的腐蚀形态比较清楚；其缺点是，一种热力设备可能遭受不同形态的腐蚀，腐蚀形态不同，腐蚀的机理也不同，防止的方法也不同，采用这种分类方法不便于讨论腐蚀的机理和防止方法。此外，不同的设备可能遭受同一种腐蚀形态，按设备分类讨论腐蚀，同一种形式的腐蚀需要在多处进行分析，显得烦琐。

（2）按腐蚀的机理分类，如氧腐蚀、酸腐蚀、应力腐蚀破裂等。这种分类法的优点是，便于了解腐蚀的机理，掌握其规律和特点，也易于提出恰当的防止措施。它的缺点是，不同设备可能遭受同一种腐蚀，而各种设备的条件不一样，讨论影响因素时比较复杂，同时，对于某一种设备可能遭受的腐蚀形态没有一个完整的概念。

下面根据第二种分类方法，简要介绍热力设备所遭受的腐蚀。

（1）氧腐蚀。热力设备运行和停用时，都可能发生氧腐蚀。运行时的氧腐蚀是在水温较高的条件下发生的，停用时的氧腐蚀是在低温下发生的，两者的本质相同，但腐蚀产物的特点有区别。氧腐蚀是热力设备常见的一种腐蚀形式。

（2）酸腐蚀。有的热力设备和管道可能与酸接触，产生析氢腐蚀。例如，水处理设备、疏水系统、凝结水系统和汽轮机低压缸的隔板与隔板套等部位都可能和酸性介质接触，产生析氢腐蚀。水处理设备可能和盐酸接触，比如，氢离子交换器再生时就和盐酸接触，产生腐蚀。疏水系统和凝结水系统因为游离 CO_2 的溶解，水的 pH 值低于 7，产生析氢腐蚀，也就是通常所说的二氧化碳腐蚀。此外，对于热力设备，在锅炉酸洗或发生酸性腐蚀时，碳钢炉管都可能发生氢脆。

（3）应力腐蚀。无论是锅炉还是汽轮机，都会产生应力腐蚀，如锅炉的苛性脆化，锅炉汽包、过热器、再热器、高压除氧器、主蒸汽管道、给水管道的应力腐蚀、汽轮机叶片和叶轮、凝汽器铜管、核电站二回路的应力腐蚀破裂等。

（4）锅炉介质浓缩腐蚀。它主要是在炉水蒸发浓缩产生浓碱或酸时出现，尤其是当凝汽器泄漏，漏入碱性水或海水时。在热力设备中，介质浓缩腐蚀多属于缝隙腐蚀，金属构件采用胀接或螺栓连接的情况下，接合部的金属与金属（如凝汽器不锈钢管和管板）间形成的缝隙，金属与保护性表面覆盖层、法兰盘垫圈等非金属材料（如涂料、塑料、橡胶等）接触所形成的金属与非金属间的缝隙，以及腐蚀产物、泥沙、脏污物、微生物等沉积或附着在金属（如凝汽器不锈钢管或铜管）表面上所形成的缝隙等，在含氯离子的腐蚀介质中都可能发生严重的缝隙腐蚀。其中，沉积物下发生的缝隙腐蚀又称为沉积腐蚀。

（5）流动加速腐蚀。一般是碳钢在高流速的无氧纯水中发生的一种磨损腐蚀。在还原性环境下的紊流区，如管道弯头、三通、变径处等，附着在碳钢表面上的磁性氧化铁保护层被剥离进入湍流水或潮湿蒸汽中，使其保护性降低甚至消除，导致母材快速腐蚀。

（6）汽水腐蚀。当蒸汽过热温度超过450℃时，蒸汽会和碳钢发生反应生成铁的氧化物，使管壁变薄。这是一种化学腐蚀，因为它是干的过热蒸汽和钢发生化学反应的结果。汽水腐蚀常常在过热器中出现，同时，在水平或倾斜度很小的炉管内部，由于水循环不良，出现汽塞或汽水分层时，蒸汽也会过热，出现汽水腐蚀。

（7）点蚀。热力设备中的点蚀主要发生在不锈钢和铜合金部件上。例如，凝汽器不锈钢管或铜管水侧管壁与含氯离子的冷却水接触，在一定条件下可能发生点蚀；汽轮机停运时保护不当，不锈钢叶片也有可能发生点蚀。

（8）电偶腐蚀。凝汽器铜管胀口附近的碳钢管板，因碳钢的电极电位较负而发生电偶腐蚀。锅炉化学清洗时，如果控制不当，可能在炉管表面产生铜的沉积，即"镀铜"，由于镀铜部分电位为正，其余电位为负，因此形成腐蚀电池，产生电偶腐蚀。核电站蒸汽发生器，在管子表面有铜沉积，铜镀到管子上以后，铜和管子组成电偶电池，产生腐蚀。

（9）铜管选择性腐蚀。凝汽器铜管的水侧常常发生选择性腐蚀，对于黄铜管就是脱锌腐蚀。腐蚀的结果是在铜管表面形成白色的腐蚀产物——锌化合物，在腐蚀产物下部有紫铜。铜管严重腐蚀后，力学性能显著下降，会引起穿孔甚至破裂。

（10）磨损腐蚀。给水泵、汽轮机和凝汽器铜管都可能发生磨损腐蚀。例如，当锅炉补给水为除盐水或全部为凝结水时，高压给水泵易发生冲击腐蚀，腐蚀主要发生在铸铁和铸铜部件的水泵上，如水泵叶轮、导叶等。高速旋转的给水泵叶轮表面的液体中不断有气泡形成和破灭，气泡破灭时产生的冲击波会破坏金属表面的保护膜，从而加快金属的腐蚀，这种磨损腐蚀又称为空泡腐蚀或空蚀。在凝汽器铜管的入口端，因受液体湍流或水中悬浮物的冲刷作用而发生的冲刷腐蚀就是一种典型的磨损腐蚀，其腐蚀部位常具有明显的流体冲刷痕迹特征。

（11）锅炉烟侧的高温腐蚀。这主要指炉水冷壁体、过热器管及再热器管外表面发生的腐蚀。水冷壁管烟侧高温腐蚀的原因是硫化物或硫酸盐的作用。过热器和再热器烟侧高温腐蚀是由于积有 $Na_3Fe(SO_4)_3$ 和 $K_3Fe(SO_4)_3$ 造成的。对于燃油锅炉，过热器和再热器的烟气侧将产生钒腐蚀。

（12）锅炉尾部的低温腐蚀。它是锅炉尾部受热面（空气预热器和省煤器）烟气侧的腐蚀。低温腐蚀是由于烟气中的 SO_3 和烟气中的水分发生反应生成 H_2SO_4 造成的。

此外，凝汽器铜管的水侧发生微生物腐蚀、点蚀，汽侧发生氨腐蚀，汽轮机润滑油系统若漏入水分，发生锈蚀等。

热力设备腐蚀除了具有腐蚀的一般特点之外，还有不少特殊的地方。首先，热负荷在热力设备的腐蚀过程中起很重要的作用。水冷壁管、过热器管和省煤器管的腐蚀，除了在汽水分层和汽塞的部位以外，腐蚀都集中在热负荷高的一侧。比如，水冷壁的介质浓缩腐蚀，集中在向火侧，因为向火侧热负荷高。

其次，运行工况对腐蚀有影响。对于水汽侧，原水水质变化、水处理设备运行状况变化、锅炉内处理方式变化、热力设备运行状况变化都将引起汽、水品质改变。对于烟气侧，燃料成分和热力设备运行状况变化，烟气成分也明显改变。此外，介质温度、金属表面状态、各部分受力状态都会因锅炉运行状况变化而改变。跟随这些因素的变化，腐蚀的类型和程度也将改变，因此，腐蚀现象比较复杂。

最后，随着机组参数的提高，腐蚀速度增加。因为水、汽温度和压力的升高，金属腐蚀的热力学倾向增加，腐蚀的反应速度加快。所以，在同一水质条件下，高温高压机组比中温中压机组腐蚀严重，超高压机组又比高压机组腐蚀严重。同时，机组参数提高，设备的材质改变，补给水的纯度提高，腐蚀的形态也会发生改变。

3.2 氧腐蚀及其防止

3.2.1 热力设备运行时氧腐蚀特征与机理

3.2.1.1 氧腐蚀特征

A 腐蚀部位

决定氧腐蚀部位的因素是氧的浓度。凡是有溶解氧的部位，就有可能发生氧腐蚀。锅炉运行正常时，给水中的氧一般在省煤器中被消耗完，所以锅炉本体不会出现氧腐蚀。但是，当除氧器运行不正常或锅炉启动初期，溶解氧可能进入锅炉本体，造成汽包和下降管腐蚀，而水冷壁管不会出现氧腐蚀，因为溶解氧不可能进入水冷壁管内。

在除氧水工况下，氧腐蚀主要发生在温度较高的高压给水管道、省煤器等部位。另外，在疏水系统中，由于疏水箱一般不密闭，溶解氧浓度接近饱和值，并且水中还溶解有较多的游离二氧化碳，因此氧腐蚀比较严重。锅炉运行时，氧腐蚀通常发生在给水管道、省煤器、补给水管道、疏水系统的管道和设备。此外凝结水系统可能遭受氧腐蚀，但腐蚀的程度比较轻。

B　腐蚀外观

当钢铁在水中发生氧腐蚀时，其表面会形成许多疏密不均的小鼓疱。这些鼓疱的大小差别很大，其直径从 1mm 到 30mm 不等。鼓疱表层的颜色由黄褐色到砖红色不等。鼓疱次层是黑色粉末状物，在除去这些次生腐蚀产物后，便可看到一些大小不一的腐蚀坑，呈"溃疡"状。因此，这种腐蚀又称为溃疡腐蚀。

C　腐蚀成分

上述所说的各层腐蚀产物之所以有不一样的大小、颜色，是因为它们的成分组成不同，见表 3-1。表层的腐蚀产物，在较低温度下主要是铁锈（即 FeOOH），颜色较浅，以黄褐色为主；热力设备运行时，温度较高，小型鼓疱表面的颜色具有高温的特点，主要是 Fe_3O_4 和 Fe_2O_3，颜色较深，为黑褐色或砖红色。因为沉积的腐蚀产物内部缺氧，所以由表及里腐蚀产物的价态降低。因此，里层的黑色粉末通常是 Fe_3O_4，而在紧靠金属表面的里层还可能有黑色的 FeO。

表 3-1　铁的腐蚀产物的特性

组　成	颜　色	磁性	密度/g·cm⁻³	热稳定性
$Fe(OH)_2$ [①]	白	顺磁性	3.40	在 10℃时分解为 Fe_3O_4 和 H_2
Fe_2O_3	黑	铁磁性	5.4~5.73	在 1371~1424℃时熔化，在低于 570℃时分解为 Fe 与 Fe_2O_3
Fe_3O_4	黑	顺磁性	5.20	在 1597℃时熔化
α-FeOOH	黄	顺磁性	4.20	约 200℃时失水生成 α-Fe_2O_3
β-FeOOH	淡褐	—	—	约 230℃时失水生成 α-Fe_2O_3
γ-FeOOH	橙	顺磁性	3.97	约 200℃时转变为 α-Fe_2O_3
γ-Fe_2O_3	褐	铁磁性	4.88	在大于 250℃时转变为 α-Fe_2O_3
α-Fe_2O_3	由砖红至黑	顺磁性	5.25	在 0.098MPa 下，1457℃时分解为 Fe_3O_4

①$Fe(OH)_2$ 在有氧的环境中是不稳定的，在室温下可变为 γ-FeOOH、α-FeOOH 或 Fe_3O_4。

3.2.1.2 氧腐蚀机理

氧腐蚀是热力设备腐蚀中较常见的一种腐蚀形式，在讨论热力设备氧腐蚀机理之前，先介绍碳钢在中性 NaCl 溶液中氧腐蚀的机理。有的学者将碳钢浸在中性的充气 NaCl 溶液中进行氧腐蚀试验，根据试验结果提出了氧腐蚀的机理，其要点如下。

碳钢表面由于电化学不均匀性，包括金相组织的差别、夹杂物的存在、氧化膜的不完整、氧浓度差别等因素造成的各部分电位不同，因此形成微电池，腐蚀反应为：

阳极反应
$$Fe \longrightarrow Fe^{2+} + 2e$$

阴极反应
$$O_2 + 2H_2O + 4e \longrightarrow 4OH^-$$

所生成的 Fe^{2+} 进一步反应，即 Fe^{2+} 水解产生 H^+，反应式为：

$$Fe^{2+} + H_2O \longrightarrow FeOH^+ + H^+$$

钢中的夹杂物如 MnS 将和 H^+ 反应，其反应式为：

$$MnS + 2H^+ \longrightarrow H_2S + Mn^{2+}$$

所生成的 H_2S 可以加速铁的溶解，因此腐蚀所形成的微小蚀坑，将进一步发展。

小蚀坑的形成，Fe^{2+} 的水解，使得坑内溶液和坑外溶液相比，pH 值下降，溶解氧的浓度下降，形成电位的差异，坑内的钢进一步腐蚀，蚀坑进一步扩展和加深，其反应如图 3-1 所示。

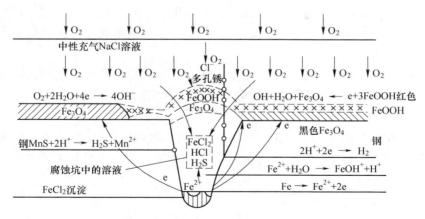

图 3-1　铁在中性 NaCl 溶液中氧腐蚀机理

在蚀坑内部：

阳极反应
$$Fe \longrightarrow Fe^{2+} + 2e$$

Fe^{2+} 的水解
$$Fe^{2+} + H_2O \longrightarrow FeOH^+ + H^+$$

硫化物溶解 $\qquad$ $MnS + 2H^+ \longrightarrow H_2S + Mn^{2+}$

阴极反应 $\qquad$ $2H^+ + 2e \longrightarrow H_2$

在蚀坑口：

$FeOH^+$氧化 $\qquad$ $2FeOH^+ + 1/2O_2 + 2H^+ \longrightarrow 2FeOH^{2+} + H_2O$

Fe^{2+}氧化 $\qquad$ $2Fe^{2+} + 1/2O_2 + 2H^+ \longrightarrow 2Fe^{3+} + H_2O$

Fe^{3+}水解 $\qquad$ $Fe^{3+} + H_2O \longrightarrow FeOH^{2+} + H^+$

$FeOH^{2+}$水解 $\qquad$ $FeOH^{2+} + H_2O \longrightarrow Fe(OH)_2^+ + H^+$

形成 Fe_3O_4 $\qquad$ $2FeOH^{2+} + 2H_2O + Fe^{2+} \longrightarrow Fe_3O_4 + 6H^+$

形成 $FeOOH$ $\qquad$ $Fe(OH)_2^+ + OH^- \longrightarrow FeOOH + H_2O$

在蚀坑外：

氧的还原 $\qquad$ $O_2 + 2H_2O + 4e \longrightarrow 4OH^-$

$FeOOH$ 的还原 $\qquad$ $3FeOOH + e \longrightarrow Fe_3O_4 + H_2O + OH^-$

所生成的腐蚀产物覆盖坑口，这样氧很难扩散进入坑内。坑内由于 Fe^{2+} 的水解，溶液 pH 值进一步下降，硫化物溶解产生加速铁溶解的 H_2S，而 Cl^- 可以通过电迁移进入坑内，H^+ 和 Cl^- 都使蚀坑内部的阳极反应加速，这样，蚀坑可进一步扩展，形成闭塞电池。

热力设备运行时氧腐蚀的机理和碳钢在充气 NaCl 溶液中的机理相类似。虽然在充气 NaCl 溶液中氧、Cl^- 的浓度高，而热力设备运行时，水中氧和 Cl^- 的浓度都低得多，但是，同样具备闭塞电池腐蚀的条件。

（1）能够组成腐蚀电池。炉管表面由于电化学不均匀性，可以组成腐蚀电池，阳极反应为铁的离子化，生成的 Fe^{2+} 会水解使溶液酸化，阴极反应为氧的还原。

（2）可以形成闭塞电池。腐蚀反应的结果产生铁的氧化物，所生成的氧化物不能形成保护膜，反而阻碍氧的扩散，腐蚀产物下面的氧在反应耗尽后，得不到补充，形成闭塞区。

（3）闭塞区内继续腐蚀。钢变成 Fe^{2+}，并且水解产生 H^+，为了保持电中性，Cl^- 可以通过腐蚀产物电迁移进入闭塞区，O_2 在腐蚀产物外面蚀坑的周围还原成为阴极反应产物 OH^-。

3.2.1.3　氧腐蚀案例分析

某台锅炉在运行两年多时间内省煤器管发生多次爆管漏水事故。该锅炉第三层省煤器管发生漏水现象，在恢复运行了两个月后第二层省煤器管又出现漏水现象。该锅炉工作压力为 3.9MPa，蒸发量 3.5t/h，省煤器管材料为 20g 钢，规格为 28mm×3mm。穿孔管段位于省煤器下部，其管外壁氧化皮呈片状剥落，在穿孔附近剥落更为严重。管内壁存在较多大小及深度不一的圆形腐蚀斑及腐蚀凹坑，腐蚀凹坑的尺寸一般为 1.5mm×0.3mm，凹坑内有黑色腐蚀产物，除此之外，管内壁上还存在大小不等的圆形腐蚀鼓包，直径为 1~5mm，鼓包表面呈现砖红色，其内有黑色粉末状物，剥去鼓包可见到溃疡坑，坑内堆着黑色腐蚀产物，且腐蚀产物越多，腐蚀坑就越深。这些是氧腐蚀的宏观特征。金相检验及扫描电镜也都观察到了氧化物腐蚀产物。能谱分析结果表明，腐蚀鼓包及腐蚀凹坑处均含较多的氧，这也说明穿孔管内壁发生了较严重的氧腐蚀，表明给水除氧处理不良。

3.2.2 热力设备运行时氧腐蚀影响因素与危害

3.2.2.1 溶解氧浓度

溶解氧对水中的碳钢具有腐蚀或钝化双重作用。在高水温条件下（如给水），溶解氧实际所起的作用主要取决于水的纯度（电导率）、溶解氧浓度、pH 值等因素。当水中杂质较多，氢电导率 $\kappa_H > 0.3\mu S/cm$ 时，溶解氧主要起腐蚀作用。此时，碳钢的腐蚀速度随溶解氧浓度的提高而增大。在高纯水中，当氢电导率 $\kappa_H < 0.15\mu S/cm$ 时，溶解氧主要起钝化作用，此时，随溶解氧浓度的提高，碳钢表面氧化膜的保护性加强，所以碳钢腐蚀速度降低。

在发生氧腐蚀的条件下，溶解氧浓度增加，能加速电池反应。例如，给水的含氧量比凝结水高，所以，给水系统的腐蚀比凝结水系统严重。

3.2.2.2 pH 值

当 pH 值为 4~10 时，腐蚀速度几乎不随溶液 pH 值的变化而改变，因为在这个 pH 值范围内，溶解氧的浓度没有改变，阴极反应也不变。当水的 pH 值小于 4 时，腐蚀速度将增加，其主要原因有两个：一是闭塞电池中的 H^+ 增加，阳极金属的溶解速度也增加；二是阴极反应氢的去极化作用增加了钢的腐蚀速度。当 pH 值在 10~13 的范围内，腐蚀速度下降，因为在这个 pH 值范围内，钢的表面由于钝化作用，能生成较完整的保护膜，因此抑制了氧腐蚀。且 pH 值越高，钝化膜越稳定，腐蚀速率越低。但当 pH 值大于 13 时，特别是在较高的温度和除氧的条件下，由于腐蚀产物变为可溶性的亚铁酸盐，因此腐蚀速度又将随 pH 值的提高而再次上升。

3.2.2.3 温度

在密闭系统中，当氧的浓度一定时，水温升高，阴、阳极反应速度增加，腐蚀加速。试验研究指出，温度和腐蚀速度之间的关系是直线关系，即温度越高，腐蚀速度越快。在敞口系统中，情况不一样。在 80℃ 以下时，温度升高使氧扩散速度加快的作用超过了氧溶解度降低所起的作用，因此，温度升高，腐蚀速度上升。在 80℃ 以上，氧的溶解度下降迅速，它对腐蚀的影响超过了氧扩散速度增快所产生的作用，温度升高，腐蚀速度下降。

温度对腐蚀形态及腐蚀产物的特征也有影响。敞口的常温氧腐蚀的蚀坑面积大，腐蚀产物松软，如在疏水箱的氧腐蚀。密闭系统中高温氧腐蚀的蚀坑面积小，腐蚀产物坚硬，如在给水系统中的氧腐蚀。

3.2.2.4　水中离子

水中离子成分对腐蚀速度的影响很大。水中的 H^+、Cl^- 和 SO_4^{2-} 等离子对钢铁表面的氧化物保护膜起破坏作用，故随这些离子浓度的增加，腐蚀速度加快。当水中的 OH^- 浓度适当时，有利于金属表面保护膜的形成，对腐蚀起抑制作用。当水中各种离子共存时，需综合分析判断它们对腐蚀是起促进作用还是起抑制作用。除此之外，严格保证水的纯度可以防止水中离子成分对腐蚀的影响。

3.2.2.5　水的流速

在一般情况下，水的流速增加，氧腐蚀速度加快。这是由于随着水的流速加快，到达金属表面的溶解氧增加，并且由于滞流层变薄，氧的扩散速度增加。但是，当水的流速达到一定程度时，金属表面溶解氧的浓度达到钝化的临界浓度，铁出现钝化。同时，因为水流把金属表面的腐蚀产物或沉积物冲走，使之不能形成闭塞电池，所以腐蚀速度又有所下降。当水流速度进一步增加时，钝化膜被水冲刷破坏，腐蚀加速，此时金属表面呈现出冲刷腐蚀的特征。

给水溶解氧是造成电厂热力设备腐蚀的主要原因，在热力系统中，水、汽的温度一般都较高，氧腐蚀速度较快，再加上腐蚀具有局部和延续性等特点，因而给水溶解氧对热力设备有很大的危害。给水未除氧，会导致热力设备寿命期降低 66%~75%，甚至连设备安全运行都无法保证。腐蚀量在达到 2%~5% 时，就足以使设备管路遭到破坏，造成设备管道内壁出现点坑，从而使粗糙度大增，既增加了流动阻力，又易于积聚沉淀物，加速垢下腐蚀，最终导致穿孔、爆裂、报废。《超临界火力发电机组水汽质量标准》（DL/T 912—2005）要求锅炉给水采用全挥发处理后，含氧量不超过 $7\mu g/L$，锅炉启动时给水含氧（热启动 2h 内、冷启动 8h 内达到）不超过 $30\mu g/L$。

在低压锅炉中，由于没有除氧设备或除氧设备运行不良，给水中的含氧量往往很高，有时甚至达到饱和状态。尤其是热水锅炉，由于给水循环量较大，其氧腐蚀要比蒸汽锅炉更为严重。正常情况下锅炉使用寿命在 30 年以上，而给水的溶解氧一旦进入锅炉，氧几乎全部消耗在金属腐蚀上。

3.2.3　热力设备除氧方法

氧的浓度是氧腐蚀的主要因素。要防止氧腐蚀，主要的方法是减少水中的溶解氧。为了防止锅炉运行期间的氧腐蚀，主要的方法是进行给水除氧，使给水的含氧量降低到最低水平。

为了减弱氧腐蚀，学者进行了大量的研究工作，总结出以下两类降低溶解氧含量的方法。

（1）物理方法：属于该类方法的主要有热力除氧、真空除氧、解析除氧、膜脱氧、超重力脱氧。

（2）化学方法：使溶解氧发生化学反应从而减弱腐蚀。该类方法主要包括化学药剂法、树脂除氧。

给水除氧通常采用热力除氧法和化学除氧法。热力除氧法采用热力除氧器除氧，它是给水除氧的主要措施。化学除氧法是在给水中加入还原剂除去热力除氧后残留的氧，它是给水除氧的辅助措施。在高压以上的机组中，需同时采用热力除氧和化学除氧两种方法。某些参数较低（中压和低压）的锅炉，因为对给水溶解氧含量的限制不如高压锅炉严格，所以只进行热力除氧。直流锅炉采用给水弱氧化全挥发处理时，也只进行热力除氧，这部分内容将在第 4 章详细介绍。

3.2.3.1 热力除氧

由于天然水中溶有大量的氧气，因此，补给水中含有氧气。汽轮机凝结水也可能溶解有氧气，因为空气可以从凝汽器与凝结水泵的轴封处、低压加热器和其他处于真空状态下运行的设备的不严密处漏入凝结水。敞口的水箱、疏水系统和生产返回水中，也会漏入空气。所以，补给水、凝结水、疏水和生产返回水都必须除氧。

A 原理

根据气体溶解定律（亨利定律），任何气体在水中的溶解度与它在汽水分界面上的分压成正比。在敞口设备中，水温升高时，水面上水蒸气的分压升高，其他气体的分压下降，结果使其他气体不断析出，这些气体在水中的溶解度下降。当水温达到沸点时，水面上水蒸气的压力和外界压力相等，其他气体的分压为零。此时，溶解在水中的气体将全部分离出来（此分离过程称为解吸）。

热力除氧法不仅能除去水中的溶解氧，而且可除去水中其他各种溶解气体（包括游离 CO_2），因此热力除氧器也可称为热力除气器。

B 热力除氧器的类型与结构

根据热力除氧原理，热力除氧器必须具备加热和分散水流两种功能。其按照进水方式的不同，可以分为混合式和过热式两类。混合式除氧器内，需要除氧的水与加热用的蒸汽直接接触，使水加热到相当于除氧器压力下的沸点。过热式除氧器内，先将需要除氧的水在压力较高的表面式加热器中加热，直至其温度超过除氧器压力下的沸点，然后，将此热水引入除氧器内，这样，一部分水会自行汽化，其余的水就处于沸腾温度下。

　　按照热力除氧器的工作压力分类，混合式热力除氧器又可区分为真空式、大气式和高压式三种。其工作压力依次为低于大气压力（如具有真空除氧作用的凝汽器）、稍高于大气压力（0.1～0.12MPa）和明显高于大气压力（一般大于0.5MPa）。大气式和高压式又分别称为低压除氧器和高压除氧器。高压除氧器的压力随机组参数的提高而增大，高压和超高压机组除氧器的工作压力约为0.59MPa；亚临界机组除氧器的工作压力约为0.78MPa；600MW超临界机组除氧器的工作压力常在1MPa以上。

　　混合式除氧器按水流分散装置的构造基本上可分为淋水盘式、喷雾填料式和喷雾淋水盘式等。我国中压机组常用淋水盘式除氧器；高压和超高压机组主要采用喷雾填料式除氧器；现代亚临界和超临界机组多采用卧式喷雾淋水盘式除氧器。此外，还有些机组利用凝汽器的真空除氧。

　　a　淋水盘式除氧器

　　这种除氧器主要构成部分为除氧头和贮水箱，如图3-2所示。

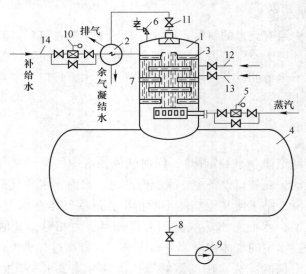

图3-2　淋水盘式除氧器结构

1—除氧头；2—余气冷却器；3—多孔盘；4—贮水箱；5—蒸汽自动调节器；
6—安全门；7—配水盘；8—降水管；9—给水泵；10—水位自动调节器；11—排气阀；
12—主凝结水管；13—高压加热器疏水管；14—补给水管

　　这种除氧器的除氧过程主要是在除氧头中进行，凝结水、各种疏水和补给水，分别由上部的管道12～14进入除氧头，经过配水盘和若干层筛状多孔盘，分散成许多股细小的水流，层层下淋。加热蒸汽从除氧头下部引入，穿过淋水层向上流动。这样，水在和蒸汽逆向流动、反复接触时就完成了加热和除氧过程。

从水中逸出的氧和其他气体随着多余的蒸汽自上部排气阀排走，已除氧的水流入下部贮水箱中。从理论上讲，水经过热力除氧后，水中的氧是可以除尽的，但实际上要将氧除得很完全是困难的，特别是采用淋水盘式除氧器时，因为除氧器的运行条件不能一直保证水中的氧扩散到蒸汽中的过程进行完毕。

为了增强除氧效果，有时在贮水箱内靠下部装一根蒸汽管，管上开孔或者加装几只喷嘴，压力较高的蒸汽经小孔或喷嘴喷出，使贮水箱内的水一直保持沸腾状态，这种装置称为再沸腾装置。再沸腾用汽量一般为除氧器加热用蒸汽总量的10%~20%。如果运行条件许可，也可以更大一些。

采用再沸腾装置后，不仅可使贮存箱中水长时间剧烈沸腾，而且还可促进水中碳酸氢盐的分解，故可以减少水中碳酸化合物的总含量（通常换算成 CO_2 量表示）。此外，贮水箱内水温能保持为沸点，且有蒸气泡穿过水层的搅拌作用，所以可以做到将水中残余的气体解吸出来。当运行中某种原因造成有氧漏过除氧头时，装有再沸腾装置的贮水箱仍然可以使出水中含氧量保持较小。但设置再沸腾装置后，会使运行复杂化，例如易发生振动和除氧器并列运行时水位波动大等异常现象。

b 喷雾填料式除氧器

喷雾式除氧是在将水喷成雾状的情况下进行热力除氧。水在呈雾状时，有很大的表面积，非常有利于氧的逸出。但实际上，单独进行喷雾式除氧往往不能获得良好的除氧效果，出水含氧量一般为 50~100μg/L。因为水在除氧过程中，大约有90%的溶解气体变成小气泡逸出，其余的10%只能靠扩散作用，自水滴内部扩散到水滴表面，然后才能被水蒸气带走。当水呈雾状时，有利于水中小气泡的逸出，因为气泡通过的水层很薄，但对于溶解气体的扩散过程却很不利，因为微小的水滴具有很大的表面张力，溶解气体不容易通过小水滴的表面而扩散。为此，喷雾式热力除氧应结合其他热力除氧方式，方能保证其效果良好。喷雾填料式除氧器如图 3-3 所示。

进汽管 1 位于喷嘴 3 之上，在填料层 13 的下面为进汽室 9。喷嘴 3 雾化的水滴与进汽管 1 喷出的加热蒸汽混合后，完成水的加热和初步除氧过程。经过初步除氧的水往下流动时和填料层 13 接触，在填料表面形成水膜，经进汽室 9 向上喷出的蒸汽在填料层内部与向下流动的水膜相遇，完成深度除氧过程。某电厂多年使用的经验证明：一台负荷达 220t/h 锅炉的补给水除氧设备，即使在进水中溶解氧几近饱和、室温进水的条件下，仍能维持出水溶解氧经常小于 7μg/L。

喷雾填料式除氧器中所用的填料有 Ω 形、圆环形和蜂窝式等多种，用耐腐蚀而且不会污染水质的材料制成。目前的经验是 Ω 形不锈钢作填料的效果较好。

喷雾填料式除氧器的优点是：

（1）除氧效果好，当负荷和水温在很大范围内变动时，它都能适应；

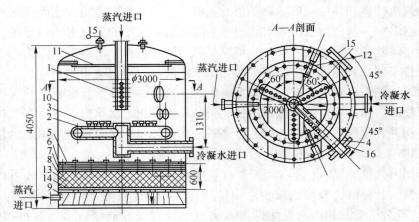

图 3-3 喷雾填料式除氧器

1—进汽管；2—环形配水管；3—10L/h 喷嘴；4—疏水进水管；5—淋水管；6—支撑管；
7—滤板；8—支撑卷；9—进汽室；10—筒身；11—挡水板；12—吊攀；13—填料层；
14—滤网；15—弹簧安全阀；16—人孔

（2）结构简单，检修方便；

（3）体积相对较小；

（4）由于这种除氧器中水和蒸汽的混合速度很快，因此不易产生水击现象。

要使这种设备保持良好的效果，在运行中要注意以下两点：负荷应维持在额定值的 50% 以上，若负荷过低会使雾化效果差，出水质量下降；为适应负荷的变动，工作气压不宜小于 0.08MPa（表压力）。

c 卧式喷雾淋水盘除氧器

这是目前国内外大型火力发电机组配套的除氧器之一。它卧坐在除氧水箱上，比立式除氧器占空间小。卧式除氧器与系统管道的连接均用焊接短管。安装时仅焊接一根下水管和两根蒸汽连通管，就与除氧水箱连接为一体，故除氧器本体的安装焊接工作量较小。卧式除氧器如图 3-4 和图 3-5 所示。

除氧器本体由圆形筒身和两只椭圆封头焊接而成，本体材料采用复合钢板

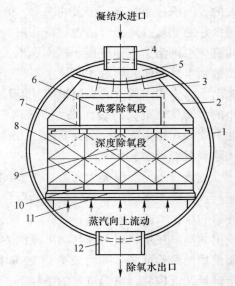

图 3-4 卧式除氧器的除氧头横断面

1—除氧头；2—侧包板；3—弹簧喷嘴；
4—进水管；5—进水室；6—喷雾除氧段空间；
7—布水槽钢；8—淋水盘箱；9—深度除氧段空间；
10—栅架；11—工字架托架；12—除氧水出口管

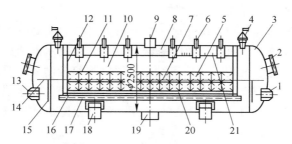

图 3-5　卧式除氧器的除氧头纵剖面

1，13—进汽管；2—搬物孔；3—除氧器本体；4—安全阀；5—淋水盘箱；6—排气管；7—淋水盘箱栅架；

8—进水室；9—进水管；10—喷雾除氧空间；11—布水槽钢；12—内部人孔门；

14—钢板平台；15—布汽孔板；16—搁栅架工字梁；17—基面角钢（承工字梁）；

18—蒸汽连通管；19—除氧器出水室；20—深度除氧段；21—弹簧喷嘴（多个）

（20G+1Cr18Ni9Ti），所有内部构件与管接头材料均为1Cr18Ni9Ti，以防止金属腐蚀，同时减少除氧水的带铁量。凝结水通过进水管引入除氧器的进水室。进水室由一个弓形不锈钢罩板和两端焊在筒体上的两块挡板构成。弓形罩板上沿除氧器长度方向均布着数十只弹簧喷嘴3（见图3-4）和几只排气管的套管。整个除氧空间由两侧的两块侧包板与两端密封板焊接后组成。上部空间是喷雾除氧段空间，下部空间是装满淋水盘箱的深度除氧段。

凝结水进入进水室5后，因为凝结水的压力高于除氧器内汽侧的压力，所以喷嘴3上的弹簧压缩，喷嘴打开，凝结水由喷嘴喷出（有很好的雾化效果），成为细小的水滴，进入喷雾除氧段。雾化的凝结水滴在喷雾除氧段空间与过热蒸汽充分接触，凝结水被加热到沸点，水中绝大部分气体在这里被除掉。穿过喷雾除氧段的水喷洒在布水槽钢7中，再从槽钢两侧均匀地流出分配给许多个淋水盘箱。淋水盘箱由多层一排排小槽钢上下交错布置而成。水从上层小槽两侧分别流入下层的小槽钢中，层层交错的小槽钢共有19层，使水在淋水盘箱中有足够的停留时间。当水均匀分布在小槽钢上，形成无数水膜向下流动时，就与过热蒸汽充分接触，此时水汽热交换面积很大。流经淋水盘箱的水不断再沸腾，水中气体被进一步除去，出水中溶氧量小于7μg/L，所以装有淋水盘箱的这段空间称为深度除氧段。从水中除去的气体向上流去，并由排气管排入大气。

卧式除氧器两端各有一个进汽管，过热蒸汽从进汽管进入除氧器时，由布汽孔板把蒸汽沿除氧器的下部断面均匀分布，使蒸汽均匀地从下向上进入深度除氧段，再流向喷雾除氧段空间。这样蒸汽向上流、水向下喷淋，便形成汽水逆向流动，达到良好的除氧效果。卧式除氧器用出水管和汽连通管直接与除氧水箱连成一体。出水管把除过氧的水送进水箱，汽连通管平衡除氧器与水箱之间的工作压力。

d　喷雾-淋水盘-水下鼓泡式除氧器

除氧实验系统流程如图 3-6 所示，整个系统可按功能划分为除氧器主体和除氧辅助系统两大部分。除氧器是整个系统的核心，是给水除氧的主要设备，其结构包括喷雾装置、淋水盘装置、鼓泡发生装置。除氧辅助系统是整个系统运行的重要保障，主要包括蒸汽供给系统、热水鼓泡加热系统、给水供应系统、给水冷却系统、水喷射抽气机组、水喷射抽水机组、给水及除氧水采样系统等。

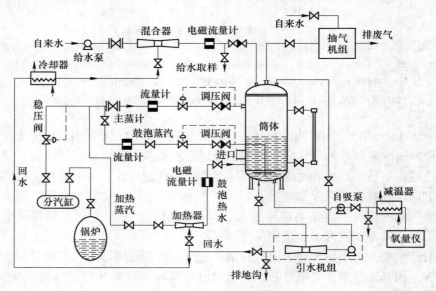

图 3-6　除氧实验系统流程

喷雾-淋水盘-水下鼓泡式热力除氧器的主体是一竖直圆柱筒体，其内部结构如图 3-7 所示。筒体上部布置除氧头，包括喷雾装置与淋水盘装置；下部为贮水箱，在贮水箱内布置有鼓泡深度除氧装置。

除氧头采用喷雾-淋水盘形式。顶部为水室，水室底部安装两只弹簧喷嘴，通过喷嘴雾化给水。喷嘴以下是雾化空间，雾化空间大小根据喷嘴的雾化能力来决定。雾化空间下面安装有槽板型淋水盘，槽板错列布置，给水通过淋水盘形成下落的水膜，增加了水与蒸汽的接触面积，并延长了下落时间，有利于提升除氧效果。

在贮水箱底部布置有鼓泡深度除氧装置，包括蒸汽鼓泡深度除氧装置与热水鼓泡深度除氧装置。

（1）蒸汽鼓泡深度除氧装置由辅助蒸汽管和鼓泡蒸汽管组成。蒸汽通过鼓泡蒸汽管上的小孔进入水箱，比较均匀地散布在水箱内，产生扰动，将水中残余的气体解析出来，达到深度除氧的效果。

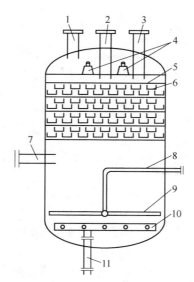

图 3-7 喷雾-淋水盘-水下鼓泡式热力除氧器结构

1—进水管；2—主轴气管；3—辅助抽气管；4—喷嘴；5—淋水盘外框；
6—淋水盘；7—主加热蒸汽管；8—辅助蒸汽管；9—鼓泡蒸汽管；10—鼓泡热水管；11—热水管

（2）热水鼓泡深度除氧装置由热水管和鼓泡热水管组成。热水通过鼓泡热水管上的小孔进入水箱，比较均匀地散布在水箱内，产生扰动，将水中残余的气体解析出来，达到深度除氧的效果。

喷雾-淋水盘-水下鼓泡式热力除氧器最大的特点就是在除氧器水空间布置了鼓泡装置。无论是通入除氧器水空间的鼓泡用蒸汽或是热水都会对除氧水产生搅拌作用，可将水中的残余气体更加充分地解析出来，起到深度除氧的作用。同时，鼓泡用蒸汽（热水）的热量比例还可以根据负荷变化情况进行灵活调节，既改善深度除氧，又节省能源。通入不同热量比例的鼓泡用蒸汽（热水）所能产生的搅拌作用和加热能力各不相同，这将最终影响热力除氧器的除氧性能。

以不同热量比例的蒸汽和热水鼓泡通入除氧器中，并在不同的给水含氧量下测试除氧器的最终除氧效果。用蒸汽鼓泡方式进行除氧时，锅炉燃烧产生的蒸汽通过分汽缸后，一部分经由主蒸汽管路进入除氧器汽空间，另一部分通过鼓泡蒸汽管路将不同热量比例的鼓泡用蒸汽送入除氧器水空间。而用热水鼓泡方式进行除氧时，除氧器内所需的加热蒸汽仍由主蒸汽管路进入除氧器汽空间，同时由另一旁路引出足量蒸汽用以加热除氧器回水至实验所需温度，加热后的回水就作为除氧器水空间鼓泡用热水的来源。在不同给水含氧量下对不同热量比例的两种鼓泡形式的除氧效果进行定量分析，结果如图 3-8 所示。

通入一定热量比例的鼓泡用蒸汽（热水）后，其除氧效果要明显优于不通

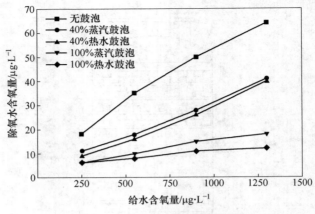

图 3-8　不同比例鼓泡除氧效果

鼓泡用蒸汽（热水），而且不论通入鼓泡用蒸汽或是热水，最终除氧效果都随着其热量比例的增加而提升。同时在鼓泡热量比例增幅相同的前提下，其除氧效果的提升幅度随着给水含氧量的增大会更加明显。另外，比较蒸汽鼓泡和热水鼓泡两种除氧方式，在相同的热量比例下，通入热水后的除氧效果相对要优于蒸汽。在给水达到实验最大含氧量 1300μg/L 时，分别通入 40% 热量比例的蒸汽和热水，蒸汽鼓泡方式和热水鼓泡方式的除氧效果分别提高 35.9% 和 37.5%；而热量比例为 100% 时，除氧效果分别提升 71.9% 和 81.3%。

　　在相同的给水温度、给水流量及给水含氧量条件下，随着鼓泡用蒸汽或是热水热量比例的增加，除氧水的含氧量不断降低，除氧性能不断提高，深度除氧效果越来越明显。这是因为随着鼓泡用蒸汽或是热水热量比例的增加，除氧器水空间的扰动愈加激烈，传热传质过程更为充分，这就更有利于将水中的残余气体解析出来，提升深度除氧的效果，降低除氧水的含氧量。在实际应用中，对于不同的给水温度、给水流量及给水含氧量，应灵活选用上述两种鼓泡方式，并配以合适的鼓泡用蒸汽（热水）热量比例。这样既可以保证除氧水含氧量满足电厂对给水溶氧的要求，又能有效地节省能源，提高除氧器运行的经济性。

　　C　运行要点

　　除氧器的除氧效果取决于设备的结构和运行工况。除氧器的结构应能使水和汽在除氧器内分布均匀、流动通畅及水汽之间有足够的接触时间。除氧器的运行人员和化学工作者需要经常从下列几方面来注意除氧器的运行工况。

　　（1）水应加热至沸点。热力除氧器的除氧过程是在水的沸点下进行的，所以必须将水加热到沸点。沸点随水面上压力变化而变化，所以在运行中应根据除氧器内的压力来查对应沸点。除氧器压力表指示的压力是表压力，除氧器内真正的压力是此表压力加上外界大气压。

在除氧器的运行过程中，应该注意汽量和水量的调节，以确保除氧器内的水保持沸腾状态。实际上用人工进行调节很难保证除氧效果始终良好，为此，在除氧器上通常应安设进汽和进水的自动调节装置。

实际水温低于沸点的温差称为加热不足度，如加热不足而使温度低于沸点，则水中残留含氧量不可避免地会增大。图 3-9 表明，加热不足度越大，氧的溶解度越大，故除氧效果越差。由图 3-9 可知，当沸点为 100℃ 时，如水只加热到 99℃，即低于沸点 1℃，那么氧在水中的残留量可达 0.1mg/L。

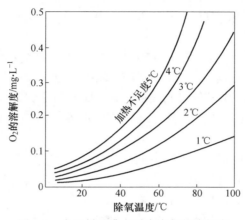

图 3-9　水温低于沸点时水中氧的溶解度

（2）解吸出来的气体应能通畅地排走。如果除氧器中的解吸出来的氧和其他气体不能通畅地排走，则除氧器内气相中氧气等气体分压增大，出水残留含氧量增大。因此，除氧器的排气阀应保持适当的开度。大气式除氧器的排气，主要是依靠除氧头中的压力与外界大气压力之差来进行的。但由于除氧头中的压力不可避免地会有波动（特别是用手调节时），因此运行压力最好维持不低于 0.02MPa（表压力）。如果压力过低，当压力波动到某一值时，除氧器中的气体就不易排出，那么在有空气倒流入除氧器时，甚至会使出水含氧量增加。排气时不可避免地会有一些蒸汽排出，如果片面强调减少热损失，关小排气阀，那么会使给水中残余氧含量增大，这是不合适的。相反，任意开大排气阀也是不必要的，因为这只能造成大量热损失，并不会使含氧量进一步降低。所以，排气阀的开度应通过调整试验来确定。

（3）并列运行的各台除氧器负荷应均匀。当若干台同样容量的除氧器并列运行时，它们之间的水和汽应均匀分配，以免有个别除氧器因负荷过大或补给水量太大等因素造成含氧量剧增。为了使水汽分布均匀，贮水箱的蒸汽空间和容水空间都要用平衡管连接起来。

3.2.3.2　其他物理除氧方法

A　真空除氧

真空除氧利用降低氧平衡分压的方法进行除氧。水进入真空塔后，由于压力的关系溶解氧脱出并被抽走，脱氧水从真空泵底部流出。真空除氧时，水经泵打入高位布置的除氧塔，在水喷射泵高速喷射产生的真空条件下氧从水中脱除。真空除氧一般采用多级串联形式，10t/h 以上处理量的锅炉房，除氧装置一般采用高位布置。真空除氧设备简单，不需要化学药剂，可以低温除氧。但除氧过程中要产生极大的真空度，并且要采用多级串联才能达到除氧要求，能耗大，使用上仍有局限。单塔的出水含氧量为 0.5~0.8mg/L，双塔出水氧含量为 0.05mg/L。

热力系统中的凝汽器总是在真空条件下运行的，凝结水的温度通常处于相应于该凝汽器中压力的沸点，所以它相当于真空除氧器。为利用凝汽器的这种运行条件，使它起到良好的除氧作用，除了在运行方面要保证其中凝结水不要过冷（水温低于相应压力下的沸点）外，还应在凝汽器中添加使水流分散成小股水流或小水滴的装置。

图 3-10 为设在凝汽器集水箱中的一种真空除氧装置，凝结水自此除氧装置的入口 2 进入淋水盘 3，因淋水盘上开有小孔，故水自小孔流出时表面积增大，可促使除氧；水流下后遇到角铁 4 溅成小水滴，就可进一步起除氧作用。不能凝结的气体通过集水箱和设于凝汽器上的除气联通管，进入空气冷却区的低压区，最后由抽气器抽走。

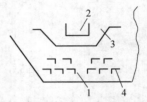

图 3-10　凝汽器中的真空除氧装置
1—给水箱；2—凝结水入口；
3—淋水盘；4—角铁

B　膜脱氧

目前用于脱氧的膜多为有机膜。早在 20 世纪 80 年代，日本某会社就开发了用于超纯水脱气的膜法脱气装置，该装置所用膜为直径 1mm 的硅橡胶中空纤维膜。之后，日本两家公司联合开发了一种利用空心纤维膜处理锅炉用水的脱氧器。该脱氧器采用聚烯烃纤维膜（中空纤维反渗透膜）脱氧，该膜为疏水性膜，不需要任何化学药剂。渗透压通过将纤维膜的外侧抽真空产生，水进入膜管中，溶解氧在渗透压作用下脱出。2004 年，某石油公司进行了真空膜式除氧器用于注汽锅炉给水除氧的应用试验，效果显著。该系统膜由三层渗透率极高的微孔性聚丙烯憎水膜组成，由真空泵提供压力差（真空度大于0.094MPa）。真空膜式除氧器除氧效果好，不受环境和水温限制，能耗低，安全环保，给水品质高。

C 超重力脱氧

待脱氧水由超重机中心喷入，在离心力的作用下，向外甩出，高速旋转的转子将其破碎成细小的液滴或液膜、液线。气体（不含氧）与水逆流接触，将水中的溶解氧带出。将10t/h的超重机作为锅炉给水脱氧的中试侧线装置，在某化工厂的动力分厂与70t/h高压锅炉给水脱氧系统并联安装，进行了运转实验，效果明显。超重力脱氧从根本上解决了传统脱氧存在的缺陷，使得气液接触面积增大，水主体相减小，大大提高了传质速率；不需要化学药剂，脱氧效果好，设备简单，成本低；在进水温度、压力、投资等各方面有其显著优势，是一种有广阔发展前景的脱氧方法。

3.2.3.3 化学除氧

高参数锅炉用来进行给水化学除氧的药品，必须满足能迅速和氧完全反应、反应产物和药品本身对锅炉的运行无害等条件。高压及更高参数的锅炉进行化学除氧常用的药品为联氨，中低压锅炉也有用亚硫酸钠的。

A 化学药剂法

a 联氨

（1）理化性质。联氨(N_2H_4）又称肼，在常温下是一种无色液体，易溶于水及乙醇。它遇水会结合形成稳定的水合联氨（$N_2H_4 \cdot H_2O$）。联氨和水合联氨的物理性质见表3-2。

表 3-2 联氨和水合联氨的物理性质

物理性质	N_2H_4	$N_2H_4 \cdot H_2O$
沸点（101325Pa）/℃	113.5	119.5
凝固点（101325Pa）/℃	2.0	−51.7
密度（25℃）/g·cm^{-3}	1.004	1.032

联氨易挥发，在溶液中其浓度越大，挥发性越强；但当溶液中 N_2H_4 的含量（质量分数）不超过40%时，常温下挥发出的联氨蒸汽量不大。空气中联氨对呼吸系统及皮肤有侵害作用，故空气中联氨蒸汽量不能太大，最高不允许超过1mg/L。当空气中联氨蒸汽的含量（体积分数）达到4.7%时，遇火便要发生爆燃现象。联氨能在空气中燃烧，无水联氨的闪点为52℃，85%的水合联氨溶液的闪点为90℃，水合联氨含量（质量分数）低于24%时不会燃烧。

联氨水溶液呈弱碱性，因为它在水中会发生下面的电离反应而产生 OH^-：

$$N_2H_4 + H_2O \longrightarrow N_2H_5^+ + OH^-$$

25℃时电离常数为 $8.5×10^{-7}$，它的碱性比氨的水溶液略弱。

联氨是还原剂，它可将水中的溶解氧还原：

$$N_2H_4 + O_2 \longrightarrow N_2 + 2H_2O$$

另外，联氨还能将金属的高价氧化物还原成低价氧化物，如 N_2H_4 可将 Fe_2O_3 还原成 Fe_3O_4 或 Fe，可将 CuO 还原为 Cu_2O 或 Cu，反应式如下：

$$6Fe_2O_3 + N_2H_4 \longrightarrow 4Fe_3O_4 + N_2 + 2H_2O$$
$$2Fe_3O_4 + N_2H_4 \longrightarrow 6FeO + N_2 + 2H_2O$$
$$2FeO + N_2H_4 \longrightarrow 2Fe + N_2 + 2H_2O$$
$$4CuO + N_2H_4 \longrightarrow 2Cu_2O + N_2 + 2H_2O$$
$$2Cu_2O + N_2H_4 \longrightarrow 4Cu + N_2 + 2H_2O$$

联氨的这些性质可以用来防止锅内结铁垢和铜垢。

联氨遇热会分解：

$$3N_2H_4 \longrightarrow N_2 + 4NH_3$$

在没有催化剂的情况下，N_2H_4 的分解速度决定于温度。在 50℃ 以下时分解速度甚小；当达 113.5℃ 时，分解速度每天为 0.01%~0.1%；在 250℃ 时，其分解速度高达每分钟 10%。

联氨与酸会形成稳定的盐类，如硫酸单联氨（$N_2H_4 \cdot H_2SO_4$）、硫酸双联氨（$(N_2H_4)_2 \cdot H_2SO_4$）、单盐酸联氨（$N_2H_4 \cdot HCl$）和双盐酸联氨（$N_2H_4 \cdot 2HCl$）等。这些盐类在常温下都是固体，如硫酸单联氨为白色结晶粉末，很稳定，毒性比水合联氨小很多。

（2）联氨除氧的条件。联氨和水中溶解氧的反应速度受温度、pH 值及联氨过剩量的影响。为保证除氧效果，应维持以下条件。

1）给水温度。给水的温度和联氨除氧的反应速度有密切的关系。温度越高，反应越快。如图 3-11 所示，低于 50℃ 时，N_2H_4 和 O_2 的反应速度很慢；当水温超过 100℃ 时，反应速度明显增快；当水温超过 150℃ 时，反应速度很快。

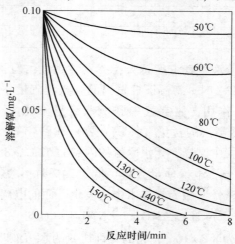

图 3-11 水温和反应时间对残留溶解氧的影响

2）给水的 pH 值。因为联氨必须处在碱性水中才能是强还原剂，所以它和溶解氧的反应速度与水的 pH 值有密切关系，如图 3-12 所示，当 pH 值在 9～11 时，出现反应速度最大值。

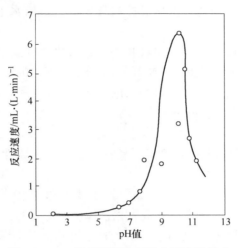

图 3-12 pH 值对联氨除氧反应速度的影响

3）联氨的过剩量。在 pH 值和温度相同的情况下，N_2H_4 过剩量越多，除氧反应速度越快，效果越好，如图 3-13 所示。但在实际运行中，N_2H_4 过剩量应适当，不宜过多，因为过剩量太大不仅多消耗药品，而且有可能使反应不完全的联氨进入蒸汽中。

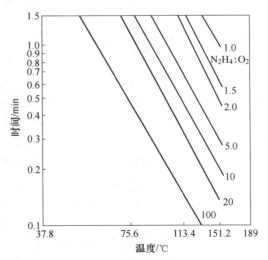

图 3-13 温度和联氨过剩量对反应时间的影响
（pH=9.5，除氧率为 90%）

综上所述，联氨除氧的合理条件为：水温大于或等于150℃，pH值为9~11的碱性介质和适当的N_2H_4过剩量。高压及高压以上发电厂，从高压除氧器出来的给水，温度一般大于150℃，给水pH值在9.0以上，所以联氨处理所需的条件是可以得到满足的。加药时，一般控制省煤器入口给水中的N_2H_4含量小于或等于30μg/L。

联氨的热分解速度，比起它同氧和铜、铁氧化物的反应速度通常要小得多。比如在300℃和pH值约为9时，N_2H_4完全分解需要10min。而它和氧的反应在几秒钟内便可完成。所以，实际上剩余的N_2H_4在进入锅炉内部以后，在温度超过300℃的条件下，才发生迅速分解。

（3）加药。

1）药品。联氨除掉水中溶解氧，是利用联氨的还原性，通常使用的处理剂是40%的$N_2H_4 \cdot H_2O$溶液。

2）加药量。用联氨除氧的加药量，除了要考虑和给水中溶解氧化合所需之外，还应该考虑联氨与给水中铁、铜氧化物作用所消耗的，以及为了保证反应完成和防止有偶然漏氧所需的过剩量。由于这些药量无法计算，故N_2H_4的加药量通常按从省煤器入口所采得的给水水样中剩余的N_2H_4含量来控制。运行经验证明，用联氨除氧时，给水中过剩N_2H_4含量可控制在20~50μg/L。

在进行联氨处理的最初一段时间，由于N_2H_4不仅消耗于给水中的氧和铁、铜氧化物，而且也会被给水系统中金属表面的氧化物所消耗，因此在这个阶段中采得的省煤器入口给水样品中往往不含有N_2H_4，一直要等到这些氧化物几乎反应完全，水中才会有N_2H_4。所以为了缩短这个最初阶段，联氨的起始加药量应较大些。

此外，给水中如含有亚硝酸盐，还应考虑它所消耗的N_2H_4，其反应可表示为：

$$N_2H_4 + 2NaNO_2 \longrightarrow N_2O + N_2 + 2NaOH + H_2O$$

当设计加联氨的设备时，因为不知道实际所需的加药量，所以在开始加药时，可以按每升经热力除氧后的给水需加100μg/L N_2H_4计算；待给水中有过剩N_2H_4出现时，再逐渐减少加药量。

3）加药地点。联氨一般加入高压除氧器出口的给水母管中，给水泵的搅动有利于药液和给水的混合。为延长联氨与氧的作用时间，利用联氨的还原性减轻低压加热器管的腐蚀，可把联氨的加入点设置在凝结水精处理设备的出水母管上。

试验研究和运行经验表明，在100%的凝结水除盐净化条件下，在低压加热器之前的凝结水中添加联氨，可提高铜合金的稳定性。其与将联氨加入高压除氧器后的给水中相比，可降低水中的含铜量。

4）加药系统。通常采用的加联氨方法为将工业水合联氨溶液（40%）配成稀溶液（如0.1%），用加药泵压送至给水系统。图3-14所示为一种加药系统。

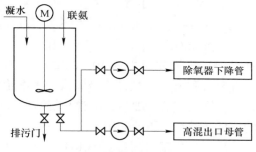

图 3-14 给水联氨加药系统

操作步骤为：先将工业联氨用喷射器抽真空的办法送至联氨计量器，待器中的联氨达所需的量后，关掉抽气门，开启此计量器上的空气门和下部阀门，将联氨引至加药箱，并用除盐水稀释，使联氨稀释到一定浓度（质量分数，如0.1%），然后用加药泵送入给水系统。这种加药系统基本上是密闭的，所以在操作中，工作人员不同联氨溶液直接接触，联氨挥发到空气中的量也极微。

（4）注意事项。联氨具有挥发性、毒性、易燃烧，所以在保存、输送和化验等方面应特别注意。

1）保存。联氨的浓溶液应密封保存，大批的联氨需保存在露天仓库或可燃物仓库中。靠近联氨浓溶液的地方不允许有明火。

2）输送。搬运联氨时，工作人员应配备胶皮手套和护目镜（或面罩）等防护用品。在操作联氨的地方，应有良好的通风和水源。

3）化验。对联氨进行化验时，不允许用嘴吸移液管来吸取含有联氨的溶液，因为联氨进入人体内是有害的。

b 其他化学除氧剂

（1）亚硫酸钠。亚硫酸钠（Na_2SO_3）是白色或无色结晶，密度为$1.56g/cm^3$，易溶于水。它也是一种还原剂，能和水中溶解氧作用，生成硫酸钠，炉水中总的溶解固形物增加，反应为：

$$2Na_2SO_3 + O_2 \longrightarrow 2Na_2SO_4$$

Na_2SO_3 和 O_2 的反应速度不仅受温度、Na_2SO_3 过剩量的影响，而且和水中其他物质的催化或阻化作用也有关系。温度越高，Na_2SO_3 和 O_2 的反应越快。Na_2SO_3 的过剩量越多，反应速度越快，除氧作用也越完全。Ca、Mg 等碱土金属离子及 Mn、Cu 等对反应有催化作用，加速反应。有机物却会减慢其反应速度。

Na_2SO_3 的水溶液在高温时，可能发生下列反应：

$$4Na_2SO_3 \longrightarrow Na_2S + 3Na_2SO_4$$

有人认为，Na_2S 在锅炉内部水解产生 H_2S，其反应式为：

$$Na_2S + 2H_2O \longrightarrow 2NaOH + H_2S$$

还有文献介绍，Na_2SO_3 在锅炉内部水解产生 SO_2，其反应式为：

$$Na_2SO_3 + H_2O \longrightarrow 2NaOH + SO_2$$

根据国内研究的结果，当锅内压力为 10.78MPa 时，Na_2SO_3 会发生水解反应，从而使蒸汽中含有 SO_2 和 H_2S 等气体，被蒸汽带入汽轮机后，就会腐蚀钢制成的汽轮机叶片，也会腐蚀凝汽器、加热器铜管和凝结水管道。亚硫酸钠处理只适用于软化水补给的中低压锅炉，不能应用于高压锅炉。

（2）二甲基酮肟。二甲基酮肟（DMKO）又名丙酮肟，分子式为 $(CH_2)_2CNOH$，密度为 $0.91g/cm^3$，易溶于水、醇等有机溶剂。DMKO 产品是固体结晶或粉末，因此便于贮运和使用。其熔点为 60℃，常温下易挥发，故需密封保存于阴凉处。

DMKO 具有很强的还原性，它能在常温下将水中的溶解氧还原，反应式为：

$$2(CH_3)_2CNOH + O_2 \longrightarrow 2(CH_3)_2CO + N_2O + H_2O$$

DMKO 作为给水除氧剂正是基于该反应。由该反应式可见，反应产物对电厂机组的运行是无害的。但要注意，它的热分解产物中含有微量的乙酸。另外，DMKO 也能将 Fe_2O_3 和 CuO 分别还原为 Fe_3O_4 和 Cu_2O。

DMKO 的毒性远低于 N_2H_4，小鼠口服半数致死剂量（LD_{50}）为 4000mg/kg，而联氨的 LD_{50} 只有 59mg/kg。另外，DMKO 对皮肤和眼黏膜无明显的刺激和损害作用，所以使用上要安全一些。

（3）异抗坏血酸。异抗坏血酸是一种强还原剂，有除氧作用及钝化作用。据美国研究报道，无论是在室温还是在较高温度下，异抗坏血酸与溶解氧的反应速度要比联氨同氧的反应速度大很多倍。异抗坏血酸曾试用于凝结水系统除氧，结果显示，给水、炉水和蒸汽中的总有机碳（TOC）有所增高，而且可检测出热分解产物。

异抗坏血酸钠的加药量，据试验，可控制在 200μg/L 左右。其处理费用高于联氨，若能降低加药量，费用可下降。加药系统可以直接使用原有的联氨加药系统。加药部位也可和联氨加药部位相同。异抗坏血酸钠适用于汽包炉。对于直流炉，因加入钠盐会导致给水含钠量超标，可以改用异抗坏血酸或异抗坏血酸铵。

（4）羟胺类化合物。在这类化合物中试用作除氧剂的有二乙基羟胺，这是一种强还原剂。它同氧的反应速度比联氨更快，但其热分解速度比联氨慢。国外的应用研究中，还有将它与中和胺复配使用的。

B　树脂除氧

用于除氧的树脂包括氧化还原树脂和触媒型树脂两种。二者反应机理完全不同，氧化还原树脂参与反应，而触媒型树脂只是起载体的作用。

氧化还原树脂是树脂与溶解氧在除氧器内反应生成水与氮气，失效后用水合肼再生。其反应实际是 N_2H_4 除氧，原理可简单表示为 $N_2H_4+O_2\rightarrow N_2+2H_2O$。由于除氧过程反应时间较长，熟化时间将近 8h，因此应准备两个除氧器交替使用，为了排出反应中产生的 N_2，除氧器必须与空气隔绝。氧化还原树脂除氧操作简单，效果好，可以低温除氧，但用于再生的水合肼对人体有害，不能用于生活锅炉和食品加工行业中；另外，除氧器与空气的隔绝也是树脂除氧的一大难题。

触媒型树脂是以强碱型阴离子树脂为载体，利用附着在其表面上的钯作吸收剂和催化剂，使通入水中的氢气与溶解氧发生反应生成水。钯具有良好的吸附性，对氢气的吸附能力远大于氧气，能保证除氧效果，除氧过程中不用再生，操作简单方便，效果好，脱氧后溶解氧浓度小于 0.02mg/L，但由于反应过程不易控制，氢气的成本较高，因此目前并没有广泛推广。

3.2.4 热力设备停用腐蚀

3.2.4.1 停用腐蚀的定义与特点

锅炉、汽轮机、凝汽器等热力设备在停用时期，如不采取保护措施，炉水汽系统的金属内表面会遭到溶解氧的腐蚀，这种腐蚀称为停用腐蚀。

当锅炉停用后，外界空气必然会大量进入炉内，在放尽锅炉水后，因受潮炉管金属的内表面上附着一薄层水膜，空气中的氧便溶解在此水膜中并达到饱和，所以很容易引起金属的氧腐蚀。若锅内的水未排放或者有的部位水无法放尽，一些金属表面仍被水浸润，则同样会因空气中大量氧溶解在这些水中，使金属遭到溶解氧腐蚀。

各种热力设备的停用腐蚀均属于氧腐蚀，但各有特点。锅炉的停用腐蚀，即停炉腐蚀，与运行氧腐蚀相比，在腐蚀产物的颜色与组成、腐蚀的严重程度、腐蚀部位和形态方面有明显的差别。因为停炉时温度较低，氧的浓度大，腐蚀面积广，所以腐蚀产物是疏松的且表层常常为黄褐色，附着力小，易被水带走。汽轮机的停用腐蚀，即停机腐蚀，主要发生在有氯化物污染的机组，其腐蚀形态是点蚀，通常在喷嘴和叶片上出现，有时在转子叶轮和转子本体上发生。再热器的停用腐蚀主要发生在低温再热器入口管处。

3.2.4.2 停用腐蚀的产生与影响因素

当停用锅炉的金属表面上有沉积物或水渣时，腐蚀会进行得更快。一是因为有些沉积物和水渣具有吸收空气湿分的能力，金属表面上仍会存在水膜；二是因为沉积物中有些盐类物质还会溶解在金属表面的水膜中，使水膜中的含盐量增加，加速溶解氧的腐蚀。因此在沉积物和水渣的下面最容易发生停用腐蚀。水膜中的含氧量较高，为富氧区，反之为贫氧区，从而金属表面上产生了电化学不均匀性，形成了氧的浓差电池。溶解氧浓度大的地方，电极电位较高而成为阴极，反之为阳极，在阳极处金属遭到腐蚀。

停用腐蚀的影响因素与大气腐蚀相类似，综合概述如下。

（1）湿度。对于大气腐蚀来说，不同成分的大气中，金属都有一个临界相对湿度，当超过这一临界值时，腐蚀速度迅速增加，在临界值之前，腐蚀速度很小或几乎不腐蚀。临界相对湿度随金属种类、金属表面状态和大气成分不同而变化。根据运行经验，停运的热力设备内部相对湿度小于20%，就能避免腐蚀；当湿度大于20%时，产生停用腐蚀。

（2）含盐量。当水中或金属表面液膜中盐的浓度增加时，腐蚀速度就上升。特别是氯化物和硫酸盐浓度增加时，腐蚀速度上升十分明显。如汽轮机停用时，若有氯化物存在，叶片就发生腐蚀。

（3）金属表面的清洁程度。当金属表面有沉积物或水渣时，氧的浓度出现差异，停用腐蚀的速度上升。

（4）金属材质。碳钢和低合金钢易产生停用腐蚀，而不锈钢或合金钢不易发生停用腐蚀。

（5）pH值。水的pH值升高，停用腐蚀变小，当pH值达10以上，停用腐蚀受到较好抑制。但由于腐蚀情况随盐含量的增加而加重，因此当管内存在积盐时，通过加氨提高给水pH值进而抑制腐蚀，效果并不理想。

某600MW机组的超临界、一次中间再热、双背压凝汽器式汽轮机，2个双流低压缸共2×2×7级，低压缸第1~5级叶片材料为1Cr12Ni2W1Mo1V不锈钢，次末级叶片为2Cr11NiMo1V不锈钢，末级叶片采用Cr-Ni-Mo-V不锈钢。如图3-15所示，汽轮机在低压缸湿度为3%~4%时存在较为普遍的腐蚀和沉积现象。机组大修检查时发现汽轮机低压缸转子叶片普遍发生锈蚀，低压缸转子经喷砂除锈后，暴露出锈蚀产物，底部均为明显坑蚀。这是破坏致密钝化膜的氧电化学腐蚀，证明积盐中存在的氯离子形成对沉积物下叶片局部催化型深入点蚀，深入发展的点蚀可能引发裂纹和应力腐蚀开裂的安全威胁。

锈蚀产物均呈砖红色，不致密，疏松无强度，易机械清除无结合力，应为铁的常温氧腐蚀产物。砖红色锈蚀物主要发生于转子叶片背面，叶片间根部相邻部位的缝隙及其附近特别明显。由于在蒸汽中的溶解-压力-温度特性，腐蚀性离子最易在低压缸的温度和压力条件下达到饱和而析出、沉积，特别是缺乏蒸汽高速冲刷条件的缝隙部位，因此叶片根间缝隙及其附近，同样普遍发生锈蚀。

某台超临界ТПП-2650-25-545KT直流锅炉，低温再热器材质为12CrMoV。首次发现锅炉低温再热器管路泄漏后，进行割管检查，发现泄漏原因为管内壁腐蚀，其下体蛇形管排下1根、下2根管内有水流出，弯头内弧面存在锈斑现象，下3根、下4根内有较重的潮湿现象，内壁存在深浅不一、无规律分布的腐蚀坑（见图3-16），主要集中在管子下1/3区域和弯管起弧点附近。

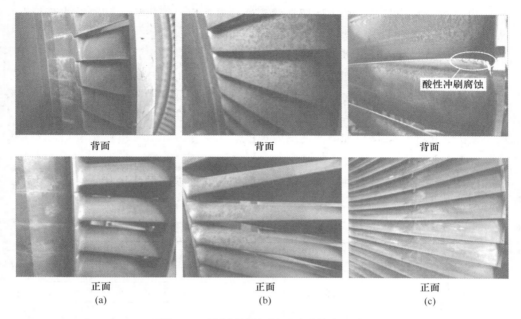

图 3-15　除锈前低缸转子叶片检查照片

(a) 1 级；(b) 4 级；(c) 7 级

图 3-16　低温再热器管泄漏位置及管内腐蚀情况

　　管道内壁出现溃疡状腐蚀，红褐色腐蚀产物堆积在腐蚀区表面，具有典型的锅炉管溶解氧腐蚀特征，这些腐蚀应发生在停机阶段。机组停机过程控制不当时，停机后再热器管内残留的蒸汽极易在管壁凝结。凝结后的液滴在重力作用下向下流动，逐渐汇集。在此过程中，蒸汽中原有的盐分以及管壁上残留的可溶性盐会溶入冷凝液，使冷凝液具有良好的导电性。管壁上同时会沉积系统运行时的腐蚀产物，这些沉积物使金属表面上某些部位发生垢下闭塞区酸化，并形成腐蚀电池。因低温再热器入口管路中存在向上弯曲的管段，凝结水易在管路中汇集。

再次启机时，水分蒸发，盐类残留在弯头处。多次启、停机后，随凝结水带至弯头位置的盐分逐渐累积，盐浓度逐渐提高。同时，停机后空气中的氧气进入低温再热器系统，并溶入凝结水。当冷凝液中的盐分累积到一定程度后，在氧的作用下金属将发生腐蚀。在腐蚀发展初期，金属基体与杂质在凝结水中电极电位不同，一般杂质电极电位相对较高，而金属基体相对较低。阴阳极产生电位差，形成腐蚀电池。凝结水中的溶解氧作为腐蚀去极化剂，在阴极吸收电子，使阳极金属不断失去电子，维持腐蚀电池的反应速度。

3.2.4.3 停用保护的必要性

停用腐蚀与运行氧腐蚀均属于电化学腐蚀，腐蚀损伤呈溃疡状。二者发生的部位对比见表3-3。

表3-3 停用腐蚀与运行氧腐蚀发生部位对比

氧腐蚀部位	运行时	停用期间
过热器	不会发生氧腐蚀	立式过热器下弯头处腐蚀严重
省煤器	进口管段氧腐蚀较严重	管内均会腐蚀
汽包、水冷壁管	在除氧器工作失常的情况下，氧腐蚀会扩展到汽包和下降管中，而且上升管（水冷壁管）不会发生氧腐蚀	汽包、下降管及上升管金属表面都会被腐蚀

停用腐蚀会使大面积的设备金属在短期内发生严重损伤，锅炉投入运行后会继续产生不良影响，其原因如下。

（1）停用期间因金属温度低，故腐蚀产物大都是疏松状态的 Fe_2O_3，与管壁附着力小，很容易被水流带走。当停用机组启动时，大量腐蚀产物就转入炉内水中，使水中的含铁量增大，加剧炉管中铁沉积物的形成。停机腐蚀的部位，可能成为汽轮机应力腐蚀破裂或腐蚀疲劳裂纹的起源。

（2）停用腐蚀在金属表面上产生的沉积物堆积及所造成金属表面的粗糙状态，破坏了保护膜，增加了水流阻力，成为运行腐蚀的促进因素。从电化学观点来看，腐蚀产生的溃疡点坑底的电位比坑壁及其周围金属的电位更低，因此在运行中它将作为腐蚀电池的阳极而继续遭到腐蚀；停用腐蚀所生成的腐蚀产物是高价氧化铁，在运行时能起阴极去极化作用，它被还原成亚铁化合物，这也是促使金属继续遭到腐蚀的因素。

若锅炉经常停用、启动，运行中生成的亚铁化合物在锅炉下次停用时，又被氧化为高价铁化合物，腐蚀过程就会反复地进行下去。

由上述可知，停用腐蚀的危害性非常大，防止锅炉水汽系统的停用腐蚀，对锅炉的安全运行有重要意义。为此，在锅炉停用期间，必须对其水汽系统采取保护措施。

3.2.5　热力设备停用保护方法

防止锅炉水汽系统发生停用腐蚀的方法较多，但其基本原则却不外以下几条：

（1）不让空气进入停用锅炉的水汽系统内；

（2）保持停用锅炉水汽系统金属内表面干燥，实践证明，当停用设备内部相对湿度小于 20% 时，就能避免腐蚀；

（3）在金属表面形成具有防腐蚀作用的薄膜（即钝化膜、憎水膜）；

（4）使金属表面浸泡在含有除氧剂或其他保护剂的水溶液中；

（5）加缓蚀剂。

3.2.5.1　湿法保护

湿法保护是用具有保护性的水溶液充满锅炉，杜绝空气中的氧进入锅内。其根据水溶液组成可分为以下几种。

A　氨-联氨法

此法是用除氧剂联氨配成保护性水溶液充满锅炉。

（1）汽包锅炉。在锅炉停运后不进行放水，而是用加药泵注入氨水（调节水的 pH 值）和联氨（除氧），使其均匀地充满锅炉水汽系统各部分。其中联氨含量为 $200 \sim 300 mg/L$，pH 值（25℃）为 $10.0 \sim 10.5$。如果锅炉是在大修后或放水检查后进行保护，就应先往锅内灌满给水或经除氧的除盐水，然后再往水中加联氨和氨水；否则，可先充灌未除氧的除盐水，然后将锅炉点火并将气压升至稍高于大气压，放出一定量的蒸汽，最后再加入联氨和氨水。

（2）直流锅炉。在停运程序进行到待启动分离器阶段时，加大给水处理设备的联氨和氨的投药量，进入锅炉给水中的过剩联氨含量与 pH 值同汽包锅炉，直到锅炉停运后。

上述两种锅炉若采用此法进行停用保护，在将联氨与氨溶液加入锅内前，应检查所有阀门及系统的严密性，以免药液泄漏。当锅内充满保护性溶液后，关闭所有阀门并再次检查系统严密性，最好用泵将锅内的保护性水溶液升压至 1MPa 左右，防止空气泄漏进而消耗联氨。在锅炉最高位置加装有保护性溶液的水封箱，可判断是否锅炉渗漏从而补充微渗保护液，保证锅炉各部分均充满保护溶液。

若保护时期较长，则应定期（如每隔 $3 \sim 7d$）取样分析锅炉水汽系统各部分的联氨浓度和 pH 值，当数值下降时，应补加联氨或氨水；若保护时期很短，在阀门等附件严密性很好的条件下，为了简化操作也可不取样分析。在冬季采用满水保护法时，因气温低，锅内有冰冻的可能，故应有防冻措施。例如，将锅炉间断升火，使锅内水保持一定温度。

联氨有毒，启动前将保护药液排放到地沟中，排放时就地集中给予稀释处理，排放后对锅内进行冲洗。在锅炉点火后汽轮机暖机前，锅炉向空排汽到蒸汽中含氨量小于 2mg/L 时才可送汽。这是为了防止在高温高压下联氨产生的分解产物氨腐蚀凝汽器等设备的铜管。

氨-联氨法适用于停用时间较长或者备用的锅炉，保护锅炉本体、过热器以及炉前热力系统。给水采用氧化性全挥发和加氧处理工艺的机组，不应采用氨-联氨法或氨-联氨钝化法。对于中间再热式机组的再热器，不能采用联氨法或其他满水保护法，因为再热器是与汽轮机系统连接在一起的，如用上述方法，汽轮机内就会有进水的危险性，一般用干燥的热空气进行停用保护。

B　氨液法

此法是基于在含氨量很大的水（500~700mg/L）中，钢铁不会被氧腐蚀从而保护锅炉。具体操作步骤同氨-联氨法，不同之处在于保护液中不含联氨。充氨液前，应将锅炉存水放掉，立式过热器内存水用氨液顶出。氨液对铜制件有腐蚀作用，应事先拆除或者隔离铜制件。氨液容易蒸发，故水温不宜过高，系统要严密。液氨法适用于保护长期停用的锅炉。若在冬季，锅炉房气温低，有冰冻可能时，采用此法应有防冻措施。

C　保持给水压力法

在锅炉停运后，保持汽包内最高可见水位，自然降压至给水温度对应的饱和蒸汽压时，采用磷酸盐置换炉水，置换至磷酸根小于 1mg/L、水质澄清时即可停止换水。炉内充满除氧合格的给水，用给水泵顶压，使水压为 0.5~1.0MPa，然后将所有阀门关闭，以防空气渗入锅内。保护期间每天分析水中溶解氧一次，用压力自动记录表记录锅内的压力，若含氧量超过给水所允许的标准，应换含氧量合格的给水；若发现水压下降，应查明原因，再送给水顶压。此法一般适用于短期停用或热备用的锅炉。冬季采用此法保护时，应有防冻措施。

D　保持蒸汽压力法

对于小容量锅炉（如链条锅炉）或经常启、停的锅炉，可在停用后，用间断生火的方法保持锅炉蒸汽压力为 0.4~0.6MPa，以防止空气渗入锅炉水汽系统内。在保护期间，炉水应维持运行时的标准，并记录锅炉压力。当锅炉水中溶解氧不合格时，应升火排汽。此法操作简单、启动方便，适用于热备用的锅炉。

E　成膜胺法

汽包锅炉停炉前，停止给水加联氨，停止向炉水中加入磷酸盐，将炉水 pH 值控制在 9.2~9.6。在机组滑参数停机过程中，当锅炉压力、温度降至适当的条件时（如主蒸汽温度小于 500℃），向机组水系统连续且均匀地加入适量的成膜胺，加完药液后尽可能在此热力参数下运行 2h 左右，使成膜胺在水汽系统中均匀分布。机组随后滑停，将热炉中炉水放尽。

直流锅炉在停炉前，停止给水加联氨，将给水 pH 值控制在 9.2~9.6，其他要求均与汽包锅炉相同。

成膜胺随着水汽介质在整个热力系统中流动，在锅炉及热力系统（水冷壁、过热器、再热器、汽轮机、凝汽器、各级加热器及除氧器等）金属表面均匀形成一层单分子或多分子的憎水保护膜以此来隔绝空气。

十八胺是一种具有良好特性的成膜胺。目前，普遍认为十八胺的分解温度约为 450℃，因而大部分机组停炉保养采用滑参数停机的工艺，即当主蒸汽温度降低到 450℃以下或更低温度后，加入十八胺药剂，循环 4~5h。机组启动时，十八胺可重新溶入水中，该过程产生的物理作用会使成垢部分脱落，长期使用后，炉管结垢量下降。十八胺在凝汽器铜管上形成的膜会使凝结水水珠变小，提高热效率。十八胺还可减缓金属（如不锈钢）腐蚀裂纹的发生或发展。虽然采用十八胺这种工艺有良好的效果，但对燃气轮机、汽机寿命损害均较大，燃机小修周期将明显缩短。超临界等高参数机组因为多采用加氧处理水化学工况，不宜采用十八胺法进行停用保护。此外，基于十八胺的成膜防腐材料会引起精处理树脂不可逆的失效，使用过程中操作不当还会造成取样管路及仪表管的堵塞。

除此之外，成膜胺在系统中的残留量通常较大，会在启动会缓慢释放分解，导致氢电导率合格时间延长。

成膜胺法适用于机组中长期停用防锈蚀保护以及空冷机组的停用保护。加药前凝结水精处理装置应退出运行，相关仪表、取样装置应隔离。

3.2.5.2 干燥保护

这种方法是使锅炉金属表面经常保持干燥，以防腐蚀。其方法有如下几种。

A 烘干法

（1）热炉放水余热烘干法。在锅炉停运前，适当增加给水加氨量，将给水 pH 值调高至运行控制值的上限；在停运后，当压力降至规定值（0.6~1.6MPa）、炉水水温降至 130~180℃时，迅速放水（常称热炉放水）。放水过程中将空气门、排汽门和放水门全开，使自然风流通，排出炉内湿气，直至炉内空气湿度小于 70%或等于环境相对湿度为止。水放尽后，利用炉内余热或用点火设备在炉内点微火或将部分热风引入炉膛中将锅内金属表面烘干。这种保护方法常用于锅炉检修期间的防腐，锅炉检修完毕并进行水压试验后，不能立即投入运行时，应立即采取其他保护措施。此法仅适用于短时停备的锅炉系统，但汽轮机系统不能得到有效保护，需另外采取适用于汽轮机系统的保护方法。

（2）氨水碱化烘干法。机组停机前停止加氧，增大加氨量，将给水 pH 值调高，热炉放水后用余热烘干。某电厂为三压再热卧式无补燃自然循环余热锅炉，采用氨水碱化烘干法停炉保养，利用原加药系统，将其中一个氨液箱配制成浓氨水备用。停炉前 8h，将加氨泵设定值提高，使给水 pH 值提高至接近 9.8 上限运行；停机前 4h，投入浓氨液箱运行，同时调大加氨泵开度，将给水 pH 值提升至 10.2 左右运行（每小时测定给水、炉水和凝结水的 pH 值与电导率），最终实现热炉放水余热烘干。经过 3 年实践证明，氨水碱化烘干法操作简单、投资成本低。机组检修后启动开机，水质氢电导率快速合格，铁含量处于较低水平，给水铁含量不高于 21μg/L，机组汽水铁含量不高于 33μg/L，远小于启动标准 75μg/L 要求，达到了良好的停炉保养效果。

此法适用于冷备用、检修的锅炉和无铜给水系统，因炉管能在高温下形成碱性保护膜，故效果好于热炉放水余热烘干法。但过热器下弯头、高/低压加热器等部位会存有积水导致系统潮湿，汽轮机系统需采用其他保护方法。

（3）氨水碱化烘干法+负压抽真空法。在氨水碱化法的基础上，热炉放水后，利用现有的凝汽器抽真空系统对热力系统抽真空，加快系统内的湿气排出，提高烘干效果。

操作时应在停机前停止加氧，隔离精处理系统及化学仪表系统，加大凝结水精处理出口加氨量，将省煤器入口给水 pH 值调高至 9.4~10.0。锅炉停运后，当分离器出口压力降至 0.8~1.2MPa 时，迅速放尽炉内存水隔绝系统，送轴封气，启动真空泵抽真空，在真空建立后打开相关疏水门、放水门、高/低压旁路门，之后根据现场参数变化情况，停止真空泵运行。

此法适用范围同氨水碱化法，但去湿效果好于氨水碱化法。在系统严密的情况下，能抽负压的系统范围广，包括炉系统、汽轮机、凝汽器汽侧、除氧器、高低加水和汽侧、各段抽气管道（在逆止门严密的前提下）、小机进气管道等。

B　充氮法

充氮法是将氮气充入锅炉水汽系统内，保持一定的正压（大于外界的大气压）阻止空气的渗入。其方法为：在锅炉停炉降压至 0.5MPa 时，将充氮管路接好，开始由氮气罐或氮气瓶经充氮临时管路向锅炉汽包和过热器等送氮气。所用氮气的纯度应达 98% 或更高。对于未放水的锅炉或不能放尽水的部分，充氮前最好在锅内存水中加入一定剂量的联氨，用氨将水的 pH 值调至 10 以上，并定期监测水中溶解氧和过剩联氨量等。充氮时，锅炉水汽系统的所有阀门关闭，定期监测锅炉中氮气的压力和锅炉的严密性，以免泄漏使氮气消耗量过大而难以维持氮气压力，若发现氮气消耗量过大，应查找泄漏的地方并采取措施消除。充氮后，锅炉水汽系统中氮气的压力应维持在 0.03~0.05MPa。锅炉启动时，在上水和生火过程中即可将氮气排入大气中。充氮法具有操作简便、启动方便的优点，适用于短期和中长期停用锅炉。

C　干风干燥法

此法可采用开路式或循环式干风干燥。锅炉停运后，将锅炉内存水放尽后，烘干锅炉，采用经过除湿机的干风，通入热力设备，控制或维持锅炉各排气点的相对湿度小于 50%。

此方法比烘干保护法保护效果好。

D 干燥剂法

此法用吸湿能力很强的干燥剂来保持锅炉水汽系统干燥，防止腐蚀。其方法为：锅炉停用后，当锅炉水温降至 100~120℃时，彻底放空锅炉水，并利用炉内余热或点火设备在炉内点微火烘烤，将金属表面烘干，除掉沉积在锅炉内的水垢和水渣，然后在锅内放入干燥剂并将锅炉上的阀门全部关严，以防外界空气进入。

常用的干燥剂有无水氯化钙（粒径为 10~15mm）、生石灰或硅胶（硅胶先在 120~140℃干燥）。放置干燥剂的方法，将药品分盛在几个搪瓷盘中，均匀排列在汽包内，各个联箱和老式锅炉的泥包也放入干燥剂，然后封闭汽包和联箱，关闭全部阀门。经 7~10d 后检查干燥剂的情况，如已经失效，应换新药。此后，每隔 1 个月检查和更换一次失效的药品。此法防腐效果良好，但只适用于低压和中压、小容量汽包锅炉的长期停用保护。

E 负压干燥法

停机过程中，在一定温度、压力条件下，通过开启低温再热器系统的排空气门，使湿热蒸汽排出。停机后，利用凝汽器的真空泵，对再热器系统进行抽真空处理，进一步降低系统内蒸汽湿度。此法适用于停用时间在 1 周至 6 个月内，且无检修工作的低温再热器系统的停用保护。若停机时间较长且存在检修工作，应在停炉后尽快采用干风干燥法或充氮法，可考虑用成膜氨法对锅炉水汽侧进行停用保护。

3.2.5.3 停用保护方法选择原则

在选择停用保护方法时，主要考虑以下原则。

（1）机组参数和类型。首先是机组的类别。直流炉对水质要求高，只能采用挥发性药品保护，如联氨法或充氮保护；汽包炉使用缓蚀剂，可根据锅炉参数不同，选用挥发性药品或非挥发性药品。其次是机组的参数。对于中低压参数的机组，其对水质要求较低，使用磷酸钠作缓蚀剂；对于高参数机组，其对水质要求高，使用联氨和氨作为缓蚀剂。同时，高参数机组的水汽系统结构复杂，机组停用放水后，有些部位容易积水，不宜采用干燥剂法。最后是过热器的结构。立式过热器的底部容易积水，如果不能将过热器存水吹净和烘干，则不宜采用干燥剂法。

（2）停用时间。对于短期停用的锅炉，采用的保护方法应满足在短时间内启动的要求，如采用保持蒸汽压法、保持给水压力法等；对于长期停用或封存的锅炉，应采用干燥剂法、联氨法或氨液法等。

（3）现场条件。选择保护方法时，要考虑采用某种保护方法的现实可能性。如果某一种方法满足前两个要求，但现场条件不具备，亦不能采用。现场条件包括设备条件、给水（除盐水）水质、环境温度和药品的来源等。例如，锅炉车间温度低于0℃，就不宜采用湿法保护。对于北方电厂，要具备防冻的条件。

3.3　热力设备酸性腐蚀

3.3.1　水汽系统中的酸性物质

3.3.1.1　二氧化碳

热力设备水汽系统中的二氧化碳，主要来源于锅炉补给水中所含的碳酸化合物。补给水中所含的碳酸化合物的种类，随水净化方法不同而有所不同：经石灰和钠型离子交换树脂软化处理的软化水中，存在一定量的碳酸氢盐和碳酸盐；经氢型-钠型离子交换树脂处理的水中，存在少量的二氧化碳和碳酸氢盐；在化学除盐水中，各种碳酸化合物的量极低。

此外，凝汽器有泄漏时，漏入汽轮机凝结水中的冷却水也带入了碳酸化合物，其中主要是碳酸氢盐。这些碳酸化合物进入给水系统后，在低压除氧器和高压除氧器中，部分碳酸氢盐会热分解放出二氧化碳部分；碳酸盐也有一部分在高压除氧器中分解，放出二氧化碳：

$$2HCO_3^- \longrightarrow CO_3^{2-} + H_2O + CO_2 \uparrow$$
$$CO_3^{2-} + H_2O \longrightarrow 2OH^- + CO_2 \uparrow$$

碳酸氢盐和碳酸盐进入锅炉后，随着温度和压力的增加，分解速度加快，在中低压锅炉的工作压力和温度条件下几乎全部分解或水解生成二氧化碳，并随蒸汽进入汽轮机和凝汽器。虽然在凝汽器中，一部分二氧化碳将被凝汽器抽汽器抽走，但仍有相当一部分二氧化碳溶入汽轮机凝结水中，使其受二氧化碳的污染。

水汽系统中二氧化碳的来源，除了主要是碳酸化合物在锅炉内的热分解之外，还有水汽系统处于真空状态的设备的不严密处漏入的空气。例如，从汽轮机低压缸的接合面、汽轮机端部汽封装置以及凝汽器汽侧漏入空气。尤其是在凝汽器的汽侧负荷较低，冷却水的水温又低，抽汽器的出力不够时，就会造成凝结水中氧和二氧化碳增加。

3.3.1.2　有机酸

有机酸来源于原水中的有机物漏入补给水在高温下分解产生，还有离子交换器运行时产生的破碎树脂进入锅炉，在高温高压下分解产生低分子有机酸。一般阴离子交换树脂在温度高于60℃时即开始降解，150℃时，降解速度已十分迅速；阳离子交换树脂在150℃时开始降解，而在200℃时，降解剧烈，释放的低分子有机酸的主要成分是乙酸，也有甲酸、丙酸等。

3.3.1.3 无机酸

离子交换树脂在高温降解过程中除了分解为低分子有机酸外，还会释放出大量无机阴离子，如氯离子、硫酸根离子等。强酸阳离子交换树脂上的磺酸基在高温高压下会从链上脱落而在水溶液中形成无机强酸——硫酸。这些物质在炉水中浓缩，浓度可能达到相当高的程度，导致炉水的pH值下降。其一旦随蒸汽转移到其他的设备，会在整个水汽系统中循环。

此外，用海水作为冷却水的凝汽器发生泄漏时，海水漏入凝结水系统，继而进入锅炉内，则海水中的镁盐在高温高压下发生水解会产生无机强酸：

$$MgSO_4 + 2H_2O \Longrightarrow Mg(OH)_2 + H_2SO_4$$

$$MgCl_4 + 2H_2O \Longrightarrow Mg(OH)_2 + 2HCl$$

3.3.2 二氧化碳腐蚀

3.3.2.1 腐蚀特征

二氧化碳腐蚀比较严重的部位在凝结水系统中。由于空气泄漏，凝结水中难免受到二氧化碳污染。凝结水由于水质很纯，缓冲性很小，因此即使溶入少量二氧化碳，其pH值也会显著降低。除氧器后的给水中若有少量的二氧化碳，水的pH值也会显著下降，使除氧器之后的设备遭受二氧化碳腐蚀。例如，锅炉给水泵的铸钢或碳钢叶轮、导叶和卡圈、疏水系统会发生二氧化碳腐蚀。在温度不太高的情况下，碳钢和低合金钢在流动介质中受二氧化碳腐蚀时的特征是材料均匀减薄。

3.3.2.2 腐蚀过程

碳钢在无氧的二氧化碳水溶液中的腐蚀速度主要取决于钢表面上氢气的析出速度。氢气的析出速度越快，钢的溶解（腐蚀）速度也就越快。研究发现，含二氧化碳水溶液的析氢反应是通过下面两个途径同时进行的。

（1）水中二氧化碳分子与水分子结合成碳酸分子，它电离产生的氢离子迁移到金属表面上，得电子还原为氢气。

（2）水中二氧化碳分子向钢铁表面扩散，被吸附在金属表面上并与水分子结合形成吸附碳酸分子，直接还原析出氢气。

由于碳酸是弱酸，在水溶液中存在下面的电离平衡：

$$H_2CO_3 \Longrightarrow H^+ + HCO_3^-$$

这样，在腐蚀过程中被消耗的氢离子，可由碳酸分子的继续电离而不断得到补充，在水中游离二氧化碳没有消耗完之前，水溶液的 pH 值维持不变，腐蚀速率基本保持不变。但是，在具有相同 pH 值的强酸溶液中，由于强酸完全电离，溶液中的氢离子被腐蚀反应消耗后无法补充，因此溶液的 pH 值随腐蚀反应的进行而不断地降低，腐蚀速率逐渐减小。另外，水中游离二氧化碳能通过吸附在钢铁表面上直接得电子还原，从而加速了腐蚀反应的阴极过程，这样促使铁的阳极溶解（腐蚀）速度增大。因此，二氧化碳水溶液对钢铁的腐蚀性比相同 pH 值、完全电离的强酸溶液更强。

3.3.2.3　影响因素

二氧化碳腐蚀的速率与金属材质、游离二氧化碳的含量、水的温度和溶解氧共存有关。

（1）金属材质。发生二氧化碳腐蚀的金属材料主要有铸铁、铸钢、碳钢和低合金钢。随着合金元素铬含量的增加，钢材对二氧化碳腐蚀的耐蚀性提高，当铬含量（质量分数）大于或等于 12.5% 时，则不再发生二氧化碳腐蚀。

（2）游离二氧化碳的含量。在密闭的热力系统中，压力随温度的升高而增大，二氧化碳溶解量随其本身分压的上升而增大，钢铁的腐蚀速度也增加。

（3）水的温度。水温对钢铁的二氧化碳腐蚀影响较大，它不仅影响碳酸的电离程度和腐蚀速度，而且在很大程度上影响腐蚀产物的性质。温度较低时，碳钢、低合金钢的二氧化碳腐蚀速度随温度的升高而增大。因为碳酸的一级电离常数随温度的升高而增大，可使水中氢离子浓度提高；另外，金属表面上只沉积少量较软、无黏附性的腐蚀产物，难以形成保护膜。当温度提高到 100℃ 附近时，腐蚀速度达到最大值，此时，钢铁表面上形成的碳酸铁膜不致密，且孔隙较多，不仅没有保护性，反而使钢铁发生点腐蚀的可能性增大。温度更高时，钢铁表面上生成了较薄且致密、黏附性好的保护膜，因而腐蚀速度降低。

（4）溶解氧共存。当水中溶解氧和二氧化碳共存时，碳钢的腐蚀将更加严重。因为碳钢会发生氧腐蚀和二氧化碳腐蚀，并且，二氧化碳的存在使水呈酸性，原来的保护膜容易被破坏，新的保护膜不易生成。除氧不彻底时更容易发生这类腐蚀，促进腐蚀的条件是高温和高转速，其使保护膜不易形成。凝汽器、射气式抽气器的冷却器和加热器等都会受这类腐蚀影响。

3.3.3　锅炉酸性腐蚀

由于高参数锅炉用除盐水作补给水后，给水和炉水的缓冲性变得很小，当运行中除盐水水质不良或者出现其他异常情况时，其 pH 值降低，pH 值过低是造成酸性腐蚀的根本。例如，离子交换树脂漏入系统，或原水中的有机物漏了除盐系统进入给水，它们在锅炉内高温高压条件下分解形成无机强酸和低分子有机酸。当锅炉给水和炉水 pH 值过低时，会造成给水泵和锅炉本体的酸性腐蚀。

给水泵的酸性腐蚀发生在铸钢或碳钢制造的叶轮、导叶、密封环、平衡套、轴套等处，尤其在泵的高压出口端特别严重。腐蚀部位的金属表面一般比较粗糙，呈现如酸洗后的金属光泽。汽包壁水侧的水垢下可看到酸性腐蚀特征，这种情况也称为沉积物下腐蚀，将在锅炉介质浓缩腐蚀一节中详细讨论。目前汽包锅炉广泛采用低磷酸盐处理，炉水碱度较低，运行异常等情况也会导致炉水 pH 值降低，引起锅炉发生酸性腐蚀。例如，锅炉型号为 TG-35/5.3-M35，至发生泄漏事故止，累计运行时间近 7500h。经检查，爆口内表面向火侧有明显的腐蚀区，腐蚀区外表面如图 3-17 所示，呈橘红色，腐蚀产物有分层。剥离除去腐蚀产物后，可观察到内表面粗糙不平，呈黑色，破口周围最小剩余壁厚为 1.1mm，经测算，腐蚀速率达到 0.52μm/h。水冷壁管整体发生腐蚀，向火侧明显比背火侧腐蚀严重，其腐蚀区内壁的金相分析如图 3-18 所示。

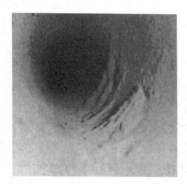

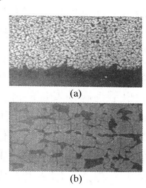

图 3-17　水冷管内壁腐蚀坑

图 3-18　腐蚀坑底部金属金相组织
(a) 侵蚀后 100 倍；(b) 侵蚀后 400 倍

水冷壁管下集箱内堆积着大量脱落的腐蚀产物，集箱内壁和连通管内壁也有不同程度的腐蚀；汽包内件水界面以下区域发生严重腐蚀，部分内件出现腐蚀穿孔。汽包内壁水侧腐蚀深度达到了 0.5~1.0mm，除去内壁上的腐蚀产物，下面覆盖着亮青色碳化物的金属表面。在汽包底部有大量的腐蚀产物堆积，同时在底部还发现了黄绿色的积水，pH 值仅为 5.3。

锅炉设备发生腐蚀时，其损坏范围广。因为低 pH 值的水会使金属表面原有的保护膜大面积地遭到破坏，因而它可能在金属与水接触的整个面上均产生腐蚀，而不只局限于某些局部。破坏的程度还与其他因素有关，如热负荷、工质的流速等。受到高速水流冲刷的材料，如给水泵的部件，除了呈现冲刷腐蚀特征，酸性腐蚀也显得更严重。

锅炉的酸性腐蚀是在给水水质不良或恶化炉水水质恶化的情况下发生的，因此提高补给的除盐水的质量，防止凝汽管的泄漏，以保证给水品质是防止酸性腐蚀的根本措施。对于直流锅炉，主要是要减少进入锅炉给水中的有机物和消除可能引起炉水中产生酸性物质的其他各种因素。对于汽包锅炉，除了上述措施外，还可以临时采用磷酸三钠和氢氧化钠联合处理炉水，提高水的 pH 值，有助于消除锅炉产生酸性腐蚀的危险。目前大多数火电厂采用氨来调节给水 pH 值，但氨是挥发性弱碱，所以当炉水中不断有酸性物质生成时，就不一定能够完全中和它们，并且中和后的产物中有强酸弱碱盐，仍可水解成酸性液。如果用氢氧化钠来调节炉水的 pH 值，则有足够的氢氧根离子中和酸性物质。此外，对于突发水质恶化、炉水 pH 值下降的现象，可以通过增大锅炉排污、添加氢氧化钠的方法，减轻锅炉酸性腐蚀。

3.3.4　汽轮机的酸性腐蚀

汽轮机的酸性腐蚀主要发生在低压缸的入口分流装置、隔板、隔板套、叶轮及排汽室缸壁等静止部件的某些部位（产生凝水的部位），腐蚀主要和蒸汽初凝水的化学特性相关。

3.3.4.1　蒸汽初凝水的 pH 值

汽轮机酸性腐蚀发生的部位恰好在产生初凝水的部位，因为在威尔逊线附近区域形成初凝水，汽轮机中该区域的工质由单纯的蒸汽单相流转变为汽、液两相。此时，过热蒸汽所携带的化学物质在蒸汽相和初凝水中的浓度取决于它们分配系数的大小。若分配系数大于 1，则该物质在蒸汽相中的浓度将超过它在初凝水中的浓度；反之，则蒸汽形成初凝水时，该物质溶入初凝水的倾向大，导致初凝水中该物质浓缩。过热蒸汽中所携带的酸性物质的分配系数值通常都很小，例如 100℃时，盐酸、硫酸的分配系数值均在 3×10^{-4} 左右，甲酸、乙酸、丙酸的分配系数值分别为 0.20、0.44 和 0.92。因此，蒸汽形成最初的凝结水时，它们将被初凝水"洗出"，造成酸性物质在初凝水中富集与浓缩，但钠离子的浓缩倍率却并不大，其在初凝水中的浓度只比过热蒸汽中的略高一点。这样，初凝水中浓缩的酸性物质没有被碱性物质所中和，初凝水将呈酸性，甚至成为较高浓度的酸液。高参数机组常使用挥发性碱性剂来提高水汽系统中介质的 pH 值，以减轻金属材料的腐蚀。实际上，氨将富集在蒸汽的最后凝结水中，即在凝汽器空冷区的凝结水中。由于氨是弱碱，它只能部分中和初凝水中的部分酸性物质。从水溶液中的离子间平衡关系可知，这将导致初凝水的 pH 值低于蒸汽相的 pH 值。实际测定发现，pH 值可能降到中性甚至酸性 pH 值范围。随着溶液 pH 值的降低，碳钢的腐蚀电位升高，其腐蚀速度会增大。

3.3.4.2　溶解氧含量

碳钢等金属材料在有氧的酸性溶液中的腐蚀速度要比无氧时大许多倍。因此，当有空气漏入热力设备水汽系统使蒸汽中氧含量增大时，蒸汽初凝水中的溶解氧含量也会增大，从而大大增加了初凝水对低压缸金属材料的侵蚀性。例如，实际调研发现在酸性腐蚀现象比较严重的机组上，空气漏入水汽系统的程度比较严重，汽轮机尾部蒸汽和凝结水中的溶解氧都在 $100\mu g/L$ 以上。

综上，引起汽轮机酸性腐蚀的主要原因是蒸汽初凝水的 pH 值过低以及溶解氧含量过高，酸性物质阴离子起了促进腐蚀的作用。

如某火电厂 500MW 直流机组，配有凝结水精处理设备，并对凝结水进行 100%的处理。但由于凝结水混床的运行终点控制不当，混床阴树脂在失效前有漏 Cl^- 现象，按照电中性原理，通常阳离子会漏 NH_4^+，这样 NH_4Cl 进入高温锅炉水后会发生分解：$NH_4Cl \xrightarrow{\triangle} NH_3+HCl$，$NH_3$ 和 HCl 进入蒸汽后，由于分配系数不同，因此凝结的区域也就不同。HCl 往往在初凝水中就开始溶入，而 NH_3 往往在蒸汽排入凝汽器后才溶入水中，所以造成初凝水中有大量的 Cl^- 和较低的 pH 值，是典型的盐酸腐蚀，如图 3-19 所示。

图 3-19　混床失效终点控制不当造成
汽轮机酸性腐蚀

3.3.4.3　防止汽轮机酸性腐蚀的措施

为解决汽轮机蒸汽初凝区的酸性腐蚀问题，可以采取的最根本的防护措施是合理地改进补给水处理系统，提高除盐设备的运行水平，提供合格的补给水，防止原水中有机物和离子交换树脂漏入热力系统的水汽中，保证锅炉给水水质达标。

在热力设备的水汽系统中加入分配系数值较小的挥发性的碱性剂也是防止汽轮机酸性腐蚀的一种措施。例如，吗啉分配系数值远比氨的小，能比较有效地中和蒸汽初凝水中的酸性物质。

在汽轮机低压缸出现空气漏入的情况时，联氨可起除氧剂的作用，还原蒸汽初凝水中的溶解氧。因此可以采用将联氨或催化联氨喷入汽轮机低压缸的导气管中，以减轻汽轮机中初凝区的酸性腐蚀。

若从改变遭受酸性腐蚀区域的汽轮机部件的材料性能方面考虑，可以采用等离子喷镀或电涂镀措施在金属材料表面镀覆一层耐蚀材料层。例如，在铸钢制的隔板上喷镀一层镍铝底层后，再喷上一层钛酸钙和三氧化二铝的面层，也可用电涂镀方法在汽轮机酸性腐蚀部位材料表面覆上一层耐蚀金属镀层。

3.4　热力设备应力腐蚀

应力腐蚀是金属材料在应力和腐蚀介质共同作用下产生的腐蚀，通常会引起断裂现象，如应力腐性破裂、氢脆、腐蚀疲劳、空泡腐蚀、冲击腐蚀、微动腐蚀等。它是一种危险的腐蚀形式，常常引起设备的突然断裂、爆炸，造成人身和财产巨大损失。所以，应力腐蚀引起了广大腐蚀工作者的重视。但是，应力腐蚀是一个复杂的问题，它的破坏机理尚未完全弄清楚，还有待进一步研究。

3.4.1　应力腐蚀破裂

根据调查，在不锈钢的腐蚀破坏中，应力腐蚀破裂占35.3%。在石油化工部门，各种材料的应力腐蚀占腐蚀破坏的42.2%。在核电站中，发生应力腐蚀破裂的反应堆台数占反应堆总数的18.7%。

3.4.1.1　发生条件

A　力学条件

应力腐蚀破裂必须有应力，特别是拉伸应力分量的存在。拉伸应力越大，断裂所需时间越短。断裂所需应力一般都低于材料的屈服强度。有研究表明，压应力也在某些材料中造成应力腐蚀破裂，不过压应力引起应力腐蚀破裂所需应力值比拉应力状态要大几个数量级。应力的来源有：

(1) 金属部件在制造安装过程中产生的残余应力；

(2) 设备运行时产生的工作应力；

(3) 温度变化时产生的热应力；

(4) 因生成的腐蚀产物体积大于所消耗的金属体积而产生的组织应力。

在不同应力水平下进行应力腐蚀试验，即测量材料在每一应力水平下的断裂时间，可以得到应力腐蚀破裂的临界应力值。当应力低于这个数值时，材料不会发生应力腐蚀破裂。不过，临界应力值还与温度、合金成分和环境有关。传统方法是使用光滑的无缺陷试件进行测试，这使传统方法存在局限。为了克服传统方法的缺陷，采用断裂力学的方法来研究应力腐蚀破裂。

B　材料条件

金属材料只有在所处的介质中对应力腐蚀破裂敏感时，才会产生应力腐蚀破裂。金属材料敏感性大小取决于它的成分和组织。成分的微小变化就会引起敏感性的显著改变；合金组织的变化，包括晶粒大小的改变、金相组织中缺陷的存在，也对敏感性有影响。

不同合金元素对应力腐蚀作用不同，例如，氮、磷、砷、锑、铋、铝和钼，都会降低合金抗应力腐蚀破裂的能力，而硅和镍等加入合金以后可以提高其抗应力腐蚀破裂的能力。

C　环境条件

金属材料只有在特定的介质环境中才会发生应力腐蚀破裂，其中起重要作用的是某些特定的阴离子、络离子。例如，奥氏体不锈钢在溶液中，即使是低浓度的氯离子也能引起应力腐蚀破裂。

合金所处环境的状况，对应力腐蚀破裂敏感性的影响甚大，其中环境的温度、成分、浓度和 pH 值等都会影响合金对应力腐蚀破裂的敏感性。

（1）环境温度。在一般情况下，温度越高，合金越易发生应力腐蚀破裂。当然，某些体系存在临界破裂温度，低于这一温度时，就不会发生应力腐蚀破裂。

（2）环境的成分。环境中引起合金应力腐蚀破裂的成分，其浓度增加，应力腐蚀破裂的敏感性也增加。此外，氧化剂的存在对应力腐蚀破裂也有明显的影响。例如，溶解氧或其他氧化剂的存在，对奥氏体不锈钢在氯化物溶液中的破裂起关键作用，如果没有氧存在，就不会发生破裂。

（3）环境的 pH 值。酸性溶液对低碳钢的硝脆起加速作用，因此，水溶液呈酸性的硝酸盐类都能促进硝脆。但是，在研究 pH 值对应力腐蚀破裂影响的时候，不仅要注意整体溶液的 pH 值，而且要注意处于裂纹尖端溶液的 pH 值，因为裂纹尖端溶液的 pH 值一般比整体溶液的 pH 值小 2~3 个单位。

某锅炉水冷壁下联箱定排管原材质为 20G，后升级为 304SS，下联箱管座焊缝下部约 15mm 处发生开裂泄漏，裂纹为横向发展，长约 20mm，如图 3-20 所示。该定排管使用温度在 100~150℃，外部为锅炉水，含有 75.0mg/L 氯离子。对于带有焊接接头的结构，由于焊接残余应力的影响，一般应力腐蚀开裂发生在焊接热影响区中。但是该管的失效位置距离焊缝 10~20mm，在焊接影响区以外，因此导致应力腐蚀开裂的应力源基本与焊接残余应力无关；开裂位置也不在弯头部位，因此与弯管加工也没有关系。有研究表明，如果安装不当，结构中会出现很大的安装应力，对锅炉等压力容器的安全性产生极大影响。对管子中的安装应力分布进行计算，发现随着偏移距离的增大，最大应力区域逐渐变小，最终稳定在焊缝以下 8~16mm 的范围内，与实际开裂位置（焊缝下约 15mm 处）基本一致。以上结果表明，断裂满足应力腐蚀开裂的力学、材料及环境三个必要条件。

(a)　　　　　　　　　　　　　(b)

图 3-20　开裂管宏观特征

（a）开裂的管子；（b）泄漏点及冲刷痕迹

3.4.1.2　腐蚀特征

金属应力腐蚀破裂为脆性断裂。断口的宏观特征是，裂纹源及裂纹扩展区因介质的腐蚀作用而呈黑色或灰黑色，突然脆断区的断口常有放射花样或人字纹。断口的微观特征比较复杂，它与合金成分、金相结构、应力状态和介质条件等有关。裂纹的形态有沿晶、穿晶和混合几种。裂纹既有主干，又有分支。裂纹的方向垂直于拉应力的方向。

3.4.1.3　腐蚀破裂机理

腐蚀破裂机理可以被认为是膜破裂机理，又称滑移-溶解机理。合金表面覆盖有一层表面保护膜，其厚度可以是一层单原子，也可以是可见的厚膜。由于环境因素、冶金因素或力学因素表面保护膜会出现局部破裂，形成蚀孔或裂纹源。在膜产生裂缝的部位，金属裸露，裸露部分的电位比有保护膜部分的电位负，金属裸露部分为阳极，有膜部分为阴极，阳极发生溶解。

下面以钢在 NaCl 溶液中产生应力腐蚀破裂为例，说明电化学反应的情况。在膜破裂的开始阶段，裂纹内的反应式：

阳极反应　　　　　　　　　$Fe \longrightarrow Fe^{2+} + 2e$

阴极反应　　　$O_2 + 2H_2O + 4e \longrightarrow 4OH^-$

膜破处的氧很快消耗完了，阴极反应就转移到裂纹外部，裂纹内部只进行阳极反应。这样，裂纹内部铁离子浓度越来越大，并且水解产生 H^+，溶液 pH 值下降，其反应式为 $Fe^{2+} + H_2O \rightarrow Fe(OH)^+ + H^+$。据测定，pH 值可以降至 4 以下，为了保持电中和，Cl^- 可以进入裂纹内部。这样，裂纹内部形成了一个狭小的闭塞区，其化学状态和电化学状态与裂纹外部不一样。裂纹外部整体溶液的 pH 值为 7，而裂纹内闭塞区的 pH 值可以下降至 3.5~3.9，形成闭塞电池腐蚀。

如果没有应力存在，闭塞电池作用的结果只能形成点蚀或缝隙腐蚀。如果有应力存在，裸露部分产生的保护膜不断破裂，裂纹继续发展。但是，如果表面膜破裂后暴露的裸金属一直保持活化状态，不能再钝化，腐蚀势必同时往横向发展，于是裂纹尖端的曲率半径增大。在这种情况下，即使有应力存在，应力的集中程度也会减小，结果裂纹向纵深发展的速度变慢甚至停止发展。如果膜破裂以后，裸金属表面立即再钝化，也不会形成应力腐蚀破裂的裂纹。可是膜破后裸金属表面向纵深腐蚀一定量后再钝化，即裸金属的再钝化能力处于一个合适的范围，此时，裂纹的两侧会再钝化形成保护膜，横向腐蚀受到抑制，但由于应力的作用，膜不断破裂，这样裂纹向纵深发展。

3.4.2　不锈钢应力腐蚀破裂

3.4.2.1　不锈钢应力腐蚀破裂特征与破裂部位

不锈钢应力腐蚀破裂的特征主要是：破裂系脆性断裂，即使塑性很高的

Cr-Ni 奥氏体不锈钢，发生应力腐蚀破裂时也不会产生明显的塑性变形。裂纹与所受拉应力方向垂直。在普通金相显微镜下观察，裂纹有沿晶、穿晶或者两者均有的混合形式，这因不锈钢的种类和介质的变化而不同。例如，马氏体和铁素体不锈钢为沿晶裂纹，奥氏体不锈钢一般是穿晶裂纹。即使不锈钢应力腐蚀破裂的裂纹为沿晶，它与一般的晶间腐蚀也不同。虽然从裂纹形式讲，两者均为沿晶界扩展，但是由于一般晶间腐蚀没有应力作用，其腐蚀的部位基本上分布在与腐蚀介质接触的整个界面上，而应力腐蚀破裂则具有局部性质。一般晶间腐蚀的裂纹没有分支，不像应力腐蚀破裂那样，既有主干又有分支。同时，一般晶间腐蚀既可在弱碱腐蚀介质中产生，又可以在强腐蚀介质中出现。

电厂的热力设备，如过热器、再热器采用不锈钢材料，易遭受应力腐蚀破裂；汽轮机低压缸的叶片常常发生应力腐蚀破裂，特别是初凝水部位。这些不锈钢材料在使用过程中遭受应力腐蚀破裂，影响设备的安全运行。

3.4.2.2　影响因素

A　接触介质

热力设备接触的介质主要是高温水和蒸汽，其中所含的 Cl^-、NaOH 和 H_2S 等杂质是引起应力腐蚀破裂的因素。不锈钢对 Cl^- 是敏感的，Cl^- 浓度增加，应力腐蚀破裂的敏感性也增加。Cl^- 对 Cr-Ni 不锈钢的影响更加明显，一般说来，在高温水中，Cl^- 浓度只要达到几毫克每升就可以使 Cr-Ni 奥氏体不锈钢产生应力腐蚀破裂。如果水中有溶解氧，应力腐蚀破裂就更容易发生。Cr-Ni 奥氏体不锈钢在含 H_2S 的水溶液中会发生应力腐蚀破裂。

一般说来，pH 值增加，不锈钢的应力腐蚀破裂的敏感性下降。用 18-8 不锈钢进行应力腐蚀破裂试验，溶液的 pH 值在 2.8~10.5 的范围内变化时，对破裂没有显著影响。因为整体溶液的 pH 值虽然发生变化，但裂纹尖端溶液的 pH 值不随之变化。例如，在 100℃的水中，不锈钢在 pH 值为 6~8 的溶液中发生应力腐蚀破裂，当 pH 值在 8 以上时，破裂的敏感性下降。值得注意的是，随着 pH 值增加，虽然 Cr-Ni 不锈钢由于氯化物引起的应力腐蚀破裂危险性下降了，但当 pH 值在 9~10 以上时，有产生苛性应力腐蚀破裂的危险性。

B　应力条件

随着应力的增加，不锈钢应力腐蚀破裂的时间缩短。Cl^- 浓度增加，不锈钢产生应力腐蚀破裂所需的应力也下降。试验指出，仅研磨加工和板材剪边的残余应力就能引起破裂。由于表面缺陷能引起应力集中，所以，表面有缺陷的不锈钢发生应力腐蚀破裂所需的应力低，而且缺陷越严重，所需的应力值越低。据统计，在不锈钢应力腐蚀破裂中，如果按应力种类分析，因焊接和加工残余应力引起的事故占80%。焊接残余应力分布如图 3-21 所示，在焊缝中间为拉应力，两侧为压应力。

C 金属材料

氮、磷、砷、锑、铋等元素会降低不锈钢耐应力腐蚀破裂的能力，增加镍的含量可以提高奥氏体不锈钢的耐腐蚀能力。不锈钢的金相组织对其耐腐蚀能力也有明显影响。Cr-Ni 奥氏体不锈钢最容易产生应力腐蚀破裂。铁素体不锈钢对应力腐蚀破裂的敏感性比奥氏体不锈钢小得多。马氏体不锈钢对应力腐蚀破裂也是敏感的，如果马氏体钢中有 5%~10% 的铁素体存在，就可以降低腐蚀的敏感性。奥氏体和铁素体双相钢耐应力腐蚀破裂的能力较强。

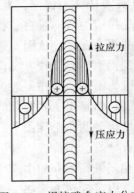

图 3-21　焊接残余应力分布

某台超超临界 1000MW 直流锅炉的末级再热器 HR3C 管发生爆管的宏观形貌如图 3-22 所示。爆口总长约 160mm，开口最宽处约 8mm。距离垂直段约 50mm 处爆口两侧管外壁颜色明显发黑，爆口一端止裂于垂直段弯管起弯部位，另一端止裂于弯头中部位置。爆管后机组又持续运行了 3d 才停机，因此推测本次爆管首先在管壁发黑部位发生开裂，继而向两侧及纵向扩展。爆口的断裂面粗糙不平，爆口边缘粗钝，管壁无明显减薄，呈脆性断裂特征。爆口处及其附近管壁均较光滑，未发现划痕和其他损伤痕迹，也无水垢和其他明显腐蚀产物存在。

图 3-22　爆口宏观形貌

分别对爆口位置和远离爆口 500mm 的直管垂直段进行金相分析。爆口处金相组织与远离爆口的直管段金相组织无明显差异，晶内和晶界处析出相较少，可排除长期过热原因导致的爆管。随后对取样管直管垂直段进行拉伸、压扁和硬度及晶间腐蚀试验。按照《金属和合金的腐蚀　不锈钢晶间腐蚀试验方法》（GB/T 4334—2008）进行晶间腐蚀的试验，结果如图 3-23 所示。试样在晶间腐蚀试验后经 90°弯曲，表面即出现了严重裂纹，甚至发生表面金属的剥落，可见 HR3C 试样管的晶间腐蚀倾向比较严重。断口能谱分析结果表明材料断裂机制为沿晶脆性断裂，微裂纹中存在 Cl 和 S 等腐蚀元素，其中 Cl 元素是导致奥氏体不锈钢发生晶间腐蚀的主要元素。

图 3-23　晶间腐蚀实验结果
（a）迎烟侧；（b）背烟侧

末级再热器最外圈管的弯头是利用弯管机直接冷弯成型，冷弯后未再进行固溶处理，导致管弯制后的残余应力未消除，加之运行过程中存在的内应力，在含有氯离子等腐蚀元素存在的环境中，极易发生沿晶应力腐蚀开裂。因此，该机组锅炉末级再热器 HR3C 管爆裂是由弯管过程中的残余应力使钢管在腐蚀环境中发生沿晶应力腐蚀所致。

3.4.2.3　防止方法

（1）合理选择耐蚀材料。在选择不锈钢材料时，除考虑其耐均匀腐蚀的能力外，还要特别注意其耐点蚀、一般晶间腐蚀、缝隙腐蚀、应力腐蚀破裂和腐蚀疲劳等局部腐蚀的能力。在火力发电厂，锅炉过热器的管材有时采用 Cr-Ni 奥氏体不锈钢。德国有近 60% 的过热器采用含 Cr 12%（质量分数）的不锈钢，基本避免了应力腐蚀破裂。它的缺点是一般腐蚀速度比 Cr-Ni 奥氏体钢高。目前，有的电厂还选用 0Cr20Ni32Fe（即因科尔 800）作过热器材料。

（2）合理设计设备的结构，避免缝隙存在，防止死角出现，以免腐蚀产物和腐蚀介质滞留。

（3）消除不锈钢部件的拉应力。

（4）降低介质中腐蚀性离子的浓度。为了保护不锈钢过热器和汽轮机叶片，应当尽可能地降低蒸汽中杂质的含量。为了保护奥氏体不锈钢过热器，不允许用盐酸清洗过热器，因为高参数锅炉结构比较复杂，酸洗结束时不容易把盐酸冲洗干净。为了防止清洗热力设备时污染汽轮机，在清洗锅炉、凝汽器及其他有关设备时，应将汽轮机和其他设备隔开。汽轮机进行清洗时，不要用氢氧化钠溶液，以免引起苛性应力腐蚀破裂。为了防止应力腐蚀破裂，应严格控制水中 Cl^-、OH^- 和溶解氧的浓度。

3.4.3　锅炉碱脆

3.4.3.1　碱脆发生的条件

碳钢在氢氧化钠水溶液中产生的应力腐蚀破裂称为碱脆。碱脆是在浓碱和拉应力联合作用下产生的，受腐蚀碳钢产生裂纹，本身不变形，但发生脆性断裂。所以，碳钢的这种应力腐蚀破裂称为碱脆，又称苛性脆化。锅炉发生苛性脆化时有 3 个必定因素的存在：

（1）炉水含有一定量的游离碱而具有侵蚀性；

（2）锅炉是铆接或胀接的，而且在这些部位有不严密的地方，炉水可渗透进去而发生局部浓缩；

（3）金属中有很大的应力（接近其屈服点）。

3.4.3.2　碱脆的机理

碳钢在有适当氧化剂存在的碱溶液中，会出现不完整的钝化。钝化表面的氧化膜，在拉应力的作用下发生破裂。未钝化处为阳极，有保护膜的部位为阴极，在浓碱的作用下，组成腐蚀电池，其反应为：

阳极反应 $\qquad Fe + 3OH^- \longrightarrow HFeO_2^- + H_2O + 2e$

$\qquad\qquad 3HFeO_2^- + H^+ \longrightarrow Fe_3O_4 + 2H_2O + 2e$

阴极反应 $\qquad H^+ + e \longrightarrow H$

$\qquad\qquad 2H \longrightarrow H_2 \uparrow$

在拉应力的不断作用下，碳钢腐蚀破裂。

3.4.3.3　腐蚀特征

锅炉碱脆是应力腐蚀破裂的一种，它具有应力腐蚀破裂的一般特点，同时，它是碳钢在锅炉运行的特殊条件下发生的，所以又具有以下特点。

（1）裂纹。对于小型锅炉或早期锅炉，碱脆经常出现在铆接炉的铆接处和胀管锅炉的胀接处。铆钉头由于发生脆化往往经不起锤击而脱落，铆口和胀口处裂纹呈放射状伸展，甚至两个铆孔的裂纹连接起来。裂纹出现在拉应力最大的部位，裂纹方向与拉应力方向垂直。在金相显微镜下观察，腐蚀断裂处有一条主裂纹和许多支裂纹，主裂纹是穿晶的，支裂纹是沿晶的。目前大型锅炉已没有铆接或胀接，因此碱脆现象不多见。

（2）破裂系脆性断裂。在破裂的部位，钢板不发生塑性变形，因此碱脆与过热出现的塑性变形有区别。裂纹附近的金属保持原有的力学性能，金相组织完好。所以，不能用机械检验的方法检查碱脆。

（3）裂纹断口有腐蚀产物，裂纹断口处常有黑色的 Fe_3O_4，这是不同于机械断裂的，机械断裂的断口有金属光泽。

3.4.3.4　影响因素

影响锅炉碱脆的因素有碳钢的成分、金相组织、热处理、锅炉水成分、应力大小等。

（1）碳钢成分的影响。碳钢的含碳量对碱脆有重要影响。随碳含量的下降，碱脆敏感性下降。据研究，随着钢中碳含量的增加，珠光体含量增多。在晶粒边界，由于碳的偏析，碳化物的数量增加，钢的组织发生变化，钢发生选择性腐蚀的部位也随之改变，促进碱脆的发生。此外，钢中含有磷、硫、氮、砷等元素，这些元素含量增加，碱脆敏感性也增加，其作用类似碳的作用，这些元素能够在铁素体晶粒边界发生偏析，从而影响碱脆敏感性。

（2）热处理的影响。钢的热处理也影响碱脆的敏感性。热处理可以降低钢中的内应力，使钢具有合适的组织，降低钢对碱脆的敏感性。例如，退火可以使钢的组织恢复正常，降低钢对碱脆的敏感性。

（3）炉水成分的影响。炉水的不同成分对碱脆的敏感性影响不同。如果炉水所含的成分使钢的电位离开碱脆的敏感电位，那么它就能抑制碱脆，相反，如果炉水中某一物质使钢的电位移至碱脆的敏感电位范围，那么它就促进碱脆。

某水泥窑窑头余热锅炉在过热器箱体附近发现多处裂纹（见图3-24），经现场观察后发现泄漏点存在以下共同点：

（1）泄漏点均集中在过热器箱体部位及其延伸出来的连接管上；

（2）无论是针孔状泄漏还是宏观裂纹，均起源于焊接接头，仅有一处起源于弯头外弯侧母材；

（3）所有开裂部位均未见塑性变形，断口宏观观察均属于脆性断口；

（4）未受机械约束部位也出现了裂纹。

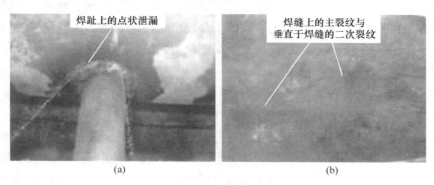

焊趾上的点状泄漏

焊缝上的主裂纹与
垂直于焊缝的二次裂纹

(a)　　　　　　　　　　　　　(b)

图 3-24　过热器箱体泄漏点

（a）集箱与管屏角焊缝点状泄漏；（b）集箱与连接管焊缝部位裂纹

对失效集箱直段部分进行理化检测、扫描电镜与能谱分析，结果显示该断口处附着大量白灰色物质，能谱定性分析有大量钠盐存在。根据现场运行工况，锅炉给水中主要添加剂包括 NaH_2PO_4 与 $NaOH$ 等。检查发现汽包均汽孔板掉落，过热器存在广泛的蒸汽带水现象，给 $NaOH$ 在过热器中的电离提供了环境条件。因此，过高的碱浓度是发生此次应力腐蚀的根本原因。

3.4.3.5　锅炉碱脆的危害与预防

（1）裂纹是由锅炉内部的接触面向外发展的，初始的裂纹肉眼不易发现。当肉眼发现时，锅炉已处于临近爆炸或发生爆炸的危险状态。

（2）裂纹的发展速度与时间不呈一般线性关系，而是加速发展。所以，常常不到检修的时候就已造成严重事故。

（3）管子在发生裂纹以后，修复工作困难，裂纹不能补焊，必须割掉或换上新的钢管或钢板。

由于现代兴建的电厂锅炉都是焊接的，因此还没有发现苛性脆化的事故。但对于那些已建的铆接或胀接的锅炉，为防止这种腐蚀，应消除炉水的侵蚀性，例如可以维持一定的相对碱度，相对碱度是炉水中游离 NaOH 的量和总含盐量的比值。低压和中压锅炉的长期运行经验证明，控制锅炉水相对碱度小于 0.2，就不会发生苛性脆化。

3.4.4　氢脆

3.4.4.1　氢脆的特征

氢脆是氢扩散到金属内部使金属产生脆性断裂的现象。许多金属在使用过程中常常产生氢脆，这是由于阴极反应产生的氢进入金属内部。有的金属部件在加工和使用过程中与氢接触也会产生氢脆。氢脆会使设备发生严重损坏。氢脆产生的裂纹，在断口上往往是灰色的，基体上显现出银白色的亮区。氢脆裂纹很少分支，几乎是单方向的裂纹扩展。氢脆不属于应力腐蚀破裂，它是由于阴极吸氢造成的脆性损坏。

3.4.4.2　氢脆的类型

氢脆一般分为氢鼓疱、氢蚀、氢化物氢脆和可逆氢脆。

（1）氢鼓疱。氢鼓疱是因氢原子进入金属内部，在金属内部的缺陷处（如气孔、砂眼、空穴、晶界等）结合成氢分子，所生成的氢分子不可能通过晶格向外扩散，因此在金属内部产生巨大压力，引起氢脆。必须指出，氢只能以原子的形式进入金属并向内扩散。

（2）氢蚀。氢蚀是由于氢与金属中第二相（夹杂物、合金添加剂等）交互作用生成高压气体引起金属脆性破裂的。例如，碳钢的氢蚀步骤：

1）渗碳体的分解：$Fe_3C = 3Fe + [C]$；

2）碳的扩散；

3）生成甲烷：$[C] + 4H \rightarrow CH_4\uparrow$，甲烷在钢中的夹杂物上生成气泡，使碳钢脱碳脆化。

（3）氢化物氢脆。氢化物氢脆是氢与金属生成氢化物，造成脆性断裂。能够生成氢化物的金属有钛、锆等和氢亲和力大的金属。

（4）可逆氢脆。当金属中溶有一定数量的氢，它的溶解量不超过金属所处温度下氢的极限溶解量，氢在金属中处于固溶状态。此时，如果这些金属发生变形就产生可逆氢脆。之所以称为可逆氢脆，是因为金属经过低速变形以后，去掉负荷，静置一段时间再进行高速度变形，金属的塑性可以恢复。也就是说，它对应力是可逆的。

3.4.4.3 热力设备氢脆的部位

电厂热力设备腐蚀时，如果阴极过程为氢的去极化，那就有氢脆的危险。例如，锅炉运行时，凝结水中漏入海水，导致炉水 pH 值下降，水冷壁管可能产生氢脆，出现裂纹和脆性断裂，有的部位还会出现脱碳现象。热力设备进行酸洗时，也有产生氢脆的可能。

3.4.4.4 氢脆的防止

为了防止氢脆，应当改善水质，减少金属的腐蚀率，使阴极产生的氢量下降。为了减少酸洗过程中金属的氢脆，应当在酸洗时加缓蚀剂，这样金属的腐蚀速度下降了，相应地阴极的析氢量也会减少，氢脆的危险就下降了。但使用缓蚀剂必须注意，所加的缓蚀剂应当只降低氢原子的还原速度，而不应当减缓氢原子复合生成氢分子的速度。否则，虽然阴极反应的速度降低了，金属的腐蚀量减小，但却使氢原子的积累量增加，反而增加氢原子向金属内部扩散的机会，从而增加氢脆危险。例如，砷化物、氟化物就是阻止氢析出的有害物质，应从酸洗液中除去。

在金属材料中加入某些氢扩散率很低的合金元素，可以减少氢脆的敏感性。比如，高强钢容易产生氢脆，加入镍和钼（它们具有很低的氢扩散率）可以减少氢脆的敏感性。

采用合适的焊接工艺也是必要的。为了防止氢脆，应当用低氢焊条。另外，焊接时保持干燥，也能降低氢脆的危险性，因为水和水蒸气是氢的主要来源。

3.4.5 腐蚀疲劳

3.4.5.1 腐蚀疲劳特征

金属在腐蚀介质和交变应力（方向变换的应力或周期应力）同时作用下产生的破坏称为腐蚀疲劳。没有腐蚀介质作用，单纯由于交变应力作用使金属发生的破坏称为机械疲劳。每种材料都有一个疲劳极限，如果没有腐蚀介质作用，材料只受到交变应力的作用，只要应力不超过它的疲劳极限材料就不会破坏。在有腐蚀介质作用的条件下，金属产生疲劳裂纹所需的应力大大降低，并且没有真正的疲劳极限，因为交变应力循环的次数越多，产生腐蚀裂纹所需的交变应力就越低，一般以指定循环次数（如 10^7）下的交变应力（半幅）称为腐蚀疲劳强度，如图 3-25 所示。

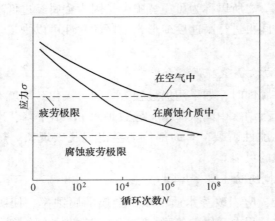

图 3-25   腐蚀疲劳强度和疲劳极限

腐蚀疲劳断口一般有疲劳源、疲劳裂纹扩展区和最后断裂区三个区域。疲劳源或称疲劳核心，一般始发于材料表面，但如果材料内部存在严重的缺陷，如脆性夹杂物、空洞、化学成分偏析等，疲劳源也可以从内部发生。疲劳裂纹扩展区是疲劳断口中最重要的特征，也是事故分析的重要依据，裂纹扩展区常呈贝纹状、哈壳状或海滩波纹状。最后断裂区或称瞬时断裂区是疲劳裂纹达到临界尺寸后发生的快速断裂。

腐蚀疲劳和应力腐蚀破裂的区别主要在于应力条件、介质条件、金属条件和裂纹特点这四方面。应力腐蚀破裂是在拉应力下、特定的介质中、一般合金中产生的，而腐蚀疲劳是在交变应力下、不需要特定的介质、不仅在合金中也在纯金属中产生。应力腐蚀破裂既有主裂纹，又有分支裂纹，有沿晶、穿晶或混合形式的裂纹，而腐蚀疲劳有多条裂纹，一般很少分支或分支不明显，多是穿晶裂纹，断口常有贝纹。

3.4.5.2 形成部位

锅炉的集汽联箱，即联箱的排水孔处会产生腐蚀疲劳。其原因可能是：

（1）管板连接不合理，为直角连接，使蒸汽中的冷凝水和热金属周期接触，产生交变应力；

（2）安装不合理，使冷凝水集中于底部，不能排出去，形成腐蚀疲劳条件。

汽包和管道的结合处也会产生腐蚀疲劳。当给水、磷酸盐溶液和排污水的温度低于汽包内部炉水温度时，汽包和给水管、定期排污管和磷酸盐加药管的结合处受到冷却；当水温或药液温度升高时，结合处被加热，金属因此受到很大应力。

金属表面时干时湿，管道中汽水混合物流速时快时慢，也会引起交变应力，造成腐蚀疲劳。此外，锅炉启动频繁，启动或停用时炉水含氧量较高，造成锅炉设备点蚀，这些点蚀坑在交变应力的作用下就会变成疲劳源，产生腐蚀疲劳。

汽轮机叶片也会产生腐蚀疲劳，其腐蚀部位是处于湿蒸汽区的叶片，特别是蒸汽开始凝结的地方。由于湿蒸汽区的叶片表面有湿分存在，因此如果蒸汽中含有 Cl^-、S^{2-} 等腐蚀性物质，便形成腐蚀介质。汽轮机叶片在运行中由于振动等原因受到交变应力的作用，在腐蚀介质和交变应力的共同作用下引起腐蚀疲劳。假如汽轮机停运时没有做好保护，产生点蚀，这些点蚀坑就成为疲劳源。

3.4.5.3　影响因素

影响腐蚀疲劳的因素比较复杂，概括起来有交变应力、介质条件和材料三个方面。

（1）材质的影响。材质不同，耐腐蚀疲劳的能力也不同。例如，不锈钢比碳钢和非金属材料都耐腐蚀疲劳。但是，碳钢中的含碳量对它在淡水中的腐蚀疲劳几乎没有影响。材料的机械强度对腐蚀疲劳影响不显著，有时，提高材料的机械强度会增加其腐蚀疲劳的敏感性。对于不锈钢，含 Cr 量增加，耐腐蚀疲劳的能力提高。

（2）交变应力的影响。交变应力的大小和交变速度的影响比较明显。交变应力大，产生腐蚀疲劳的时间就短。在一定时间内，交变速度越高，就越容易产生腐蚀疲劳。在一定的交变次数内，交变速度越快，越不容易产生腐蚀疲劳，因为金属和腐蚀介质接触的时间短。

（3）介质的影响。介质对腐蚀疲劳的影响很大，材料的腐蚀疲劳强度主要取决于材料的耐蚀性。一般说来，介质的腐蚀性越高，材料腐蚀疲劳强度越低。Cl^- 浓度高、pH 值低、溶解氧含量高，金属容易产生腐蚀疲劳。温度升高，材料的腐蚀疲劳强度降低。

3.5　锅炉的腐蚀与防止

3.5.1　锅炉介质浓缩腐蚀

介质浓缩腐蚀是指锅炉运行时介质局部浓缩产生的腐蚀。它和氧腐蚀、应力腐蚀一样，属于局部腐蚀。但是，它和氧腐蚀、应力腐蚀有明显的区别。首先，腐蚀的部位不同，介质浓缩腐蚀主要发生在水冷壁管。其次，腐蚀产生的条件不同，介质浓缩腐蚀只有当介质发生浓缩时才有可能发生。同时，它不像应力腐蚀那样，除腐蚀介质条件外还要有应力存在。

3.5.1.1　腐蚀部位

锅炉介质浓缩腐蚀主要发生在水冷壁管有局部浓缩的地方，也就是沉积物下面、缝隙内部和汽水分层的部位，一般是热负荷较高的位置，比如喷燃器附近、炉管的向火侧等处。介质浓缩腐蚀除发生在水冷壁管之外，有时表面减温器管的水侧也会发生。过热器、再热器、非沸腾式省煤器不发生介质浓缩腐蚀。

3.5.1.2　腐蚀机理

当锅炉正常运行时，钢表面与无氧锅炉水接触，发生腐蚀反应，反应机理如下：

阳极反应　　　　　　　　　$3Fe \longrightarrow Fe^{2+} + 2Fe^{3+} + 8e$

水的离解　　　　　　　　　$4H_2O \longrightarrow 4OH^- + 4H^+$

Fe^{2+}、Fe^{3+}、OH^-反应　　　$Fe^{2+} + 2Fe^{3+} + 4OH^- \longrightarrow Fe_3O_4 + 4H^+$

阴极反应　　　　　　$8H^+ + 8e \longrightarrow 8H$

总的反应　　　　　$3Fe + 4H_2O \longrightarrow Fe_3O_4 + 8H$

反应生成的 Fe_3O_4 分为两层：内层是连续、致密、附着性好的保护膜，外层是不连续、多孔、附着性不好的非保护层。由于膜的保护作用，锅炉不会产生严重的腐蚀。但是，一旦锅炉水的 pH 值偏离正常范围，Fe_3O_4 保护膜就被破坏，导致金属表面暴露，直接与腐蚀介质接触，非常容易发生严重的腐蚀。

当 pH＝10~12 时，钢的腐蚀速度最小，此时保护膜的稳定性高。当 pH＜8 时，钢的腐蚀速度明显上升，因为保护膜被溶解，其反应式为：

$$Fe_3O_4 + 8HCl \longrightarrow FeCl_2 + 2FeCl_3 + 4H_2O$$

此时 H^+ 起去极化作用，与金属 Fe 的反应产物也是可溶性的，不易形成保护膜，促进腐蚀的发生。当 pH＞13 时，腐蚀速度也明显上升，因为保护膜被溶解，其反应式为：

$$Fe_3O_4 + 4NaOH \longrightarrow 2NaFeO_2 + Na_2FeO_2 + 2H_2O$$

另一方面是铁与 NaOH 直接反应：

$$Fe + 2NaOH \longrightarrow Na_2FeO_2 + H_2 \uparrow$$

亚铁酸钠（Na_2FeO_2）在高 pH 值的溶液中是可溶的。所以，当 pH＞13 后，随着 pH 值的增高，钢的腐蚀速度迅速增大。

3.5.1.3 炉水 pH 值异常的原因

炉水 pH 值异常的原因是：炉水含有游离 NaOH，或者局部出现酸性；炉水产生局部浓缩，形成浓酸或碱。

A 炉水产生 NaOH 或者酸

补给水和凝结水中含有的碳酸盐在锅内水解生成 NaOH，局部浓缩以后形成浓的碱溶液。

$$2HCO_3^- \longrightarrow CO_2 \uparrow + H_2O + CO_3^{2-}$$
$$CO_3^{2-} + H_2O \longrightarrow CO_2 \uparrow + 2OH^-$$
$$HCO_3^- \longrightarrow CO_2 \uparrow + OH^-$$

对于高参数锅炉，如果进行炉水磷酸盐处理，磷酸盐含量过高，当炉水内发生盐的"暂时消失"时也会出现游离 NaOH。磷酸盐产生游离 NaOH 的反应为：

$$2Na_3PO_4 + H_2O \longrightarrow NaOH + 2Na_{2.5}H_{0.5}PO_4 \downarrow$$

式中，1mol 的 $Na_{2.5}H_{0.5}PO_4$ 可以看成 0.5mol 的 Na_2HPO_4 和 0.5mol 的 Na_3PO_4。

海水或含氯化合物高的河水，因凝汽器泄漏漏入凝结水。氯化物随凝结水进入锅炉以后，会水解产生酸，其反应式为：

$$MgCl_2 + 2H_2O \longrightarrow Mg(OH)_2 \downarrow + 2HCl$$
$$CaCl_2 + 2H_2O \longrightarrow Ca(OH)_2 \downarrow + 2HCl$$

这样，炉水的局部位置 pH 值迅速下降。

因除盐设备管理不严，除盐设备的再生药品，包括 HCl 和 NaOH 漏入给水，使炉水为酸性或含游离 NaOH。离子交换树脂漏入系统，或者有机物进入给水，它们会在锅炉内分解产生无机强酸或低分子有机酸。

B 炉水局部浓缩产生浓碱或酸

炉水发生局部浓缩的原因，主要是在沉积物下面和缝隙内部，炉水对流受到阻碍。受热面的沉积物包括水垢、铁的氧化物和铜的氧化物。炉水中的铁和铜的氧化物，一般会在水流速度比较低的水平管或倾斜角较小的倾斜管表面沉积；或者在水的流动被扰乱的部位，如炉管的弯曲部分、焊口附近沉积；或者在热负荷大的部位沉积。缝隙多是由于炉管的焊接质量差，管子与管子的连接以及管子与管板的连接不当造成的。沉积物下面和缝隙内部的炉水因受热浓缩，而外部的稀炉水因沉积物和缝隙的阻挡，不能和浓炉水均匀混合，因此引起局部浓缩。

此外，当水循环不良时，水平管和倾斜度较小的炉管容易产生汽水分层。在水平管的上半部和倾斜管的顶部炉水浓缩的原因，是由于这些部位被炉水间断湿润，或者炉水溅到上面产生浓缩。同时，汽水分层时，在蒸汽和炉水的分界面，因炉水的蒸发，也会出现局部浓缩。

3.5.1.4 沉积物下腐蚀

侵蚀性介质在沉积物下浓缩导致的腐蚀，也称为沉积物下腐蚀，即当锅内金属表面附着有沉积物（如水垢、水渣）时，沉积物下面的金属发生的腐蚀现象。

沉积物下腐蚀可分为酸性腐蚀和碱性腐蚀，如图 3-26 所示。

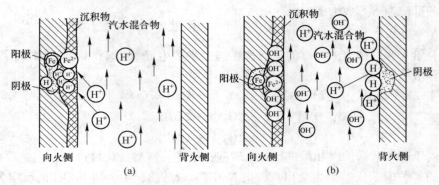

图 3-26　酸性腐蚀和碱性腐蚀

（a）酸性腐蚀；（b）碱性腐蚀

A　酸性腐蚀

如图 3-26（a）所示，在高温浓缩条件下，沉积物下炉水中的 $MgCl_2$ 和 $CaCl_2$ 等物质发生水解反应生成酸，破坏金属表面氧化膜和基体。

不溶的氢氧化物发生沉积，使得垢下炉水 pH 值大大降低，在局部区域内发生酸性腐蚀。水冷壁管垢下腐蚀是以紧贴管壁的垢下管壁为阳极、外围表面为阴极所构成的局部电池作用引起的电化学腐蚀。

阳极的反应消耗了管壁中的铁，变成铁离子进入炉水之中，如果继续发生水解，会形成体积更大的 $Fe(OH)_2$ 沉积物，如果炉水中氧浓度较大，Fe^{2+} 还会被氧化成 Fe^{3+}，水解产生 $Fe(OH)_3$ 沉积物。含铁的沉积物会进一步引起水解反应，使得水垢中含有较多的铁。阴极的反应是在水冷壁管的内壁发生的，由于垢的阻挡作用，所产生的氢原子不能立即被炉水带走，有一部分氢扩散到水冷壁管内，在高温高压下原子氢的活性很强，容易与管壁发生反应。其中，水冷壁管壁中的渗碳体和原子氢在高温高压的条件下发生反应以后会产生甲烷：

$$4H + Fe_3C \longrightarrow 3Fe + CH_4 \uparrow$$

该反应一方面使钢材脱碳，钢材的结构受到破坏，加速了铁的腐蚀；另一方面，该反应所产生的甲烷气体无法从基体中扩散出来，在晶界内聚集，产生较高的应力，导致晶界处形成微裂纹，降低钢的强度、韧性，这就是氢损伤。随着垢下氢腐蚀不断进行，基体发生脱碳的区域由管内壁向外壁不断扩展，微裂纹不断增长并联通，最后形成宏观裂纹，导致水冷壁管发生脆性爆管。

某电厂机组锅炉水冷壁管材质为 20G 钢，在 295MW 下运行时，锅炉后墙水冷壁出现泄漏。停机检修发现两根水冷壁发生爆管，同时发现水冷壁管内壁腐蚀结垢异常严重。

爆口断面取样制作金相试样，采用金相显微镜对其金相组织进行观察，不同位置的金相组织形貌如图 3-27 所示。爆口边沿靠内壁侧［见图 3-27（a）］点 1 发生脱碳现象，金相组织存在大量沿晶裂纹；爆口附近靠内壁侧［见图 3-27（b）］点 2 仍存在脱碳现象，金相组织中存在沿晶裂纹；爆口边沿靠外壁侧［见图 3-27（c）］点 3 及爆口附近靠外壁侧［见图 3-27（d）］点 4 金相组织为铁素体加珠光体，珠光体球化等级为 2~3 级，金相组织正常。

该机组水冷壁爆口宏观特征表现为"窗口"状，边沿较钝，管壁向火侧的垢量很大，垢质较硬，垢层底部金属管壁存在明显的腐蚀减薄现象。金相分析结果表明，水冷壁管爆口位置靠内壁侧基体均发生了严重的脱碳现象，并伴有大量沿晶裂纹。化学清洗前后的管样内壁形貌表明，向火侧内壁存在严重的垢下腐蚀。综上所述，该水冷壁管爆口特征符合酸性腐蚀引发的爆管。

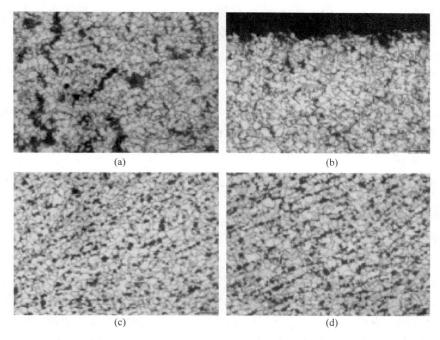

图 3-27 爆口断面不同位置金相组织照片

（a）点 1；（b）点 2；（c）点 3；（d）点 4

B 碱性腐蚀

碱性腐蚀是在管子内表面有过度沉积时发生的局部腐蚀。如图 3-26（b）所示，炉水在水冷壁管内经过炉膛的加热，发生水到汽水混合物的变化，水蒸气的溶盐能力非常小，在此过程中炉水中的磷酸盐等被浓缩，特别是向火面表现更严重，从而造成炉水中磷酸盐等盐分析出，并大量附着在水冷壁管内壁形成积垢层。积垢层的形成为垢下腐蚀提供了条件。由于磷酸盐等积垢层导热性差，垢下炉水快速蒸发，因此垢下高 pH 值的炉水中碱液的被浓缩富集，特别在向火面水冷壁管中，由于热负荷较高，碱浓缩更甚，发生碱性腐蚀。

结垢成分过度沉积导致与管壁相接触的水流减弱，此时在水冷壁的垢下由于深度蒸发浓缩，游离 NaOH 浓度提高很多，而 pH 值大幅度上升，临界浓度的浓缩碱可直接侵蚀金属基体，且高的热负荷又加剧腐蚀的发展。当 pH 值大于 13 时，一方面基体表面 Fe_3O_4 保护膜遭到破坏，Fe_3O_4 与 NaOH 反应：

$$Fe_3O_4 + 4NaOH \longrightarrow 2NaFeO_2 + Na_2FeO_2 + 2H_2O$$

另一方面，当保护膜被破坏后，基体金属裸露出来，发生进一步腐蚀，生成亚铁酸钠和氢气：

$$Fe + 2NaOH \longrightarrow Na_2FeO_2 + H_2\uparrow$$

生成的亚铁酸盐（Na_2FeO_2）是一种中间产物，它会水解生成氢氧化钠和磁性氧化铁，在不断地腐蚀过程中，形成众多腐蚀坑，造成管壁逐渐减薄，生成的 H_2 则进入水汽，在循环过程中被带走。腐蚀后，在水冷壁管内向火面留下典型溃疡性腐蚀形貌的腐蚀凹坑。而 NaOH 在上述腐蚀过程中像催化剂一样并不消耗。

碱性腐蚀一般发生在水冷壁向火侧，目视形貌为坑状或沟状，坑内腐蚀产物造成结垢，垢成分主要是磁性氧化铁（Fe_3O_4），呈黑色，由不稳定的 FeO 氧化而成。由于炉水控制不佳，磷酸盐等盐分在水冷壁管内壁聚集积垢，导致向火面水冷壁管中碱液浓度急剧浓缩，造成水冷壁爆管内壁产生垢下碱性腐蚀，且腐蚀表现在以下两方面：

（1）在内壁形成以 Fe 的氧化物为主的积垢层，向火面管子内表面有大量溃疡性腐蚀坑，造成水冷壁管金属壁厚减薄；

（2）金属基体中沿晶界形成腐蚀沟槽，腐蚀沟槽积聚相连，在水冷壁管介质内压作用下由内壁向外壁沿晶扩展，导致最终爆管。

碱腐蚀具有明显的选择性及沿晶粒发展的倾向，因此在碱腐蚀较严重部位，金相分析能发现由内壁向外壁发展的晶间裂纹。由于碱性条件下氢离子少，不会渗入基体中造成脱碳，金相组织和力学性能没有变化，这是碱性腐蚀区别于酸性腐蚀的主要特征。

某厂一流化床锅炉，其额定蒸发量为 130t/h，运行时水冷壁内介质压力为 10.2～10.5MPa，介质温度 312℃ 左右，炉膛温度 900～950℃，水冷壁管材质为 20G-GB 5310，多根水冷壁管曾发生爆管失效。

水冷壁管背火面未见明显腐蚀和减薄。爆口断面粗糙，边缘无撕裂形的剪切唇。爆口附近减薄区域呈腐蚀坑特征，属溃疡性腐蚀形貌，而非均匀减薄。与爆管相邻的水冷壁管内壁也呈现出相同的溃疡性腐蚀形貌，腐蚀产物呈暗黑色，腐蚀坑处水冷壁管减薄明显，相比基体金属，腐蚀产物体积增大。

由水冷壁爆口附近向火面区域截面显微组织及能谱分析可知，材料组织为铁素体+珠光体组织，层片状珠光体形态保留明显。如图 3-28 所示，近腐蚀坑内表面处有明显积垢层，内壁积垢产物 XRD 结果表明，主要成分包括 Fe_3O_4 和 Fe_2O_3，以及少量 $Ca_3(PO_4)_2$ 和 $NaFeO_2$ 等。积垢层主要为铁的氧化物和少量磷元素，氧化铁垢和磷酸盐垢层的存在，为垢下腐蚀提供了条件。垢下碱性介质的浓缩产生碱性腐蚀，造成壁厚减薄和沿晶界微裂纹的产生。对爆口附近垢下金属基体组织观察发现，金属基体中存在明显的相互连通的腐蚀沟槽，如图 3-29 所示，其主要由内壁向外壁沿晶界扩展，最终导致爆管。

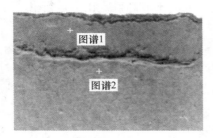

图 3-28　碱性腐蚀积垢层

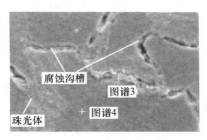

图 3-29　碱性腐蚀沟槽

上述沉积物下的酸性腐蚀和碱性腐蚀还可根据其损伤特点分为延性腐蚀和脆性腐蚀。

（1）延性腐蚀。这种腐蚀常发生在多孔沉积物的下面，是由于沉积物下的碱性增强而产生的。腐蚀特征是腐蚀坑凹凸不平，坑上覆盖有腐蚀产物，坑下金属的金相组织和力学性能都没有变化，金属仍保留它的延性，所以称为延性腐蚀。当腐蚀坑达到一定深度后，管壁变薄，最终因过热而鼓包或爆管。

（2）脆性腐蚀。这种腐蚀常发生在比较致密的沉积物下面，是由于沉积物下酸性增强而产生的。发生这种腐蚀时，腐蚀部位的金相组织发生变化，有明显的脱碳现象，有细小的裂纹，使金属变脆。严重时，管壁并未变薄就会爆管。这种腐蚀是由于腐蚀反应中产生的氢渗入金属内部引起的，因此又称为氢脆。

3.5.1.5　锅炉介质浓缩腐蚀的防止方法

（1）保持锅炉受热面的良好状态，形成良好的保护膜，保持受热面的清洁，减少受热面沉积物。新装锅炉投入运行前，应进行化学清洗；锅炉运行后要定期清洗，以去除沉积在金属管壁上的腐蚀产物。

（2）提高给水水质，采用适当的水化学工况，防止给水系统腐蚀而使给水的铜、铁含量增大。

（3）尽量防止、及时消除凝汽器的泄漏。

（4）调节炉水水质，消除或减少炉水中的侵蚀性杂质。可采用平衡磷酸盐处理、低磷酸盐-低氢氧化钠处理。

（5）做好锅炉的停用保护工作，防止停用腐蚀，以免炉管金属表面上附着腐蚀产物，缩短机组启动时间。

（6）采用合理的锅炉设计和安装方案，以保证锅炉运行时管壁温度和水循环的状况符合要求。例如，为了保证炉管内水汽流速符合要求，炉管应有一定的倾斜度，同时不应该有急转弯的管子。炉管焊接时不应当使焊口有凸环，焊口的位置要离开高热负荷区。

（7）保持锅炉正确的运行方式。保持锅炉运行负荷稳定，不应长期超负荷或频繁变负荷运行，必须使锅炉的燃烧稳定，同时不能超额定出力运行。

3.5.2　水蒸气腐蚀

当过热蒸汽温度高达 450℃ 时（此时，过热蒸汽管管壁温度约 500℃），过热蒸汽就会和碳钢发生反应，温度越高，反应越快。温度在 450~570℃ 时，反应生成物为 Fe_3O_4：

$$3Fe + 4H_2O \longrightarrow Fe_3O_4 + 4H_2$$

当温度达 570℃ 以上时，反应生成物为 Fe_2O_3：

$$Fe + H_2O \longrightarrow FeO + H_2$$
$$2FeO + H_2O \longrightarrow Fe_2O_3 + H_2$$

以上反应引起的腐蚀都属于化学腐蚀。当产生这种腐蚀时，管壁均匀变薄，腐蚀产物常常呈粉末状或鳞片状。

在锅炉内，发生汽水腐蚀的部位，一般是以下两个部位。

（1）汽水停滞部位。当锅炉内有水平的或倾斜度较小的管段，以致水循环不畅，运行中发生汽塞或汽水分层时，就可能因蒸汽严重过热而产生汽水腐蚀。

（2）蒸汽过热器中。过热蒸汽的温度一般在 450~605℃。正常情况下，如运行良好，过热器管壁上会形成一层黑色的 Fe_3O_4 保护膜，从而防止了腐蚀。但如果在运行中过热器的热负荷和温度波动很大，使保护膜遭到破坏，那么过热器管壁就会遭受严重的汽水腐蚀。

防止汽水腐蚀的方法是消除锅炉中倾斜度较小的管段；对于过热器，如温度过高，应采用特种钢材制成。因为超高压及以上压力锅炉的过热蒸汽温度已达 550℃ 以上，在力学性能（高温下发生蠕变）或耐蚀性能方面，普通碳钢都不能承受，必须用其他材料，如耐热的奥氏体不锈钢。

随着超临界、超超临界机组的投运，过热器管、再热器管内表面氧化皮脱落导致的过热超温甚至爆管事故日渐增多，究其原因，主要是材料的耐温性能和耐温度变化的性能有待提高。过热蒸汽、再热蒸汽的温度越来越高，温度变化越来越大，特别是频繁启停时，如果材料的性能稍差，其表面的保护膜就会变成氧化皮脱落。脱落下来的氧化皮在管弯处积累，蒸汽通流量减小，导致过热超温甚至爆管。有人认为，过热器管、再热器管内表面氧化皮脱落导致过热器超温甚至爆管事故日渐增多的原因是蒸汽中含氧，与给水加氧处理相关。

3.6　流动加速腐蚀

碳钢的流动加速腐蚀（FAC）是锅炉管材在水高流速条件下发生的一种磨损腐蚀。FAC 会导致碳钢管道的管壁变薄（金属厚度损失），管道和容器暴露于流动水或湿蒸汽。近几十年来，美国、日本和西班牙等国家核电厂发生许多由 FAC 引发的管道泄漏事故，造成严重的人员伤亡和重大的经济损失。例如，1986 年 Surry-2 PWR 的主给水泵吸入管路的灾难性故障和 2004 年 Mi-hama-3 PWR 的给水管道故障并导致人员伤亡。随着我国超超临界机组迅速发展，其运行也逐渐暴露出一系列问题，如锅炉压差上升较快、结垢速率高、汽轮机高压缸部位沉积严重等，根本原因是普遍存在的 FAC 现象。大量的实例调研和文献报道表明，FAC 普遍存在于整个给水系统和疏水系统中。FAC 现象是由流体流动造成保护性氧化膜的加速溶解，不但带来额外的检查费用、更换管道、财产损失和人员伤亡等问题，而且还会间接地造成停工，严重威胁电厂的安全运行。

3.6.1　腐蚀机理

在加氨和联氨的还原性全挥发处理 AVT(R) 水工况下，水呈还原性，凝结水和给水系统中（水温只到约300℃）碳钢表面的保护膜几乎完全由黑色的磁性氧化铁（Fe_3O_4）组成，厚度一般小于 30μm。

如图 3-30 所示，上述 Fe_3O_4 保护膜由内伸层和外延层构成。内伸层是铁素

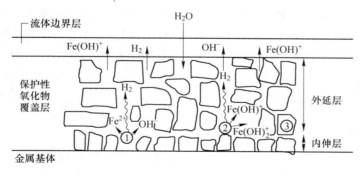

图 3-30　AVT(R) 水工况下碳钢表面保护膜的生长和结构

体的氧化由碳钢表面逐渐向基体内部延伸而形成的，比较致密；而外延层是通过铁的腐蚀及一系列次生反应逐渐向外延展而形成的，比较疏松。

外延层生长过程的总反应为：

$$3Fe + 4H_2O \longrightarrow Fe_3O_4 + 4H_2$$

该过程大致可以分成下面两个同时进行的反应步骤。

（1）铁在还原性水中腐蚀，并生成 $Fe(OH)_2$。

阳极反应 $\qquad\qquad\qquad$ $Fe \longrightarrow Fe^{2+} + 2e$

水的离解 $\qquad\qquad$ $2H_2O + 2e \longrightarrow 2OH^- + H_2$

总的反应 $\qquad\qquad$ $Fe + 2H_2O \longrightarrow Fe(OH)_2 + H_2$

（2）$Fe(OH)_2$ 通过席科尔（Schikorr）反应转化为 Fe_3O_4。

$$3Fe(OH)_2 \longrightarrow Fe_3O_4 + H_2 + 2H_2O$$

在碱性水中，Fe^{2+} 倾向于转化为 $FeOH^+$，所以席科尔反应可能通过下列反应完成：

$$Fe^{2+} + OH^- \longrightarrow FeOH^+$$

$$2FeOH^+ + 2H_2O \longrightarrow 2Fe(OH)_2^+ + H_2$$

$$FeOH^+ + 2Fe(OH)_2^+ + 3OH^- \longrightarrow Fe_3O_4 + 4H_2O$$

在 AVT(R) 水工况下，水呈还原性，反应速度较缓，腐蚀过程产生的配合离子 $FeOH^+$ 难以全部被氧化成 Fe_3O_4，有一部分扩散进入水中，因此，所形成的外延层比较疏松，不能抑制铁的继续溶解。另外，Fe_3O_4 的溶解度比较高（高于 Fe_2O_3），所以 AVT(R) 水工况下碳钢腐蚀较快，给水铁含量较高。

水的流动，特别是湍流可通过下列两种方式加速碳钢的腐蚀。

（1）加快边界层中可溶的铁腐蚀产物向本体扩散，从而加快 Fe_3O_4 保护膜的溶解，同时还会加快膜中 $FeOH^+$ 的扩散，从而促进铁的溶解。

（2）对 Fe_3O_4 保护膜产生散裂和剥离作用，使氧化物以颗粒形态进入水流，从而加强对保护膜的侵蚀作用。

在低流速下，水流为层流，与表面平行，表面流速为零。此时，氧化膜生长速度能与溶解速度相匹配，其厚度可保持不变。然而，在高流速下，边界层中将产生强烈的湍流。这不仅会加速氧化膜的溶解，而且会产生散裂和剥离作用，使氧化物以颗粒形态加速"溶解"。此时，氧化膜生长速度难以与"溶解"速度匹配，其厚度减薄，保护性降低。其结果必将导致腐蚀加速，碳钢管壁持续减薄，并可能在运行压力的作用下破裂。

3.6.2 影响因素

FAC 的速度主要取决于水的流速和影响表面保护膜稳定性的因素，包括水的pH 值、溶解氧和联氨的浓度。

（1）水的流速。水的流速越高，边界层中可溶腐蚀产物向本体的扩散越快，FAC越严重。因此，FAC特别容易发生在产生湍流的部位，如管道弯头、不同直径管道不合理连接处等位置。

（2）pH值。实验室实验数据表明，在180℃和148℃下，水的pH_T值（a-temperature pH，即在实际水温下的pH值）从6.7提高到7.0后，FAC分别下降90%和87%。现场测量结果也显示，pH_T值提高0.3，使水中铁浓度（质量分数）降低67%~75%。可见，提高pH_T值可明显降低FAC速率。

（3）溶解氧和联氨的浓度。美国核电站二回路的运行经验表明，水中溶解氧浓度过低（<1μg/L）反而会加速FAC；但是，即使存在大量过剩的联氨（50~90μg/L），水中存在微量溶解氧（2~7μg/L）也可有效地抑制FAC，使给水铁含量显著降低。溶解氧的作用可用电位-pH图来解释。水中添加微量溶解氧可使碳钢的电位提高150~300mV，而当碳钢的电位高于氢电极反应的平衡线150mV时就会进入Fe_2O_3稳定区，从而减轻FAC。

联氨可提高水的pH_T，所以对FAC具有一定的抑制作用。但是，如果联氨使水中溶解氧含量低于抑制FAC所需的水平，增加联氨将会促进FAC。

某电厂火力发电机组为6×350MW，采用亚临界、一次中间再热、自然循环汽包锅炉。机组在AVT(R)工况下运行，对其进行检查性大修时发现高加水侧、汽侧内壁及正常疏水阀孔眼、省煤器入口段都积有黑色粉末，尤其高加疏水阀因阀芯孔眼堵塞每月须清理一次，省煤器入口沉积速率达48g/（m^2·a），而水冷壁只有28g/（m^2·a）。经X射线衍射法物相分析，这些粉状物为磁性氧化铁，且省煤器管沉积物磁性氧化铁含量100%。研究表明这是在低氧、水温处于150~200℃、产生紊流和两相流的高纯水中，碳钢表面Fe_3O_4保护膜被剥离。特别在高速流动的纯净给水中磁性Fe_3O_4容易被溶解，从而使碳钢制高压加热器、给水管、省煤器和疏水系统发生流动加速腐蚀，这是在AVT(R)水工况下给水含铁量偏高的原因。

可通过优化给水工况来减缓系统的FAC。根据铜铁数据趋势，高加出口、高加疏水含铁量在热力系统中较其余测点高，这再次说明给水系统和疏水系统存在FAC。停加联氨后，给水铁降低约2μg/L，不能完全控制FAC。这是由于机组运行中，给水溶氧小于5μg/L，不能在碳钢表面上形成Fe_3O_4/Fe_2O_3双层保护膜。只有当给水溶氧大于30μg/L时，才可完全抑制FAC。实施给水加氧处理后，比较炉水和高加出口给水含铁量的变化，给水进入省煤器和水冷壁后，铁浓度减少约3μg/L。根据大修割管分析，由给水系统FAC产生的Fe_3O_4颗粒主要沉积在省煤器，这就是省煤器管沉积率高于水冷壁沉积率的原因。可见，只有实施给水加氧处理，才可减少给水中氨的加入量，使给水系统FAC的发生和锅炉结垢速率、精处理混床的运行周期、锅炉排污率得到优化。

3.6.3 抑制 FAC 的方法

（1）合理的管道形状设计，以及在满足工程要求的前提下减小流速，降低传质系数，减小 FAC 速率。

（2）选用相对光滑的管道，使流场分布较为稳定，减小传质系数。

（3）加氨调节 pH 值，使得 pH>9.2，降低铁的溶解度，影响腐蚀过程。

（4）尽量避开 120~180℃的温度高发区间，降低 FAC 速率。

（5）在凝结水和给水系统中，控制的溶解氧浓度是抑制 FAC 的可行途径。在机组中注入一定浓度的氧气，使得管道表面氧化膜变得致密，影响传质过程。

（6）选用的管道中 Cr 含量（质量分数）大于 0.01%，抑制阴极反应，降低腐蚀过程速率。

（7）对管道表面进行纳米化手段处理，强化氧化膜，抑制传质过程。

目前，国内特别是火力发电机组 pH 值调节一般都是采用加氨处理。但是，必须注意的是在汽液两相共存的部位（如回热加热器的汽侧、核电站蒸汽除湿再热器中），碱化剂的挥发性（分配系数）越大，液相（疏水）的 pH_T 值越低。因此，加氨往往难以有效提高疏水的 pH_T 值。此时，可采用挥发性较小的吗啉、乙醇胺等有机胺代替无机氨。

上述手段可减小电厂发生 FAC、造成管道泄漏的可能性，从而提高电厂的安全性和可靠性。

根据汽水品质监督记录，内蒙古某发电机组和河北某发电机组，给水系统的 Fe 质量浓度变化曲线如图 3-31 和图 3-32 所示。

内蒙古某机组是 600MW 亚临界汽包炉。该机组一直采用的是弱氧化性全挥发处理方式，只通过热力除氧（即保证除氧器运行正常）但不再加除氧剂进行化学辅助除氧，使 Fe 的电极电位处于 Fe_2O_3 与 Fe_3O_4 的混合区，氧化性较弱。由图 3-31 可以看出，电厂实时监测的给水管道中的 Fe 质量浓度普遍较高，平均值达到 4.15μg/L，说明给水管道存在 FAC 现象。

河北某机组是 660MW 超临界直流锅炉。该机组先采用的是给水加氧加氨的联合处理方式，使管内壁生成致密的、溶解度小的赤铁矿物质氧化膜，并将疏松的 Fe_3O_4 锈层表面均匀覆盖起来。由图 3-32 可以看出，Fe 质量浓度较低，仅为 1μg/L 左右，给水管道 FAC 速率小，几乎不发生 FAC 现象。后机组启停进行了加氧投退，机组启动后先进行给水还原性全挥发处理，此时的 Fe 质量浓度呈上升趋势，最大值达到 3.6μg/L。为了抑制管道发生 FAC，当给水水质达到加氧要求后，进行给水加氧处理，省煤器入口的溶解氧含量维持在 30~150μg/L，此时 Fe 质量浓度不断下降，FAC 速率降低。

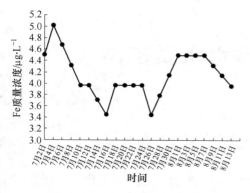

图 3-31　亚临界机组给水系统
Fe 质量浓度变化

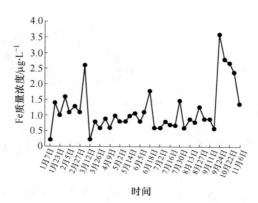

图 3-32　超临界机组给水系统
Fe 质量浓度变化

　　600MW 亚临界机组与 660MW 超临界机组采用不同的化学水处理方式，Fe 质量浓度也不同，说明给水加氧处理能够降低给水中的 Fe 质量浓度和 FAC 速率，有效地抑制了管道的 FAC 现象。弱氧化性全挥发处理方式的抑制作用较弱，腐蚀防护效果较差。

4 锅炉给水水质控制

4.1 给水处理方式

火力发电机组的水化学工况是指锅炉给水和炉水的水质调节方式及其所控制的水汽质量标准。对于直流炉机组，由于只进行给水的水质调节，因此其水化学工况就是按照给水水质调节方式来命名。但是，对于汽包炉机组，炉水和给水可能采取不同的水质调节方式，因此分为锅炉给水处理和汽包锅炉炉水处理，汽包锅炉炉水处理方法在第 5 章详细介绍。火力发电厂锅炉给水处理（水质调节）就是通过调节给水的 pH 值和溶解氧浓度来控制给水系统的全面腐蚀和流动加速腐蚀（FAC），保证给水铁、铜含量合格。这不仅可减少给水带入锅炉的腐蚀产物和其他杂质，而且可防止采用给水作为减温水时引起过热器、再热器和汽轮机的积盐。

根据《火电汽水化学导则 第 4 部分：锅炉给水处理》（DL/T 805.4—2016），给水处理方式主要有下列两种。

（1）全挥发处理（AVT，all volatile treatment）。全挥发处理是在对给水进行热力除氧的同时，向给水中加氨和还原剂（又称除氧剂，如联氨等），或者只向给水中加氨（不再加任何其他药品）的给水水质调节处理方式。因为其所用药品（氨和联氨）都是挥发性的，所以此类给水处理方式称为全挥发处理。其中，前者因还原剂（联氨等）的加入使给水具有较强的还原性，通常给水的氧化还原电位 ORP<−200mV，故称为还原性全挥发处理，简称 AVT(R)；而后者因不加还原剂，给水具有一定的氧化性，通常给水的 ORP = 0~+80mV，故称为氧化性全挥发处理，简称 AVT(O)。

（2）加氧处理（OT，oxygenated treatment）。加氧处理是向给水中加微量氧（不对给水进行热力除氧）的给水水质调节处理方式。此时，给水中因含有微量的溶解氧而具有较强的氧化性，通常给水的 ORP>+100mV。加氧处理又可分为中性处理（NWT，neutral water treatment）和联合处理（CWT，combined water treatment）两种。采用 NWT 时，锅炉水化学工况的 pH 值控制在 7.0~8.0，O_2 控制在 0.05~0.25mg/L；采用 CWT 时，锅炉水化学工况的 pH 值控制在 8.0~9.0，O_2 控制在 0.03~0.15mg/L，给水 pH 值略有提高，是 NWT 的改进水工况。

上述不同给水处理方式下给水的氧化还原电位（ORP）都是以 Ag-AgCl 电极为参比电极（25℃时，它相对 SHE 的电位为+208mV），在密闭流动的给水中测量的铂电极的电极电位。ORP 越高，水的氧化性越强，铁越容易被氧化成较高价态的氧化物，如 Fe_2O_3。

给水处理方式主要是从电化学角度出发，抑制金属表面遭受全面性的腐蚀，上述方法均可抑制一般性腐蚀。图 4-1 为不同温度下 $Fe-H_2O$ 体系的电位-pH 图，铁在水中的腐蚀状态分为以下三种：

（1）铁处于活性的腐蚀状态，即铁将发生氧化，有转变成离子态的倾向；

（2）铁的钝化区，即存在着铁的氧化物或氢氧化物是稳定物质状态的范围；

（3）铁的免蚀区（或稳定区），即金属状态的铁能稳定存在。

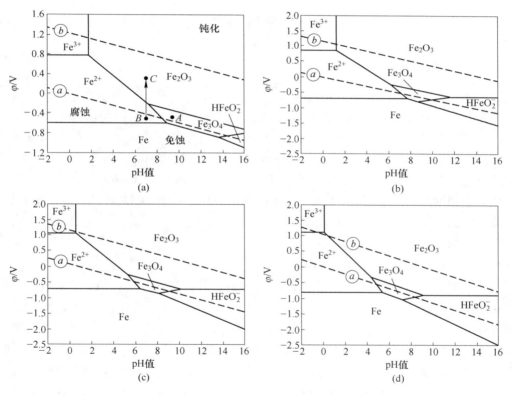

图 4-1　不同温度下 $Fe-H_2O$ 体系的电位-pH 图

（a）25℃；（b）100℃；（c）200℃；（d）300℃

给水全挥发碱性调节法是限制给水中溶解氧的浓度，并加入挥发性的碱性物质 NH_3，使给水的 pH 值达到 9.0 以上，铁进入 Fe_3O_4 稳定区。在 AVT(R) 方式下，由于降低了 ORP，铁生成较稳定的氧化物和氢氧化物，分别是 Fe_3O_4 和

$Fe(OH)_2$。它们的溶解度都较低，在一定程度上能减缓铁的腐蚀。从电化学角度讲，这是一种阴极保护法。在 AVT(O) 方式下，由于 ORP 提高幅度不大，铁刚进入钝化区，这时腐蚀产物主要是 $\alpha\text{-}Fe_2O_3$ 和 Fe_3O_4，其防腐效果处于 OT 和 AVT(R) 之间。从电化学角度讲，此法偏向于阳极保护法。

给水加氧处理法是增加水中溶解氧的浓度，提高 ORP，使铁进入钝化区，这时腐蚀产物主要是 $\alpha\text{-}Fe_2O_3$ 和 $Fe(OH)_3$，它们的溶解度都很低，能阻止铁进一步腐蚀。从电化学角度讲，这是一种阳极保护法。NWT 方式下，仅添加氧化剂（如 O_2）将铁的腐蚀产物氧化成高价氧化物。CWT 方式还添加碱化剂（如 NH_3）来提高给水的 pH 值至 8~9，因此，CWT 兼有碱性调节和加氧调节两者的防腐蚀特点和效果，是一个更优化的防止腐蚀的方法。目前，给水 OT 方式多指 CWT。

4.2 全挥发处理

4.2.1 全挥发处理的原理

锅炉的给水系统包括汽轮机凝结水、加热器疏水等的输送管道和加热器，其设备管道的材质多为碳钢、铜合金（黄铜）或不锈钢。给水中的溶解氧和游离 CO_2 会对碳钢和黄铜产生腐蚀。AVT(R) 方式通过加联氨消除经热力除氧后给水中残留溶解氧，降低 ORP，同时加氨水消除给水中游离 CO_2，提高给水 pH 值，以维持一个除氧、碱性水化学工况，使钢表面上形成比较稳定的 Fe_3O_4 保护膜，从而达到抑制水汽系统金属腐蚀的目的；AVT(O) 方式下，只加氨水调节给水 pH 值来防止腐蚀。联氨处理原理详细介绍见第 3 章中化学除氧方法，本章主要介绍给水加氨处理。

4.2.1.1 给水 pH 值控制范围

根据 $Fe\text{-}H_2O$ 体系的电位-pH 图，在一定范围内提高水的 pH 值，使铁进入钝化区，可明显地减缓钢铁和铜合金的腐蚀速度。图 4-2 是碳钢在温度 232℃ 下、含氧量低于 0.1mg/L 的高温水中动态腐蚀试验结果。研究表明，从减缓碳钢的腐蚀速度考虑，最好将给水的 pH 值调整到 9.5 以上。

热力设备运行过程中，减缓碳钢的腐蚀速度主要是要在金属表面形成稳定的 Fe_3O_4 保护膜。由图 4-1 可见，Fe_3O_4 保护膜稳定的 pH 值范围与温度有关。随着温度的上升，Fe_3O_4 的稳定区逐渐向酸性区移动，而 $HFeO_2^-$ 的稳定区随之向酸性区扩展。同时，Fe_3O_4 保护膜稳定性也与 pH 值有关。

此外，由于部分热力系统中的凝汽器、低压加热器等使用铜合金材料，因此还必须考虑 pH 值对铜合金的影响。图 4-3 是水温 90℃ 时，用氨碱化水中铜合金的腐蚀试验结果，水中铜含量间接表示铜材腐蚀速度。当 pH 值在 8.5~9.5 时，铜合金的腐蚀速度最小；pH 值高于 9.5，或低于 8.5，尤其是低于 7 时，铜合金的腐蚀都会迅速增大。因此，目前在采用除氧处理时，对钢铁和铜合金混用的热力系统，为兼顾钢铁和铜合金的防腐蚀要求，一般将给水的 pH 值控制在 8.8～9.3；如果仅凝汽器管为黄铜管的机组，应将给水的 pH 值调节到 9.1～9.4；对于无铜热力系统，一般是将给水的 pH 值控制在 9.2～9.6。

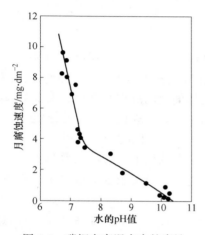

图 4-2　碳钢在高温水中的腐蚀
速度和水的 pH 值的关系

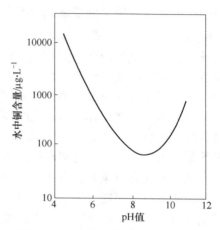

图 4-3　水中铜含量与 pH 值的关系

4.2.1.2　给水加氨处理

目前大多数火力发电厂在给水中添加氨或其他挥发性碱性胺，如吗啡、环己胺、六氢吡啶等来调节给水 pH 值。其中应用最广的是加氨处理。给水加氨处理的实质是用氨来中和给水中的游离二氧化碳，并碱化介质，把给水的 pH 值提高到规定的数值。

氨在常温常压下是一种有刺激性气味的无色气体，极易溶于水，其水溶液称为氨水。一般市售氨水的密度为 $0.91g/cm^3$，含氨量（质量分数）约 28%。氨在常温下加压很易液化。液态氨称为液氨，沸点为 $-33.4℃$。由于氨在高温高压下不会分解，易挥发，无毒，因此可在各种压力参数的机组及各种类型的热电厂或凝汽式电厂中使用。给水中加入氨后，水中存在下面的平衡：

$$NH_3 \cdot H_2O \rightleftharpoons NH_4^+ + OH^-$$

中和给水中游离二氧化碳的反应可以认为是：

$$NH_3 \cdot H_2O + CO_2 \rightleftharpoons NH_4HCO_3$$

$$NH_3 \cdot H_2O + NH_4HCO_3 \rightleftharpoons (NH_4)_2CO_3 + H_2O$$

实际上在水汽系统中存在的是 NH_3、CO_2、H_2O 之间的复杂平衡。

当对给水进行氨处理时，氨随给水进入锅炉后会随蒸汽挥发出来，并随蒸汽通过汽轮机后排入凝汽器；在凝汽器中，一部分氨被抽气器抽走，余下的氨则溶入凝结水；当凝结水进入除氧器后，氨又会随除氧器排汽而损失一些，剩余的氨则进入给水中继续在水汽系统中循环。试验结果表明，氨在凝汽器和除氧器中的损失率为 20%～30%。如果机组设置有凝结水精处理系统，则氨将会被该系统全部除去。因此，在加氨处理时，加氨量的估算要考虑氨在水汽系统中的实际损失情况，一般通过加氨量调整试验来确定。

4.2.1.3 加氨处理的特点

给水采用加氨处理调节 pH 值，防腐蚀效果十分明显，它不仅减轻了热力系统钢铁材料和铜合金材料的腐蚀，而且由此降低了各种水和汽中的铜、铁含量，减少了水汽系统中的腐蚀产物，从而使锅炉受热面上的沉积和结垢量大幅下降。

因为氨本身的性质和热力系统的特点，给水加氨处理也存在不足之处。由于氨具有较大的分配系数 K_F，因此氨在水汽系统各个部位的分布是不均匀的。分配系数是指某种物质在相互接触的汽水两相中含量的比值。分配系数越大，则该物质在汽相中的含量越大，而在液相中的含量越小。分配系数除取决于该物质的本性外，还与水汽温度有关。

氨的分配系数受温度影响很大，温度低于 100℃ 时，温度升高分配系数急剧降低。高温条件下，氨的分配系数仍大于 1，且 CO_2 的分配系数远大于氨，因此，当蒸汽凝结时，在最初形成的凝结水中氨和 CO_2 含量的比值要比蒸汽中的大；而当水蒸发时，在最初形成的蒸汽中氨和 CO_2 含量的比值要比水中的小。于是，在发生蒸发和凝结过程的热力设备中，水汽中氨和 CO_2 含量的比值和 pH 值就会发生变化，其大致情况如下：

（1）在热力除氧器中，出水 pH 值大于进水 pH 值，因为排汽带出的 CO_2 比氨多；

（2）在凝汽器中，凝结水 pH 值大于蒸汽 pH 值，因为抽气器抽走的 CO_2 比氨多；

（3）在射汽式抽气器中，蒸汽凝结水 pH 值小于汽轮机凝结水 pH 值，因为抽气器内的蒸汽中氨和 CO_2 含量的比值要比汽轮机凝结水中的小；

（4）在加热器中，进汽的 pH 值小于疏水的 pH 值，且大于汽相的 pH 值，因为疏水中氨含量大，而蒸汽中 CO_2 含量大。

此外，氨水的电离平衡受温度的影响很大。当给水的温度升高时，氨水的电离度降低，氨的碱性减弱。例如，温度从 25℃ 升高到 270℃ 时，氨的电离常数值下降一个数量级，从 $1.8×10^{-5}$ 降到 $1.12×10^{-6}$，因此使水中 OH^- 离子的浓度降低。因此，给水温度较低时，为中和游离 CO_2 和维持必要的 pH 值所加的氨量，在给水温度升高后就不足以维持给水的 pH 值在必需的碱性范围内。这也是造成高压加热器碳钢管束腐蚀加剧的原因之一，由此还将造成高压加热器后给水中含铁量增加。为了维持高温给水中足够 OH^- 浓度，必须增加给水含氨量，这就可能造成在凝汽器空冷区氨浓度的进一步升高。如果水中又含有相当数量的氧，那么凝汽器空冷区和低压加热器黄铜管将遭受严重的腐蚀。因为氧起阴极去极化剂作用，促使原来不溶于水的 $Cu(OH)_2$ 保护膜转化成易溶于水的络离子，如 $Cu(NH_3)_4^+$、$Cu(NH_3)_4^{2+}$、$Zn(NH_3)_4^+$、$Zn(NH_3)_4^{2+}$ 等，破坏了保护膜的保护作用，导致黄铜氨腐蚀。此外，增加给水含氨量，会使主凝结水的氨浓度过高，从而增加精处理混床的负担，缩短其运行周期。

因此，加氨使给水维持适当的碱性，是保护水汽系统中钢铁和铜合金材料、消除游离二氧化碳腐蚀的一个行之有效的方法。但水汽系统中游离 CO_2 量越多，则氨的用量也越大，系统中黄铜材料受腐蚀的可能性也越大。因此解决给水因含游离 CO_2 而致使 pH 值过低的问题，主要的措施应是降低给水中的碳酸化合物的含量及防止空气漏入系统。加氨处理只能是辅助的措施。

4.2.1.4　给水加氨方式

A　化学药品

加氨处理的药品通常为液体无水氨，它应符合《液体无水氨》（GB/T 536—2017）中优等品的质量要求：NH_3 不小于 99.9%，残留物不大于 0.1%，H_2O 不大于 0.1%，油不大于 5mg/kg（重量法），铁含量不大于 1mg/kg。加药前，应先将液氨在加药箱中配成 0.3%~0.5% 的稀溶液。

B　加药点

氨是挥发性很强的物质，不论从水汽系统的哪个部位加入，整个系统的各个部位都会有氨，但在加入部位附近的设备及管道中，水的 pH 值会明显高一些。经过凝汽器或除氧器后，水中的氨含量将会显著降低；通过凝结水精处理混床时，水中的氨将全部被除去。

不同设备的金属材料对水的 pH 值要求不同。例如，水通过碳钢制的高压加热器后，含铁量往往上升，为抑制高压加热器碳钢管的腐蚀，要求给水 pH 值调节得高一些；但是，若低压加热器传热管是铜管，则给水的 pH 值不宜过高。因此，加药点的选择也是保证加氨处理效果的重要因素之一。

对于有凝结水精处理系统，考虑到水通过该系统和除氧器的实际损失情况，可在凝结水精处理系统的出水母管及除氧器出水管道上分别设置加氨点，进行一级加氨（只对凝结水加氨）或两级加氨处理（同时对凝结水和给水加氨）。对于无铜热力系统，给水加氧处理时，可进行一级加氨，一次性将给水的 pH 值调节到 9.2~9.6；给水除氧处理时，则宜进行两级加氨，以弥补通过除氧器时水中氨的损失，保证高压给水的 pH 值达到 9.2~9.6。对于有铜给水系统（低压加热器传热管是铜管），必须进行两级加氨，第一级加氨将凝结水的 pH 值调节到 8.8~9.0，第二级加氨将给水的 pH 值提高到 9.0~9.3。另外，也可按调整试验结果确定不同加药点的 pH 值控制范围，使系统中铜和铁的腐蚀均较低。

C   加药系统

目前，在我国的火力发电机组中，通常每台机组配置一套组合加氨装置，进行给水和凝结水的自动加氨，如图 4-4 所示。这种加氨装置中的加氨泵采用变频电机，通过变频器自动调节加药量。凝结水自动加氨通过除氧器入口电导率信号及凝结水流量表送出的模拟信号与凝结水加氨泵连锁实现；给水自动加氨通过省煤器入口电导率信号表及给水流量表送出的模拟信号与给水加氨泵连锁实现。

由于正常情况下，相对水中的氨来说，凝结水和给水中杂质对电导率值的影响可以忽略，因此凝结水和给水的 pH 值和氨的浓度与电导率存在定量关系，凝结水或给水自动加氨的反馈信号采用电导率，与采用 pH 值相比，信号测量简单、可靠，且更具灵敏性、精确性。

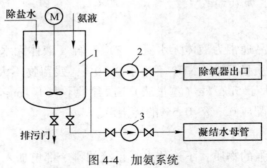

图 4-4   加氨系统

1—氨计量箱；2—给水加氨泵；3—凝结水加氨泵

D   注意事项

加氨处理易造成铜管的氨蚀，水汽系统中含氨量过高也会对凝结水精处理系统造成影响，因此，在进行加氨处理时，加氨不宜过多，一般维持给水中氨含量在 0.4~1.0mg/L。另外，氨是一种强挥发性物质，操作时应注意安全。

4.2.2   全挥发处理水质控制标准

采用全挥发处理方式时，在运行控制中，锅炉给水质量标准执行《火力发电机组及蒸汽动力设备水汽质量》（GB/T 12145—2016）中的规定，见表 4-1，给水的控制指标主要是给水的氢电导率（κ_H）、pH 值和溶解氧浓度（DO），表中 DO 和 N_2H_4 分 AVT(R) 和 AVT(O)，前者还原性，后者氧化性。各项指标的依据及说明如下。

表 4-1　锅炉给水质量标准（GB/T 12145—2016）

项　　目		过热蒸汽压力/MPa					
		汽包锅炉				直流锅炉	
		3.8~5.8	5.9~12.6	12.7~15.6	>15.6	5.9~18.3	>18.3
κ_H(25℃)/μS·cm^{-1}		—	≤0.30	≤0.30	≤0.15 (0.10)[①]	≤0.15 (0.10)	≤0.10 (0.08)
pH 值（25℃）		8.8~9.3	8.8~9.3（有铜给水系统）或 9.2~9.6（无铜给水系统）[②]				
DO/μg·L^{-1}	AVT	≤15	≤7（还原性）或≤10（氧化性）				
N_2H_4/μg·L^{-1}	AVT	—	≤30（还原性）或不加（氧化性）				
Fe/μg·L^{-1}		≤50	≤30	≤20	≤15 (10)	≤10 (5)	≤5 (3)
Cu/μg·L^{-1}		≤10	≤5	≤5	≤3 (2)	≤3 (2)	≤2 (1)
Na/μg·L^{-1}		—	—	—	—	≤3 (2)	≤2 (1)
SiO_2/μg·L^{-1}		应保证蒸汽 SiO_2 符合标准			≤20 (10)	≤15 (10)	≤10 (5)
H/μmol·L^{-1}		≤2.0	—	—	—	—	—
Cl$^-$/μg·L^{-1}		—	—	—	≤2	≤1	≤1
TOCi/μg·L^{-1}		≤500	≤500	≤200	≤200	≤200	

①无凝结水精除盐装置的水冷机组，κ_H≤0.30μS/cm。

②凝汽器为铜管，给水 pH 值宜为 9.1~9.4，并控制凝结水 Cu<2μg/L；无凝结水精处理系统、无铜给水系统的直接空冷机组，给水 pH 值应大于 9.4。

（1）氢电导率。通过氢型强酸阳离子交换树脂处理后的电导率，简称氢电导率。标准中采用氢电导率而不用电导率，原因如下。

1）为了提高水汽 pH 值，给水采用加氨处理，氨是挥发性的，不属于盐类，但其在水中对电导率的贡献远大于杂质的贡献，$NH_3 \cdot H_2O \rightarrow NH_4^+ + OH^-$。

2）水中的 NH_4^+ 被氢型强酸阳离子交换树脂去除，并生成等量的 H^+，H^+ 与 OH^- 结合生成 H_2O，而阴离子保持不变。这样就增强了阴离子含量对电导率的贡献，提高了电导率对含盐量变化响应的灵敏度。当然不同的阴离子对电导率的贡献不同，例如，在 25℃时，35.5μg/L Cl$^-$、48μg/L SO_4^{2-} 和 59μg/L CH_3COO 对氢电导率的贡献分别是 0.426μS/cm、0.430μS/cm 和 0.391μS/cm，而纯水本身的电导率为 0.05478μS/cm。

AVT 方式下，对于过热蒸汽压力 15.6MPa 以上的汽包锅炉和过热蒸汽压力 18.3MPa 以下的直流锅炉，给水氢电导率不大于 0.15μS/cm（期望值 0.1μS/cm）；过热蒸汽压力 15.6MPa 以下的汽包锅炉，氢电导率不大于 0.3μS/cm；超（超）临界直流锅炉给水应满足更高标准，氢电导率不大于 0.1μS/cm（期望值

$0.08\mu S/cm$）。给水若将杂质带入直流锅炉，这些杂质不是在锅炉炉管上沉积，就是被蒸汽带往汽轮机。为了减少水汽系统内的沉积物，直流锅炉实施各种水化学工况的前提是保证给水的高纯度（$\kappa_H<0.15\mu S/cm$），超（超）临界直流锅炉的蒸汽参数很高，蒸汽溶解杂质的能力很大，因此，给水水质标准更加严格。

（2）pH 值。为防止给水系统腐蚀，给水 pH 值应控制在规定范围内。给水采用 AVT 方式时，给水系统及凝结水管段、低压加热器表面形成的氧化膜不够致密，提高 pH 值可以在一定程度上增强氧化膜的稳定性，从而减缓腐蚀。pH 值低于 9.0 时所形成的氧化膜质量差，但氧化膜的质量会随着 pH 值的升高而逐渐改善。但 pH 值超过 9.6 以后，其改善效果不明显。所以，对于全钢系统的机组，给水的 pH 值定为 9.2~9.6。当凝汽器为铜管时，给水 pH 值宜为 9.1~9.4，并控制凝结水 Cu 含量小于 $2\mu g/L$；无凝结水精处理系统、无铜给水系统的直接空冷机组，给水 pH 值应大于 9.4。当机组含有铜合金材料时，加氨调节 pH 值不能太高，因为在氨容易集聚的地方会引起铜的氨蚀，pH 值范围应为 8.8~9.3。

（3）溶解氧。监督给水中的溶解氧，可确定除氧效果，防止给水系统和锅炉发生氧腐蚀。采用 AVT(R)时，溶解氧含量不大于 $7\mu g/L$，使给水的氧化还原电位 ORP 小于 $-200mV$。对于直流锅炉而言，铁铜混合水汽系统中，实际运行时溶解氧含量不大于 $5\mu g/L$，ORP 为 $-350~-300mV$。采用 AVT(O)时，溶解氧含量较 AVT(R)高，通过提高给水 ORP 在 $0~+80mV$，使其处于弱氧化性。

（4）联氨。为确保彻底消除热力除氧后给水中残留的溶解氧，以及在给水泵不严密等异常情况漏入给水中的氧，AVT(R)水化学工况通过加联氨去除残余溶解氧，而 AVT(O)工况不加联氨。

（5）铁。给水中铁的含量反映了给水系统的腐蚀情况以及铁的溶出速率，同时也决定了锅炉炉管的结垢速度，尤其是大容量高参数机组。因此，给水中铁的含量标准与锅炉参数紧密相关，过热蒸汽压力越高，锅炉热负荷越高，对给水中铁的含量要求越严格。过热蒸汽压力 18.3MPa 以上的直流锅炉，给水含铁量不大于 $5\mu g/L$（期望值 $3\mu g/L$），这是因为高热负荷条件下，氧化铁垢很容易形成。某电厂超临界压力直流锅炉给水中含铁量达 $10\mu g/L$，导致省煤器严重结垢。

（6）铜。给水中铜的含量是评价热力系统中铜制设备腐蚀情况的依据，监督铜的含主要是防止在水冷壁管或省煤器形成铜垢。AVT 水工况条件下，铜合金表面主要生成 Cu_2O，该氧化膜相对致密，且溶解度小，具有较好的保护作用，因此，铜含量一般不超过 $3\mu g/L$。由于 CuO 相对 Cu_2O 溶解度更大，不易于降低给水中铜含量，因此低压加热器管为铜合金时，一般不采用 AVT(O)，而采用 AVT(R)。

（7）钠。给水中的钠含量只对直流锅炉做了规定，因为给水经过直流锅炉后，水中的钠几乎全部进入蒸汽，含钠量如果过高，过热器和汽轮机就可能会发生钠盐的沉积。综合考虑各类钠盐的溶解和析出特性，认为蒸汽中含钠量超过10μg/L后，在蒸汽做功、热力参数降低的过程中就有可能发生钠盐的沉积。为了安全起见，国家标准规定过热蒸汽压力18.3MPa以下的直流锅炉给水中钠的含量不大于3μg/L（期望值2μg/L），18.3MPa以上的直流锅炉给水中钠的含量不大于2μg/L（期望值1μg/L），超超临界压力直流锅炉实际运行过程中实施更高的给水水质标准（0.08μg/L）。

（8）含硅量（以SiO_2表征）。对于蒸汽压力15.6MPa以上的汽包锅炉和直流锅炉，给水带入锅炉的SiO_2以蒸汽溶解携带的形式被带入汽轮机，蒸汽中的硅酸盐会导致汽轮机SiO_2的沉积，危及汽轮机的安全、经济运行。必须严格规定给水中SiO_2的含量，蒸汽压力越高，给水中SiO_2含量标准越低。

（9）硬度。为防止热力系统结钙镁水垢，应监控给水硬度。蒸汽压力为3.8~5.8MPa的汽包锅炉规定了给水中硬度标准，高压以上汽包锅炉和直流锅炉给水硬度均为0。

（10）氯离子。国内机组运行经验表明，凝结水精处理混床存在漏氯离子现象，会造成高参数汽包锅炉和直流锅炉水冷壁管的腐蚀，以及汽轮机低压缸的酸性腐蚀。因此，DL/T 805.4—2016和GB/T 12145—2016增加了亚临界汽包锅炉和直流锅炉给水的氯离子控制指标。

（11）总有机碳离子（TOCi）。TOCi指标取代TOC指标，以更好地防止汽轮机低压缸的酸性腐蚀。TOCi是指有机物中总的含碳量及可氧化产生阴离子的其他杂原子含量之和，称为总有机碳离子。当给水受到含卤素、硫等杂原子的有机物污染时，这些有机物在高温下分解，除产生甲酸、乙酸等低分子有机酸及二氧化碳外，还会产生Cl^-、SO_4^{2-}等强酸阴离子。与低分子有机酸相比，这些强酸阴离子不仅导电性更强、分配系数更小，而且腐蚀性更强，故更容易引起蒸汽κ_H超标和汽轮机低压缸中蒸汽初凝区部件的酸性腐蚀。根据国内多年的运行经验，超临界及以上机组在蒸汽$\kappa_H > 0.10\mu S/cm$时，就有发生上述腐蚀的风险；而且，许多电厂在运行中都发现，在给水TOC并未超标的情况下，TOCi却已严重超标，并伴随蒸汽κ_H超标和汽轮机上述部位的严重酸性腐蚀。因此，要更有效地抑制汽轮机的酸性腐蚀，必须严格监测和控制给水及补给水的TOCi指标。

为了保证锅炉给水质量符合标准，对锅炉补给水、凝结水的质量也应严格监督，执行GB/T 12145—2016中的规定。锅炉补给水质量标准见表4-2，对于过热蒸汽压力大于15.6MPa的汽包锅炉和直流锅炉，由于补给水是补到凝汽器热井中，与凝结水合并一同进行精处理，因此允许补给水质量稍低于给水质量。凝结水泵出水水质见表4-3，凝结水精处理出水水质见表4-4。

表 4-2　锅炉补给水质量（GB/T 12145—2016）

锅炉过热蒸汽压力/MPa	$\kappa_H(25℃)/\mu S \cdot cm^{-1}$		SiO_2 /$\mu g \cdot L^{-1}$	$TOCi$[①] /$\mu g \cdot L^{-1}$
	除盐水箱进口	除盐水箱出口		
5.9~12.6	≤0.20		—	—
12.7~18.3	≤0.20（0.10）	≤0.40	≤20	≤400
>18.3	≤0.15（0.10）		≤10	≤200

①必要时监测。对于供热机组，补给水 TOCi 应保证给水 TOCi 合格。

表 4-3　凝结水泵出水水质（GB/T 12145—2016）

锅炉过热蒸汽压力/MPa	硬度 /$\mu mol \cdot L^{-1}$	钠 /$\mu g \cdot L^{-1}$	溶解氧[①] /$\mu g \cdot L^{-1}$	$\kappa_H(25℃)/\mu S \cdot cm^{-1}$	
				标准值	期望值
3.8~5.8	≤2.0	—	≤50	—	
5.9~12.6	≈0	—	≤50	≤0.30	
12.7~15.6	≈0	—	≤40	≤0.30	≤0.20
15.7~18.3	≈0	≤5[②]	≤30	≤0.30	≤0.15
>18.3	≈0	≤5	≤20	≤0.20	≤0.15

①直接空冷机组凝结水溶解氧浓度标准值为小于 $100\mu g/L$，期望值小于 $30\mu g/L$。配有混合式凝汽器的间接空冷机组凝结水溶解氧浓度宜小于 $200\mu g/L$。

②凝结水有精除盐装置时，凝结水泵出口的钠浓度可放宽至 $10\mu g/L$。

表 4-4　凝结水精处理出水水质（GB/T 12145—2016）

锅炉过热蒸汽压力/MPa	$\kappa_H(25℃)$ /$\mu S \cdot cm^{-1}$		钠/$\mu g \cdot L^{-1}$		氯离子/$\mu g \cdot L^{-1}$		铁/$\mu g \cdot L^{-1}$		二氧化硅/$\mu g \cdot L^{-1}$	
	标准值	期望值	标准值	期望值	标准值	期望值	标准值	期望值	标准值	期望值
≤18.3	≤0.15	≤0.10	≤3	≤2	≤2	≤1	≤5	≤3	≤15	≤10
>18.3	≤0.10	≤0.08	≤2	≤1	≤1	—	≤5	≤3	≤10	≤5

4.2.3　还原性全挥发处理的特点

4.2.3.1　无氧条件下氧化膜的形成

正常无氧条件下，火电厂水循环系统氧化膜的形成分为以下三个反应步骤：

$$Fe + 2H_2O \longrightarrow Fe^{2+} + H_2 \uparrow$$

$$Fe^{2+} + 2OH^- \longrightarrow Fe(OH)_2 \downarrow$$

$$3Fe(OH)_2 \longrightarrow Fe_3O_4 + 2H_2O + H_2 \uparrow$$

从上面三个反应式可以看出，氧化膜的形成需要定量的 Fe^{2+} 和 OH^-，且受第三个反应的控制。根据第二个反应式，提高溶液的 pH 值有利于抑制 $Fe(OH)_2$ 的溶解，但 pH 值至少提高到 9.4 以上方见成效。第三个反应式的反应动力学与温度密切相关。

在 200℃ 以下，第三个反应较慢。这是因为在低温条件下，水作为氧化剂没有能量使 Fe^{2+} 氧化为 Fe^{3+} 并沉积为具有保护作用的氧化物覆盖层，所以氧化膜处于活性状态。Fe_3O_4 的溶解度约在 150℃ 时最大。在凝结水管段、低压加热器和第一级高压加热器入口的水温条件下，纯水中铁的溶解一般都受到扩散控制。当局部流动条件恶化时，铁的溶解会转化为侵蚀性腐蚀，即流动加速腐蚀。而在 200℃ 以上的温度区，第三个反应较快，$Fe(OH)_2$ 发生缩合反应，使钢铁表面生成保护性 Fe_3O_4。例如，在末级高压加热器、省煤器和水冷壁的钢铁表面会自发地生成 Fe_3O_4 保护膜。

根据氧化膜生成机理，火电厂水汽循环系统水与碳钢反应又可分为电化学反应和化学反应两种过程。这两种反应的机理主要依据温度条件而有所不同，从常温到 350℃ 左右的范围，水与碳钢通过电化学反应生成氧化膜；在 400℃ 以上，水或者蒸汽与碳钢通过化学反应生成氧化膜。

在 300℃ 以下的无氧纯水中，金属铁是腐蚀电池中的阳极，在反应中放出电子被氧化成为 Fe^{2+}，Fe^{2+} 与水中的 OH^- 反应生成 $Fe(OH)_2$，水中的 H^+ 在腐蚀电池的阴极反应中接受电子。在 200℃ 以下，Fe^{2+} 转化为 Fe^{3+} 的综合过程受阻时，氢离子的还原反应也受到制约，此时的氧化膜由致密的 Fe_3O_4 内伸层和多孔、疏松的 Fe_3O_4 外延层构成，氧化膜的溶解度较高，因而致使给水系统的铁含量较高。此外，还原性水工况中给水加入的联氨除了用于除氧外，在低温区还有促进生成 Fe_3O_4 的作用。

在 300~400℃ 高温区，水具有能量使 Fe^{2+} 氧化为 Fe^{3+}，因此在省煤器的出口段到水冷壁的金属表面形成了内层薄而致密、外层也较为致密的 Fe_3O_4 氧化膜。此温度区应该是化学反应与电化学反应的混合区或过渡区。随着温度的升高，氧化膜生成的反应控制过程逐渐改变，即由电化学反应为主转向以化学反应为主。在更高的温度（400℃ 以上），铁、水系统的反应主要是化学反应：$3Fe+4H_2O \rightarrow Fe_3O_4+4H_2\uparrow$。即在无氧条件下铁与蒸汽直接反应，蒸汽分解提供氧离子（O^{2-}）并放出氧分子。由于铁离子向外扩散，氧离子向里扩散，因此整个氧化层同时向钢铁原始表面两侧生长，此时生成等厚度致密的双层 Fe_3O_4 氧化膜，内层为尖晶型细颗粒结构，外层为棒状型粗颗粒结构。

对于 AVT(R)，给水处于还原性气氛，碳钢表面生成磁性氧化膜（Fe_3O_4）的两个关键过程是：

（1）内部取向连生层的生长，受穿过氧化物中的细孔进行扩散的氧气（水或含氧离子）的控制；

（2）可溶性二价铁产物溶解到流动的水中，溶解过程受给水的 pH 值和 ORP 控制。

4.2.3.2　AVT（R）水化工况优缺点

A　AVT（R）的优点

给水采用 AVT（R）处理的优点包括：

（1）不增加给水、锅炉水中的溶解固形物；

（2）控制简单，易调整，检测项目少；

（3）给水品质得到保证时，可以获得高品质蒸汽；

（4）能应用在使用铁铜混合金属的给水循环中。

B　AVT（R）的缺点

对于汽包锅炉而言，采用 AVT（R）工况就是不往锅炉水中添加任何化学药剂，仅在给水中加氨和联氨，这就要求锅炉给水水质高度纯净，凝汽器严密不泄漏。但是，汽包锅炉采用 AVT（R）工况仍存在以下问题。

（1）氨对锅炉的保护作用很小。由于挥发性比较强，因此给水中加的氨几乎全从锅炉水中逸出，随蒸汽带走，使得锅炉水 pH 值偏低。此外，虽然监测锅炉水的 pH 值在规定的范围内，但测定 pH 值是在水温 25℃下进行，氨在低温下电离出 OH^-，而在锅炉水温度（300~400℃）下根本不电离，此时 pH 值是一个假象。因此，AVT（R）抵抗锅炉水中酸性物质污染的缓冲能力几乎为零。

（2）AVT（R）工况对杂质突然入侵不能提供保护，即使是极低浓度杂质的进入（如凝结水精处理装置的泄漏、树脂降解等），由于其在汽包内的浓缩，AVT（R）不能提供保护作用。在相同的水质情况下，与其他锅炉水化学工况比较，采用 AVT（R）工况的锅炉水冷壁沉积速率最高。

（3）AVT（R）工况下，水冷壁管表面晶粒粗大、疏松、有孔隙，说明未形成致密的保护膜；碱化条件下采用平衡磷酸盐处理（EPT，equilibrium phosphate treatment；见第 5 章）时，水冷壁表面晶粒细小，没有孔隙，形成的膜能更好地抑制腐蚀。

对于直流锅炉来说，采用 AVT（R）处理时还会存在炉前流动加速腐蚀，从而导致直流锅炉结垢速率高，锅炉压差上升速度快，该问题可采用加氧处理措施来解决，详见 4.3 节。此外，全挥发处理加氨量相对较高，凝结水精处理混床中阳树脂的交换容量主要被凝结水中的氨消耗掉了，缩短了精处理混床运行周期。

4.2.4　直流锅炉实施 AVT 水化学工况

直流锅炉水汽系统要求给水处理应采用挥发性药剂，故 AVT 水化学工况可用于直流锅炉。超临界机组实施 AVT 水化学工况时，应执行《火力发电机组及蒸汽动力设备水汽质量》（GB/T 12145—2016）中相应的水汽质量标准，见表4-1和表 4-2，以及表 4-5。

表 4-5　超临界机组给水纯度及蒸汽和精处理后凝结水的质量标准（GB/T 12145—2016）

项　目	主蒸汽	给　水	精处理出口凝结水	凝结水泵出口凝结水
$\kappa_H(25℃)/\mu S \cdot cm^{-1}$	≤0.10（0.08）	≤0.10（0.08）	≤0.10（0.08）	≤0.20（0.15）
Fe/$\mu g \cdot L^{-1}$	≤5（3）	≤5（3）	≤5（3）	硬度约为 $0\mu mol/L$ DO≤20
Cu/$\mu g \cdot L^{-1}$	≤2（1）	≤2（1）	—	
$SiO_2/\mu g \cdot L^{-1}$	≤10（5）	≤10（5）	≤10（5）	
Na/$\mu g \cdot L^{-1}$	≤2（1）	≤2（1）	≤2（1）	≤5
$Cl^-/\mu g \cdot L^{-1}$	—	≤1	≤1	—

4.2.4.1　直流锅炉 AVT 水化学工况的典型问题

直流锅炉采用 AVT（R）水工况时，200℃ 以下的热力设备，铁表面生成的 Fe_3O_4 氧化膜溶解度相对较大，处于活性状态，高纯水条件下易发生流动加速腐蚀，铁的溶出速率高，导致给水中含铁量相对较高，难以满足超临界压力直流锅炉对给水中含铁量的要求。某机组的直流锅炉在 AVT（R）水化学工况下，水汽系统中铁化合物含量变化是在高压加热器至锅炉省煤器入口这部分管道系统，水中含铁量上升，主要是给水系统的流动加速腐蚀所致。通常锅炉省煤器等水预热区域的受热面积大、热负荷低、允许的沉积物量大，发生爆管的危险性较低。而下辐射区受热面较小，热负荷很高，沉积物聚集使管壁温度上升。下辐射区管材是珠光体低合金钢，这种钢材允许的极限温度是 595℃，超过这个温度就会引起金属的破坏。因此，当锅炉下辐射区管壁因结垢温度上升到 590~595℃ 时，就必须进行化学清洗。

采用 AVT（O）时，铁表面生成的是 Fe_3O_4 和 Fe_2O_3 混合氧化膜，靠近铁基体以 Fe_3O_4 为主，水侧以 Fe_2O_3 为主，由于 Fe_2O_3 氧化膜较致密，且溶解度小，因此给水中含铁量相对较低，一般不大于 $10\mu g/L$，但仍不能满足超临界压力直流锅炉对给水中含铁量的要求。

我国早期投产的 1000MW 超超临界压力机组，锅炉水冷壁失效事故频繁。某些 Ⅱ 型锅炉炉膛水冷壁下部和上部均采用垂直管屏，下部水冷壁管采用内螺纹管，在水冷壁入口处安装不同孔径的节流孔板，以调节水流量，这类锅炉水冷壁因结垢引起的事故较为频繁。某些 Ⅱ 型锅炉炉膛上部水冷壁采用垂直管屏，下部水冷壁采用螺旋管圈，上、下部水冷壁之间采用过渡水冷壁连接，水冷壁进口不安装节流孔板，水冷壁失效事故较少。塔式锅炉炉膛水冷壁采用光管螺旋管圈加垂直管屏的布置形式，水冷壁进口也不安装节流孔板，水冷壁事故较少。

　　某电厂采用的 II 型锅炉，自投产以来，锅炉多次发生水冷壁管超温爆管事故。停炉对超温水冷壁节流孔板进行割管检查，发现有黑色沉积物，且沉积物占节流孔通径的 1/2 以上。检查发现左、右侧墙靠后水冷壁凡有超温现象的，其节流孔板上均存在或多或少的沉积物。对前、后墙水冷壁管节流孔板进行割管检查，发现沉积物较少。沉积物元素分析显示主要成分为磁性氧化铁，含量（质量分数）达 95.6%。从历次超超临界压力锅炉垂直管屏水冷壁失效事故看，大部分失效事故都发生在两侧墙水冷壁上。两侧墙水冷壁入口节流孔板上的磁性氧化铁沉积物明显多于前、后墙水冷壁，这与系统布置有关，前后墙节流孔径较大，而两侧墙节流孔径较小。磁性氧化铁沉积物完全是由超临界水的理化特性造成的。

　　在 AVT(R) 工况下，给水系统金属表面所生成的氧化膜主要为磁性氧化铁，且为双层结构，内层是局部定向结构，外层是外延的非规整结构。外层膜的微观结构是多孔、疏松的。给水泵出口至省煤器入口这段区域，给水扩散系数很大，介电常数也较大。给水极易通过毛细孔道扩散，而且磁性氧化铁溶解度较大，因此极易发生 FAC，导致给水中铁离子含量较高。研究表明水冷壁中的高温使得铁离子的溶解度较低，但由于大部分给水中的铁离子已经沉积在省煤器中，因此水冷壁中的铁离子沉积量就少。水冷壁节流孔板处压力突降，使得铁离子溶解度跳跃式减小，过剩的铁离子以磁性氧化铁形式迅速析出，又因为其具有磁性，所以集中沉积在节流孔板附近。这样孔径越来越小，沉积速率越来越大，导致水冷壁过热甚至爆管。

　　采用 AVT(O) 工艺后，将给水 pH 值（25℃）提高到 9.2~9.6，目标值定为 9.4，起到了明显效果，给水铁离子含量从 5.6μg/L 左右降低到 2μg/L 左右。但是，提高给水 pH 值是牺牲凝结水精除盐装置的部分运行容量，减少周期制水量。

　　影响超临界水中铁离子溶解度，除化学因素外，主要是温度和压力因素。超临界水中铁离子溶解度随着温度的升高而降低，随着压力的升高而增大。超临界和超超临界压力机组主蒸汽中铁离子含量一般为 0.5~1μg/L，可将其理解为超临界和超超临界水中铁离子的平衡浓度。省煤器入口给水中的铁离子含量若高于主蒸汽中铁离子含量，则超出部分必然沉积在省煤器、节流孔板和水冷壁向火侧受热面上。反之，若省煤器入口给水中的铁离子含量低于一定数值（与主蒸汽中铁离子含量接近）时，则省煤器、节流孔板和水冷壁受热面均不会产生沉积。显然，无论是 AVT(R) 还是 AVT(O) 都不能保证省煤器入口给水中铁离子含量低于超超临界水（汽）平衡浓度，因此磁性氧化铁沉积在所难免。

4.2.4.2　案例分析与评价

　　国内有报道，亚临界压力机组采用 AVT(R) 工况时，由于给水含铁量高，省煤器结垢速度也比较高（见图 4-5），略低于水冷壁管，超临界压力机组甚至出现结垢部位提前的现象，即省煤器结垢量大于水冷壁管。

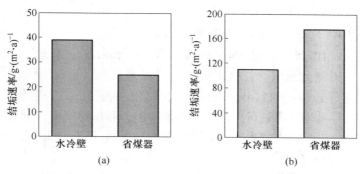

图 4-5 直流锅炉 AVT(R)工况下锅炉结垢速率
(a) 亚临界机组 AVT(R)；(b) 超临界机组 AVT(R)

A 12 台 AVT(R) 处理 600MW 机组状况

某省 12 台采用 AVT(R) 处理方式的 600MW 及以上超临界直流炉机组的省煤器、水冷壁结垢速率如图 4-6 和图 4-7 所示。

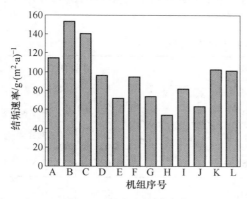

图 4-6 水冷壁结垢速率

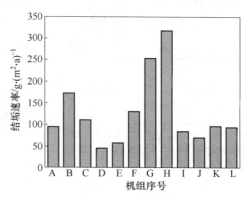

图 4-7 省煤器结垢速率

可以看出，水冷壁、省煤器的沉积率较高。依据《火力发电机组大修化学检查导则》（DL/T 1115—2019），沉积速率评价为二类和三类。根据《火力发电锅炉化学清洗导则》（DL/T 794—2012）中规定的清洗垢量，机组化学清洗的平均周期在 2~3 年。汽轮机叶片积盐率较高，高压缸和低压缸积盐严重的叶片评价为二类和三类。机组在运行期间普遍出现给水泵压头升高的现象，能耗增加，机组运行的经济性降低。从上述 12 台机组运行情况可以看出，采用 AVT(R) 处理方式的 600MW 及以上超（超）临界直流炉机组普遍存在锅炉受热面结垢速率高的问题。分析认为，给水 AVT(R) 处理方式适用于基建初期汽水品质较差的过渡时期，当汽水品质好转后，在还原性条件下，热力系统金属表面形成疏松的

Fe_3O_4 沉积物，给水系统局部容易发生流动加速腐蚀，导致热力系统沉积率高，锅炉压差上升，机组经济性能较差。

B　采用 AVT(O)处理 600MW 机组状况

某电厂 600MW 机组通过 168h 试运投产，给水采用全挥发处理 AVT(R)方式，精处理采用氨型混床。自机组投产运行以来，汽水系统的铁含量合格率较低，数值普遍高于 GB/T 12145—2016 中铁标准值小于 5μg/L、期望值小于 3μg/L 的规定值。之后被迫停机进行检修，机组水冷壁、省煤器第 1 次割管检查，汽轮机第 1 次揭缸检查。检查发现水冷壁垢量为 273g/m²，接近酸洗垢量上限；省煤器垢量最高达到 1054.9g/m²；汽轮机高压缸叶片积盐严重，高加、低加换热器管内有不同程度的黑色粉末堵塞情况。为防止情况继续恶化，对机组实施化学清洗后，给水处理方式由 AVT(R)转化为弱氧化 AVT(O)处理方式，以降低机组热力系统受热面的沉积率和汽轮机叶片积盐速率，提高机组运行的安全性和经济性。

AVT(R)处理条件下，部分省煤器表面沉积物明显分层，水冷壁的表面沉积物呈典型的四氧化三铁灰黑色，沉积速率较高。AVT(O)处理条件下，水冷壁表面沉积物呈浅棕红色，沉积速率明显降低。不同处理方式条件下，两次大修周期水冷壁、省煤器的结垢速率见表 4-6。

表 4-6　水冷壁、省煤器的结垢速率

管　样		割管位置	AVT(R)		割管位置	AVT(O)	
			垢量 /g·m⁻²	结垢速率 /g·(m²·a)⁻¹		垢量/g·m⁻²	结垢速率 /g·(m²·a)⁻¹
水冷壁	向火侧	左墙东向西第 55 根，标高 56m	273	82.0	前墙，标高 42m	128	27.2
	背火侧		177	53.0		107	22.8
省煤器	向烟侧	入口后墙北往南第 42 排第 1 根，标高 48m	1055	316.8	入口左侧第 3 排第 1 根，标高 48m	51	10.9
	背烟侧		931	279.5		43	9.1

4.3　加　氧　处　理

4.3.1　加氧处理机理

4.3.1.1　氧的作用原理

在水质较差的铁/水体系中，氧作为去极化剂，起着加速金属腐蚀的作用。氧去极化的阴极反应可以分为两个基本过程，即氧向金属表面的扩散过程和氧的离子化反应过程。在氧的扩散过程中，氧通过静止层的扩散步骤为阴极过程的控制步骤。影响氧去极化的因素有氧浓度、溶液流速、含盐量和温度等。

在水汽系统中，含盐量对氧的作用起着决定性的影响。如果用氢电导率表征水中的含盐量水平，则当氢电导率大于 $0.2\mu S/cm$ 时，由于某些阴离子可以加速阳极过程（腐蚀过程），氧作为去极化剂在阴极还原，进一步加速了金属的腐蚀过程；当氢电导率小于 $0.2\mu S/cm$ 时，氧仍然是阴极去极化剂，但阳极溶解过程因没有阴离子去极化作用的影响而受阻，腐蚀过程减缓。在流动的高纯水中添加适量氧，可以将碳钢的腐蚀电位提高数百毫伏，使金属表面发生极化或使金属电位达到钝化电位，并使金属表面生成致密且稳定的保护性氧化膜。

不同盐含量下的腐蚀和氧浓度的关系如图 4-8 所示。该图表明：对于氢电导率为 $0.1\mu S/cm$ 的纯水，当氧质量浓度增加到 $50\mu g/L$ 以上时，腐蚀产物释放速率显著降低；同时，给水纯度降低会增加腐蚀产物释放速率。因此，在水质较好的铁/水体系中，氧又作为钝化剂，起着阻碍金属腐蚀的作用。

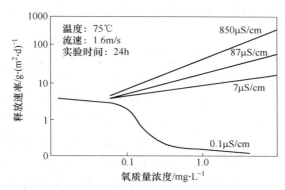

图 4-8 不同盐含量下的腐蚀和氧质量浓度的关系

随着温度的升高，金属腐蚀过程由电化学反应控制向化学反应控制转移时，氧分子的作用逐渐减弱。另外，在水冷壁高温区产生蒸汽处，由于分配系数的关系，氧分子进入蒸汽相，液相中氧的浓度几乎为零。因此，水中的溶解氧仅仅在热力系统中的低、中温区域参与腐蚀电化学过程的阴极反应。

热力系统中氧的电化学作用还表现在当热力系统金属表面氧化膜破裂时，氧在氧化膜表面参与阴极反应还原，将氧化膜破损处的 Fe^{2+} 氧化为 Fe^{3+}，使破损的氧化膜得到修复。

4.3.1.2 加氧处理的电化学原理

根据 $Fe-H_2O$ 体系的电位-pH 图（见图 4-1），为保护铁在水溶液中不受腐蚀，须将水溶液中铁的形态由腐蚀区移到稳定区或钝化区。可以采取还原法 AVT(R)、弱氧化法 AVT(O) 和氧化法（OT）达到此目的。从电化学角度讲，在给水除氧和 pH 值在 $9.0\sim9.5$ 的条件下，铁的电极电位在 $-0.5V$ 附近，正处于 Fe_3O_4 钝化区。AVT(R)由于降低了 ORP，使铁生成较稳定的 Fe_3O_4 和 $Fe(OH)_2$，它们的溶解度更加低，在一定程度上能减缓铁的腐蚀，这是一种阴极保护法。当给水 pH 值下降到约为 7 时，若 Fe 的电极电位仍在 $-0.5V$ 左右，则铁处于腐蚀区。但是，如果向高纯水中加入氧或过氧化氢，使铁的电位升高到 $0.3\sim0.4V$，则进入 Fe_2O_3 钝化区。OT 通过提高 ORP，使铁进入钝化区，是一种阳极保护法。这时腐蚀产物主要是 $\alpha\text{-}Fe_2O_3$ 和 $Fe(OH)_3$。它们的溶解度更加低，能阻止铁进一步腐蚀，这样钢铁就得到了保护。在 AVT(O)方式下，由于 ORP 提高幅度不大，使铁刚进入钝化区，这时腐蚀产物主要是 $\alpha\text{-}Fe_2O_3$ 和 Fe_3O_4，其防腐效果处于 OT 和 AVT(R)之间。从电化学角度讲，这也是一种偏向于阳极的保护法。

　　热力系统中氧的电化学作用还表现在当热力系统金属表面氧化膜破裂时，氧在氧化膜表面参与阴极反应还原，将氧化膜破损处的 Fe^{2+} 氧化为 Fe^{3+}，使破损的氧化膜得到修复。因此，采用 OT 时，给水 pH 值比 AVT 水化化学工况低，加氨量减少。

　　某电厂 2 号炉为 660MW 超超临界直流锅炉，过热蒸汽压力 26.03MPa，温度585℃，再热蒸汽温度603℃。机组投运初期采用 AVT(O)，后转为加氧运行工况，给水溶解氧含量控制在 $10\sim30\mu g/L$，低于传统加氧工艺下给水氧含量 $30\sim80\mu g/L$ 的控制水平。图 4-9 是 2 号机组实施 OT 过程中给水 Fe 含量变化情况，OT 使锅炉给水中 Fe 含量由 $2\sim5\mu g/L$ 降低至 $1.0\mu g/L$ 以下，平均降低幅度超过50%。通过 $0.45\mu m$ 滤膜截留给水腐蚀产物的情况（见图 4-10），也可看出加氧后给水中颗粒状或胶体 Fe 含量明显减少。很显然，低氧工况有效减缓了炉前系

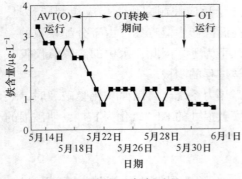

图 4-9　机组加氧过程
给水系统铁含量变化趋势

图 4-10　加氧前后给水取
样滤膜上截留腐蚀产物
（a）加氧前；（b）加氧后

统金属腐蚀，给水携带的腐蚀产物含量明显下降，从而降低锅炉受热面的结垢速率。

4.3.1.3 双层氧化膜的形成

在水中含有微量氧的情况下，碳钢腐蚀产生的 Fe^{2+} 和水中的氧反应，能形成 Fe_3O_4 氧化膜：

$$3Fe^{2+} + 1/2O_2 + 3H_2O \longrightarrow Fe_3O_4 + 6H^+$$

但是，这样产生的氧化膜中 Fe_3O_4 晶粒间的间隙较大，水可通过这些晶粒间隙渗入钢材表面而引起腐蚀（见图 4-11），所以这样的 Fe_3O_4 膜保护效果较差，不能抑制 Fe^{2+} 从钢材基体溶出。

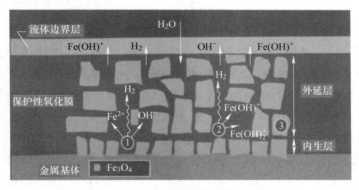

图 4-11　AVT(R)水工况下碳钢表面保护膜结构

如果向高纯水中加入足量的氧化剂，则不仅可加快上述反应的速度，而且可通过下列反应在 Fe_3O_4 膜的孔隙和表面生成更加稳定的 $\alpha\text{-}Fe_2O_3$：

$$4Fe^{2+} + O_2 + 4H_2O \longrightarrow 2Fe_2O_3 + 8H^+$$

$$2Fe_3O_4 + H_2O \longrightarrow 3Fe_2O_3 + 2H^+ + 2e$$

在给水加氧方式下，由于不断向金属表面均匀地供氧，因此金属表面仍保持一层稳定、完整的 Fe_3O_4 内伸层，而通过 Fe_3O_4 微孔通道中扩散出来 Fe^{2+} 进入液相层，其中一部分直接生成由 Fe_3O_4 晶粒组成的外延层。Fe_3O_4 层呈微孔状（1%~15%孔隙），通过微孔扩散进行迁移的 Fe^{2+} 在孔内或在氧化膜表层就地氧化，生成三氧化二铁（Fe_2O_3）或水合三氧化二铁（FeOOH，FeOOH 将老化形成 $\alpha\text{-}Fe_2O_3$），沉积在 Fe_3O_4 层的微孔或颗粒的空隙中，封闭了 Fe_3O_4 氧化膜的孔口，从而降低了 Fe^{2+} 扩散和氧化的速度，其结果是在钢铁表面生成了致密稳定的"双层保护膜"，如图 4-12 所示。故 Fe_2O_3 作为钝化区域中的腐蚀产物，其形成是受金属离子通过钝化膜的扩散速率控制的，而且这种腐蚀产物一般很少。

加氧可以促使 Fe^{2+} 氧化为 Fe^{3+}，其原因是氧分子在腐蚀电池的阴极反应中接受电子还原成为 OH^-，在水作为氧化剂的能量不能使 Fe^{2+} 转化为 Fe^{3+} 时，氧分子

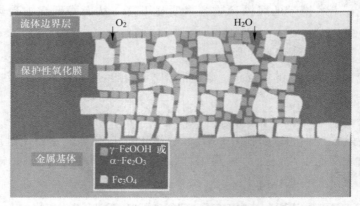

图 4-12 采用 OT 的氧化膜结构

在阴极的还原反应提供了 Fe^{2+} 转化为 Fe^{3+} 所需的能量。O_2 在阴极的还原反应促进了相界反应速度，同时 Fe^{3+} 作为氧的传递者，充当 Fe^{2+} 转化为 Fe^{3+} 反应的催化剂，加快了氢氧化亚铁的缩合过程。因此，在铁/纯水系统中，氧的去极化作用直接导致金属表面生成 Fe_3O_4 和 Fe_2O_3 的双层氧化膜，从而完全中止了热力系统金属的腐蚀过程。两种不同结构的氧化铁组成的双层氧化膜比单纯 Fe_3O_4 双层膜更致密、更完整，因而更具保护性。从这个意义上说，氧分子又被称为钝化剂。

从图 4-13 的对比可以看出，采用 OT 后，外层的 Fe_3O_4 膜的间隙和表面覆盖上了 Fe_2O_3，改变了外层 Fe_3O_4 层孔隙率高、溶解度高、不耐流动加速腐蚀的性质。而 AVT(O) 方式与 OT 相比是弱氧化性环境的处理方式，从机理上讲与 OT 大致相似。但也正由于其氧化性不强，所以给水采用 AVT(O) 所形成的氧化膜的特性介于 OT 和 AVT(R) 之间，也就是说这种给水处理方式所形成的膜的质量比 OT 差，但优于 AVT(R)。一般而言，给水的还原性越强，在省煤器入口铁腐蚀产物的溶解度就越高。正常 AVT(R) 情况下，ORP<-300mV，给水中铁腐蚀产物的含量小于 $10\mu g/L$，一般不会发生 FAC。但当局部流体处于湍流状态时，碳钢表面的磁性氧化膜会快速脱落，使得 FAC 发展非常快。而对于 OT 和 AVT(O)，在非还原性给水环境中，氧化铁水合物（FeOOH）覆盖在碳钢表面，并向下渗透到磁性氧化铁的细孔中，而且氧化性环境有利于 FeOOH 的生长。此类构成形式可产生两个效果：

（1）由于氧向母材中的扩散（或进入）过程受到限制（或减弱），因此降低了整体腐蚀速率；

（2）减小了表面氧化层的溶解度。

因此，从产生 FAC 的过程看，在与 AVT(R) 具有完全相同的流体动力学特性的条件下，FeOOH 保护层在流动给水中的溶解度明显低于磁性氧化铁保护膜

（至少要低 2 个数量级）。采用 OT 时，给水含铁量会小于 $1\mu g/L$，能明显减轻或消除 FAC 现象。

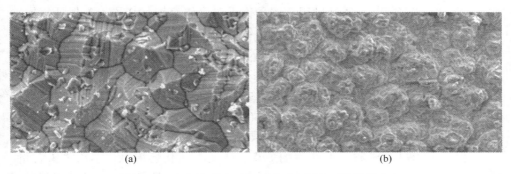

(a)　　　　　　　　　　　　　(b)

图 4-13　有氧处理和无氧处理对金属表面膜的影响

（a）给水 AVT(R) 金属表面状态；（b）给水 OT 金属表面状态

从热力学观点来看，在无氧或有氧的高纯水中，铜均处于钝化状态。不过在无氧的高纯水中，钢表面形成浅黄色的氧化亚铜（Cu_2O），而在有氧的高纯水中，形成黑色的氧化铜（CuO）。

因此，在 AVT 工况还原性条件下，铜合金表面生成良好的氧化亚铜膜，给水中的铜含量很低，为 $3\sim5\mu g/L$。而在加氧条件下，铜表面生成双层结构的氧化膜，内伸层为氧化亚铜膜，外延层为氧化铜膜，如图 4-14 所示，由于氧化铜的溶解度大于氧化亚铜，因此给水中的铜含量会有所增加，铜离子会通过机械携带或溶解携带转移到汽轮机高压缸沉积，引起蒸汽流通面积小，降低高压缸效率。对于铜合金而言，氧总是起到加速腐蚀的作用，所以对于有铜系统机组，应尽量采用 AVT(R) 方式运行。

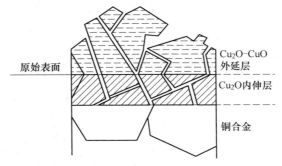

图 4-14　OT 条件下铜合金覆盖层

4.3.2　加氧处理条件及实施

给水处理采用加氧处理的目的就是通过改变给水处理方式，降低锅炉给水的含铁量和抑制炉前系统（特别是锅炉省煤器入口管和高压加热器管）的流动加速腐蚀，从而降低锅炉水冷壁管氧化铁的沉积速率，延长锅炉化学清洗周期。OT 工艺的核心是氧在水质纯度很高的条件下对金属有钝化作用。为保证水质纯度（氢电导率小于 $0.15\mu S/cm$），要求系统必须配置凝结水精处理混床。采用 OT 工艺的另一条件是低压加热器管材最好不用铜材，因为在氧化条件下铜氧化膜的溶解度较高，氧化铜腐蚀产物最终将转移到汽轮机高压缸沉积下来。但如果热力系统氧化铁腐蚀产物会造成较为严重的结垢问题，那么即使低压加热器管是铜材，也可通过专项试验确定加氧处理水质的具体控制参数，在尽可能减少铜氧化物溶解的前提下，采用给水加氧处理，取得抑制铁氧化物溶解的结果。

评定给水采用 OT 技术所产生的效果，主要有氧化还原电位、给水铁含量、水冷壁结垢速率和锅炉压差等指标，还可用凝结水精处理混床的运行周期和运行成本等经济的指标进行评定。

4.3.2.1   加氧处理水质控制标准

给水加氧处理的控制指标主要是给水的 κ_H、pH 值和 DO。我国不同时期给水加氧处理省煤器入口的控制标准（无铜给水系统）见表 4-7。

表 4-7   不同时期给水加氧处理省煤器给水 κ_H、pH 值和 DO 的控制标准（无铜给水系统）

标准编号	标准名称	适用炉型	控制指标		
			$\kappa_H(25℃)/\mu S \cdot cm^{-1}$	pH 值（25℃）	DO/$\mu g \cdot L^{-1}$
GB/T 12145—2016	火力发电机组及蒸汽动力设备水汽质量	无限制	≤0.15（0.10）	8.5～9.3	10～150
GB/T 12145—2008		直流炉	≤0.15（0.10）	8.0～9.0	30～150
GB/T 12145—1999		直流炉	≤0.20（0.15）	8.0～9.0	30～200
DL/T 805.1—2011	火电厂汽水化学导则 第 1 部分:锅炉给水加氧处理导则	直流炉	≤0.15（0.10）	8.0～9.0	30～150（30～100）
		汽包炉	≤0.15（0.12）	8.8～9.1	20～80（30～80）
DL/T 805.1—2002	火电厂汽水化学导则 第 1 部分: 直流锅炉给水加氧处理	直流炉	≤0.15（0.10）	8.0～9.0	30～300
DL/T 805.4—2004	火电厂汽水化学导则 第 4 部分: 锅炉给水处理	汽包炉	≤0.15（0.10）	8.5～9.3	10～80（20～30）
		直流炉	≤0.15（0.10）	8.0～9.0	30～300
DL/T 805.4—2016	火电厂汽水化学导则 第 4 部分: 锅炉给水处理	直流炉	≤0.15（0.08）	8.5～9.3	10～150

标准编号	标准名称	适用炉型	控制指标		
			$\kappa_H(25℃)/\mu S \cdot cm^{-1}$	pH 值（25℃）	DO/$\mu g \cdot L^{-1}$
DL/T 912—2005	超临界火力发电机组水汽质量标准	超临界直流炉	≤0.15（0.10）	8.0~9.0	30~150

注：1. 括号中的数值为期望值，括号前面的数值为标准值。

　　　2. DO 接近下限时，pH 值应大于 9.0。

（1）氢电导率。氧在铁水体系中起钝化作用，由水的氢电导率临界值决定，受温度、金属表面状态等因素影响。水的氢电导率临界值在 0.2~0.3μS/cm，所以给水保持足够高的纯度是实施加氧处理的前提条件。在 $\kappa_H = 0.1\mu S/cm$ 的水中，DO>100μg/L 时，碳钢腐蚀速率极低；但当水的 $\kappa_H > 0.3\mu S/cm$ 时，碳钢的腐蚀速率随 DO 的增加而显著加大。因此，加氧处理一般要求给水 $\kappa_H \leq 0.15\mu S/$ cm，见表 4-7。通常，300MW 及以上机组均设有凝结水精处理系统，若对凝结水进行 100% 的精处理，则完全可以保证给水 $\kappa_H \leq 0.1\mu S/cm$，满足加氧处理的要求。但是，由于汽包锅炉炉水的 κ_H 远高于 0.3μS/cm，因此在对汽包锅炉给水进行加氧处理时，不仅要求省煤器入口给水 $\kappa_H \leq 0.15\mu S/cm$，还必须控制汽包下降管炉水的 $\kappa_H < 1.5\mu S/cm$，且基本上不含氧，以避免加氧导致锅炉的严重氧腐蚀。

（2）pH 值。从图 4-1 可知，pH 值大于 7 时，加氧处理可使 pH 值在较大范围内金属表面氧化膜的组成不变。中性水处理控制条件为 pH=7.0~8.0，此时给水的缓冲性差，pH 值难以控制，微量酸性杂质即可使 pH 值小于 7.0，从而使碳钢遭受强烈的腐蚀，对安全运行不利。因此，实际上目前国内外大都采用碱性加氧处理，通过加氨将给水的 pH 值控制在 8.0 以上的弱碱范围，也就是联合水处理。给水 pH 值过高，会增加凝结水精处理的负担，对经济性不利。综合考虑安全性和经济性，早期提出直流锅炉给水加氧处理 pH 值范围为 8.0~9.0。为了有效抑制腐蚀，pH 值应随 DO 的降低而提高。为此，《火力发电机组及蒸汽动力设备水汽质量》（GB/T 12145—2016）中 OT 的 pH 值提高至 8.5~9.3，以适应氧浓度控制值降低的需要；当 DO 接近下限时，pH 值应大于 9.0。

对于有铜给水系统，实际运行中 pH 值控制范围对给水中铜含量影响很大。我国有铜机组的加氧处理运行经验表明，控制给水中铜含量不超过除氧工况水平的关键在于 pH 值的控制范围，这个范围相当窄。例如，某 300MW 直流锅炉发电机组给水加氧处理的 pH 值控制在 8.7~8.9。

（3）溶解氧浓度。在对给水进行加氧处理时，给水 DO 不能过低，否则难以形成稳定、致密的 Fe_3O_4-Fe_2O_3 双层保护膜。但是，如果氧浓度过高，不仅钢铁在少量氯化物杂质的作用下容易发生点蚀，而且可能导致过热器或汽轮机低压缸不锈钢部件发生应力腐蚀。研究发现，当水中 DO 提高到 $100\mu g/L$ 后，奥氏体不锈钢部件的应力腐蚀开始加快。另外，国内一些采用 OT 的超临界机组出现过热器内壁氧化生成大量氧化皮，并且脱落后在过热器管下弯头、蒸汽调节阀等部位沉积，严重时可引起过热器管堵塞、蒸汽调节阀卡涩等故障。因此，近些年来，直流锅炉给水加氧处理的给水 DO 上限时有调整，由表 4-7 可见，其变化过程大致为：$200\mu g/L$（GB/T 12145—1999）→$300\mu g/L$（DL/T 805.1—2002）→$150\mu g/$ L（DL/T 912—2005）→150（100）$\mu g/L$（DL/T 805.1—2011）。

目前，国内对进一步降低超临界机组给水加氧处理 DO 控制范围仍存在两种不同意见：

（1）为防止过热器氧化皮的生成，应采取低氧浓度控制，如 $10\sim100\mu g/L$（上限期望值 $50\mu g/L$）；

（2）按 DL/T 805.1—2011 的控制标准，不会发生过热器氧化皮生长带来的问题，为了保证加氧处理效果，给水 DO 控制范围上限不宜再降低。

另外，国内电厂对超临界机组 OT 的运行控制也有一些不同的做法。例如，有些电厂为防止过热器生成氧化皮，在运行中进行低氧浓度控制，过热器中 DO<$10\mu g/L$；但是，另一些电厂在运行中进行高氧浓度控制，过热器中 DO≤$80\mu g/$ L，运行几年也未发生过热器氧化皮生长导致的故障。

GB/T 12145—2016 将锅炉（包括直流炉和汽包炉）给水 OT 的 DO 控制范围统一为 $10\sim150\mu g/L$。这对于直流炉而言，兼顾了高、低两种氧浓度控制需求，并通过降低 DO 下限而与 AVT(O) 衔接，以便启动阶段给水处理方式的自然转换；但是，对于汽包炉来说，DO 上限较以前的 $80\mu g/L$ 提高了近一倍，在运行控制中应注意确保汽包下降管炉水 DO≤10（5）$\mu g/L$。为避免氧浓度过高可能引起的腐蚀问题，在实际运行过程中，当钢表面已形成良好的钝化膜，给水中铁含量下降到期望值以下且稳定后，水中 DO 只要能保持给水铁含量基本稳定即可。因此，电厂应根据机组的实际情况确定适宜的给水 DO 控制范围。

4.3.2.2 材质要求

一般情况下，给水系统不应含有铜合金部件，因为加氧处理会影响铜氧化膜，加剧腐蚀作用。若采用加氧处理，国外经验建议将低压加热器铜合金材质换为不锈钢或碳钢，以此防止铜腐蚀。

我国电厂采用加氧处理时发现，除了温度对氧化铜溶解度有一定影响以外，pH 值也有显著的影响。因此，可以通过调整给水的 pH 值在 $8.8\sim9.1$ 的范围内，来抑制氧化铜的溶解，使给水中的铜含量范围降低至 $3\sim5\mu g/L$。此时，不论水中含氧量高低，铜的腐蚀速度都最低。

4.3.2.3 其他要求

给水水质和系统是否含有铜材是决定是否采用 OT 的两个最主要的条件。此外,采用 OT 还应该注意以下几个方面。

(1) 给水应配置氢电导率仪和溶解氧仪进行在线监测。

(2) 对于汽包锅炉,为防止水冷壁管氧腐蚀,进入水冷壁管的氧含量必须受到监测和控制。因此,应监测水冷壁管入口的水质,即锅炉下降管的水质。故应加装锅炉水下降管取样点,并配置锅炉水在线溶解氧检测仪和氢电导率仪。

(3) 加氧控制系统。氧化剂采用气态氧,由高压氧气瓶提供的氧气经减压阀、针形流量调节阀加入系统。加氧控制方式采用自动调节和手动调节并联控制。与直流炉给水加氧方式不同的是,汽包锅炉给水加氧要求加氧量调节自动控制。如果采用自动加氧装置,应向加氧控制柜引入凝结水流量信号或给水流量信号。由在线溶解氧仪向分散控制系统(DCS, distributed control system)引入溶解氧的测量显示信号,并由 DCS 系统向自动加压氧装置引入溶解氧测量信号和加氧控制信号。

(4) 安装高、低压给水加氧管路及阀门。

4.3.2.4 加氧处理的实施

在加氧处理中,常使用气态氧为氧化剂。对于气态氧,有两个加氧点:第一个加氧点是在凝结水精处理器出口;第二个是在除氧器的下降管。在没有配备除氧器的循环系统中,不要求设置第二个加氧点;在除氧器排气门保持关闭的情况下,也无须使用第二个加氧点。但对于配备有除氧器的循环系统,一般在除氧器下降管设第二个加氧点。这样可以有限利用除氧器去除不凝性气体,随后再加入氧气来补偿除氧器中的氧损失。

气态氧通过专门的加氧系统加入水汽系统,如图 4-15 所示。加氧系统由加氧汇流排、氧气流量控制柜和氧气输送管线组成。系统采用汇流排使多个氧气瓶并联,以便使输出的氧气汇集在一起,经过减压处理后,分别向给水系统和凝结水加氧。可通过控制柜面板上加氧流量计下的手动调节阀调节加氧量,也可通过加氧速率和流量的比例关系,自动控制(为实现自动控制,设有氧气质量流量控制器,并在旁路设置一个手动调节阀)加氧量。当正常加氧运行的机组遇到某些异常情况时,例如给水氢电导率大于 $0.2\mu S/cm$,必须停止加氧。有些加氧系统在凝结水和给水加氧母管上分别设置一个电动阀,并与其氢电导率信号连锁,当水质不满足要求时,电动阀自动关闭。

4.3.3 机组运行时的控制方法

4.3.3.1 直流锅炉加氧处理

直流锅炉采用 OT 方式运行,在正常运行中,应同时对给水进行加氧和加氨

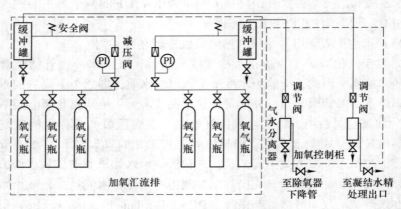

图 4-15　加氧系统

处理，并使除氧器排气门保持微开状态、高压加热器的排气门保持关闭状态、自动加氨的设定值保持不变。同时，应根据机组运行状态，及时调整加氧流量，以确保机组稳定运行和负荷变动时给水 DO 都能控制在标准范围内。在运行中，应按表 4-8 监测和控制机组的水汽质量，使各项指标达到相应的期望值。若关闭排气门影响高压加热器的换热效率，可根据机组的运行情况微开或定期开启排气门。

表 4-8　直流锅炉给水加氧处理正常运行水汽质量标准（DL/T 805.1—2011）

取样点	监督项目	项目单位	控制值	期望值	监测频率
凝结水泵出口	$\kappa_H(25℃)$	μS/cm	≤0.3	≤0.2	连续
	DO	μg/L	≤30	≤20	连续
	Na[①]	μg/L	≤5[①]	—	连续
	Cl[-]	μg/L	—	—	根据需要
凝结水精处理出口	$\kappa_H(25℃)$	μS/cm	<0.10	<0.08	连续
	SiO$_2$	μg/L	≤10	≤5	连续
	Na[+]	μg/L	≤3	≤1	连续
	Fe	μg/L	≤5	≤3	每周一次
	Cu	μg/L	≤2	≤1	每周一次
	Cl[-]	μg/L	≤3	≤1	根据需要
除氧器入口	$\kappa(25℃)$	μS/cm	0.5~2.7	1.0~2.7	连续
	DO	μg/L	30~150	30~100	连续

续表 4-8

取样点	监督项目	项目单位	控制值	期望值	监测频率
省煤器入口	pH 值（25℃）		8.0~9.0[②]	—	连续
	κ_H（25℃）	μS/cm	<0.15	<0.10	连续
	DO	μg/L	30~150	30~100	连续
	SiO$_2$	μg/L	≤15	≤10	根据需要
	Na$^+$	μg/L	≤5	≤2	—
	Fe	μg/L	≤5	≤3	每周一次
	Cu	μg/L	≤3	≤2	每周一次
	Cl$^-$	μg/L	≤3	≤1	根据需要
主蒸汽	κ_H（25℃）	μS/cm	<0.15	<0.10	连续
	DO	μg/kg	≥10	—	根据需要
	SiO$_2$	μg/kg	≤15	≤10	根据需要
	Na$^+$	μg/kg	≤5	≤2	连续
	Fe	μg/kg	≤5	≤3	每周一次
	Cu	μg/kg	≤3	≤2	每周一次
	Cl$^-$	μg/kg	—	—	根据需要
高压加热器疏水	DO	μg/L	≥5	≥10	根据需要
	Fe	μg/L	≤5	≤3	每周一次
	Cu	μg/L	—	—	每周一次

①《火电厂汽水化学导则 第 1 部分：锅炉给水加氧处理导则》（DL/T 805.1—2011）建议对凝结水泵出口 Na$^+$含量进行连续监测，但却未给出标准，这是《火力发电电机组及蒸汽动力设备水汽质量》（GB/T 12145—2016）推荐的标准（过热蒸汽压力大于 18.3MPa）。

②由于直接空冷机组的空冷凝汽器存在腐蚀问题，因此其给水 pH 值应通过试验确定。

　　直流锅炉给水加氧处理正常运行水汽质量监督取样点包括凝结水泵出口、凝结水精处理出口、除氧器入口、省煤器入口、主蒸汽和高压加热器疏水。除疏水外，其他取样点均需连续监测电导率或氢电导率。此外，凝结水精处理出口应连续监督钠和二氧化硅的含量，防止钠盐和硅酸化合物在汽轮机的沉积。对于超临界机组给水纯度、蒸汽、凝结水泵出口和凝结水精处理出口水质应执行《火力发电机组及蒸汽动力设备水汽质量》（GB/T 12145—2016）中的相关规定（见表 4-5），其中，钠离子含量给出了更加严格的规定，控制值为 2μg/L，期望值为 1μg/L，氯离子浓度均要求达到 DL/T 805.1—2011 中规定的期望值。给水加氧处理的控制指标主要是给水的氢电导率、pH 值和溶解氧浓度，这三个指标的具体说明见 4.3.2 节。

加氧处理可以在钢铁表面形成致密稳定的双层保护膜，使 Fe^{2+} 扩散不出来。一般给水的含铁量在 $1\mu g/L$ 以下，能够满足超（超）临界机组直流锅炉的要求。目前超临界机组大多为无铜系统，因此，对铜含量的控制提出了更严格的要求，控制值为 $2\mu g/L$，期望值为 $1\mu g/L$。对于凝汽器采用铜管的系统，由于真空除氧作用，不会引起铜管的腐蚀，凝结水精处理能去除大部分铜离子，因此，给水含铜量能达到 $3\mu g/L$ 以下。

4.3.3.2 汽包锅炉加氧处理

在汽包锅炉机组正常运行时，给水处理应根据所选择的处理方式，控制热力除氧器和加热器的运行状态，并进行适当的给水加药处理，使给水水质调节的指标（pH 值、DO）符合表 4-1 的规定，从而有效控制给水系统的腐蚀，保证给水中铁、铜含量也符合表 4-1 的标准。

当汽包锅炉转为 OT 方式运行时，应同时对给水进行加氧和加氨处理，并使除氧器排气门保持微开状态、高压加热器的排气门保持关闭状态。在运行中，应按表 4-9 监测和控制机组的水汽质量，使各项指标达到相应的期望值。若关闭排气门影响高压加热器的换热效率，可根据机组的运行情况微开或定期开启排气门。

表 4-9　汽包锅炉给水加氧处理正常运行水汽质量标准（DL/T 805.1—2011）

取样点	监督项目	项目单位	控制值	期望值	监测频率
凝结水泵出口	$\kappa_H(25℃)$	$\mu S/cm$	≤0.3	≤0.2	连续
	DO	$\mu g/L$	≤30	≤20	连续
	Fe	$\mu g/L$	—	—	每周一次
	Cl^-	$\mu g/L$	—	—	根据需要
凝结水精处理出口	$\kappa_H(25℃)$	$\mu S/cm$	≤0.12	≤0.10	连续
	SiO_2	$\mu g/L$	≤15	≤10	连续
	Na^+	$\mu g/L$	≤5	≤3	连续
	Fe	$\mu g/L$	≤5	≤3	每周一次
	Cl^-	$\mu g/L$	≤3	≤1	根据需要
除氧器入口	$\kappa(25℃)$	$\mu S/cm$	1.8~3.5	2.0~3.0	连续
	DO	$\mu g/L$	30~150	30~100	连续
省煤器入口	$\kappa(25℃)$	$\mu S/cm$	1.8~3.5	2.0~3.0	连续
	pH 值(25℃)		8.8~9.1[①]	—	连续
	$\kappa_H(25℃)$	$\mu S/cm$	≤0.15	≤0.12	连续
	DO	$\mu g/L$	20~80[②]	30~80[②]	连续

取样点	监督项目	项目单位	控制值	期望值	监测频率
省煤器入口	Fe	μg/L	≤5	≤3	每周一次
	Cl⁻	μg/L	≤3	≤1	根据需要
下降管炉水	κ_H(25℃)	μS/cm	≤1.5	≤1.3	连续
	DO	μg/L	≤10	≤5	连续
	Cl⁻	μg/L	≤120	≤100	根据需要
汽包炉水	κ(25℃)	μS/cm	4~12	4~8	连续
	pH 值(25℃)		9.0~9.5	9.1~9.4	连续
	SiO_2	μg/L	≤150	≤120	—
	Fe	μg/L	—	—	每周一次
	Cl⁻	μg/L	—	—	根据需要
主蒸汽	κ_H(25℃)	μS/cm	<0.15	<0.10	连续
	DO	μg/kg	≥10	—	根据需要
	SiO_2	μg/kg	≤15	≤10	连续
	Na⁺	μg/kg	≤5	≤2	连续
	Fe	μg/kg	≤5	≤3	每周一次
高压加热器疏水	DO	μg/L	≥5	≥10	根据需要
	Fe	μg/L	≤5	≤3	每周一次

①由于直接空冷机组的空冷凝汽器存在腐蚀问题，因此其给水 pH 值应通过试验确定。

②给水 DO 的控制值应通过锅炉下降管炉水允许的 DO 值与给水 DO 值的关系试验确定。

汽包锅炉给水加氧处理正常运行水汽质量监督取样点包括直流锅炉的那些取样点，此外还应监督炉水水质，增加下降管炉水和汽包炉水监督，监督的水质指标基本一致。控制值和期望值略有差异。汽包锅炉采用加氧处理要求凝结水必须配备精处理系统，给水氢电导率的控制值与直流锅炉一致。考虑到杂质会在锅炉水中浓缩，炉水氢电导率难以满足加氧条件的要求，过高的溶解氧和过低的 pH 值，均会加速腐蚀，因此，给水 pH 值的控制下限为 8.8，高于直流锅炉，DO 的控制上限为 80μg/L，低于直流锅炉；下降管炉水氢电导率小于 1.5μS/cm，DO 含量小于 10μg/L，Cl⁻含量小于 120μg/L，控制下降管炉水水质就是控制水冷壁入口的锅炉水水质。溶解氧含量过高，会造成水冷壁管氧腐蚀，同时，氯离子会降低钢铁的氧化还原电位，即破坏钝化膜造成水冷壁管点蚀，因此需严格控制溶解氧、氯离子以及氢电导率。此外，为了安全起见，汽包炉水 pH 值范围为 9.0~9.5，与还原性水化学工况的 pH 值控制范围一致。

4.3.3.3 水、汽取样方法

进行水、汽质量监督时，从热力系统的各个部位取出具有代表性的水、汽样品很重要，这是正确进行水、汽质量监督的前提。所谓有代表性的样品，就是说这种样品能反映设备和系统中水、汽质量的真实情况，否则，即使采用很精密的测定方法，测得的数据也不能真正说明水、汽质量是否达到了标准，不能作为评价系统内部结垢、腐蚀和积盐等情况的可靠资料。为取得有代表性的水、汽样品，必须做到以下几方面：

（1）合理地选择取样地点；

（2）正确地设计、安装和使用取样装置（包括取样器和取样冷却装置）；

（3）正确地保存样品，防止已取得的样品被污染。

A 水的取样

热力系统中的水大都温度较高，在取样时应加以冷却。因为高温水既不便于取样也不便于测定，所以应将取样点的样品引至取样冷却器内进行冷却。一般冷却到 25~30℃（南方地区夏季不超过 40℃）。

取样的导管要用不锈钢管制成，不能用普通钢管和黄铜管，以免样品在取样过程中被取样导管中的金属腐蚀产物所污染。取样导管上，靠近取样冷却器处，装有两个阀门：前面一个为截止阀，后面一个通常为针形节流阀（对于低压水取样，也可用截止阀）。取样器在工作期间，前一个阀门应全开，用后一个阀门调节样品的流量，一般调至 350~500mL/min。样品的温度用改变冷却水流量的办法调整。样品的流量和温度都调好后，就可使样品不断地流着，取样时不再调动。

为保证样品的代表性，机组每次启动时，必须冲洗取样器。冲洗时，把两个阀门全部打开，让样品大流量地流出，取样装置冲洗干净后方可将样品流量调至正常流量。在机组正常运行期间，也应定期进行这样的冲洗。冲洗完后，使样品不断地流着，取样时不再调动。

凝结水取样点一般设在凝结水泵出口的凝结水管道上，对设置有凝结水精处理系统的机组，应在混床后的管道上取样监督精处理出水水质。给水取样点一般设在锅炉给水泵之后、省煤器以前的高压给水管上，最好安装在垂直的给水管管路上。为监督除氧器的运行情况，除氧器出口给水也应取样，为保证样品的代表性，取样点应设在离出口不大于 1m 的水流通畅处，从取样点引至水样冷却器的导管长度应不大于 8m。疏水取样点一般在疏水箱中，通常在距箱底 200~300mm处。炉水样品一般是从汽包的连续排污管中取出的，为保证样品的代表性，取样点应尽量靠近排污管引出汽包的出口，并尽可能安装在引出汽包后的第一个阀门之前。

B　蒸汽的取样

为便于测定，采用取样冷却器将蒸汽样品凝结成凝结水。蒸汽取样器中蒸汽的流量一般为 20~30kg/h。对样品引出导管及冷却器的要求与水的取样相同。在机组启动时应大流量、长时间冲洗蒸汽取样装置，避免取样管中附着的杂质污染样品。若取样装置污染严重，应进行排汽冲洗。取样装置工作时，取样阀门应保持打开状态，使蒸汽凝结水不断流出。锅炉产生的饱和蒸汽沿着管道流动时，常携带少量的炉水水滴，这些水滴在管内均匀分布的可能性较小。如蒸汽流速较低时，其携带的水滴便有一部分黏附在管壁上，形成水膜。饱和蒸汽的这种流动特点使其取样比较困难。取样管口位于蒸汽管道的中心或管壁取得的样品都不具有代表性。因为前者取出的蒸汽样品湿度较低，含钠量（或含硅量）偏低；后者则相反，取得的样品湿度较大，含钠量（或含硅量）偏高。为取得有代表性的饱和蒸汽样品，其取样过程必须同时满足几个条件：饱和蒸汽中的水分在管内均匀分布；取样器进口的蒸汽流速与管道内的流速相等；取样器装设在蒸汽流动稳定的管道内，并且远离阀门、弯头等部位，取样器进口必须对着蒸汽流动方向。取样器按结构形式分为探针式取样器、乳头式取样器、带混合器的单乳头取样器和缝隙式取样器。

过热蒸汽与饱和蒸汽不同，它不含水分，属单相介质，所以较容易取得有代表性的样品。它的取样点可设在过热蒸汽母管上，一般采用乳头式取样器，也有采用缝隙式的。取样时只要保证取样孔中的蒸汽流速与装取样管的管道中的蒸汽流速相等，就可取得有代表性的样品。

C　水汽取样分析装置

近年来，许多电厂水汽取样采用成套水汽取样分析装置，一台机炉配置一套。水汽取样分析装置一般采用除盐水进行闭式冷却。将不同参数的样品集中进行减温减压处理，使样品的压力、温度等参数适合人工取样及满足分析仪表的要求，便于运行监督。

a　装置的主要部件

某机组水汽取样系统如图 4-16 所示，它由高压阀、减压阀、中压阀、恒温热交换器、冷却器、离子交换树柱、温度计、流量计等组成。视样品的参数不同，所用的器件也有所不同。监测系统包括各类在线化学分析仪表，如硅含量表（记作 SiO_2）、钠含量表（记作 Na）、电导率表（记作 C）、pH 计（记作 pH）、溶解氧表（记作 O_2）等，以及记录仪表。样品送入监测系统中进行分析、监测和记录。

b　主要技术指标

（1）环境温度：5~40℃。

（2）冷却水参数：流量 25t/h，压力 0.2~0.7MPa，温度小于 33℃。

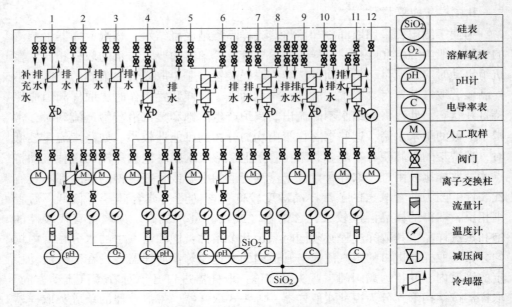

图 4-16　某机组水汽取样系统

1—凝结水泵出口水；2—除氧器进口水；3—除氧器出口水；4—给水省煤器入口水；
5—汽包左侧炉水；6—汽包右侧炉水；7—左侧饱和蒸汽；8—右侧饱和蒸汽；9—左侧过热蒸汽；
10—右侧过热蒸汽；11—再热器入口蒸汽；12—除盐冷却水

（3）经减压、减温后的样品参数：压力小于 0.1MPa，温度小于 35℃。

（4）恒温后的样品温度：25℃±1℃。

c　使用方法

（1）首先投运冷却水系统，开启所有冷却器冷却水流路阀门，观察该系统，特别是观察各冷却水流量监测器有无泄漏，如发现泄漏，应及时处理。

（2）取样装置设置有前排污管和后排污管，前排污管主要排放人工取样台及化学仪表排放的样水；后排污管用于系统取样管路清洗时排水。前、后排污管之间一般有一个阀门连接，防止在用高温、高压水汽冲洗取样管时把高温、高压水汽导入前部仪表排水系统中去。因此，在冲洗取样管路前应首先关闭此阀门，然后打开取样管路的排水阀进行管路冲洗。此时应是单路或两路同时进行，不得全部同时冲洗。冲洗结束后，应及时打开前、后排污管路的连接阀。

（3）依次缓慢打开样水管路入口阀，调整减压阀使各管路的流量符合设计要求，人工取样水样流量为 500mL/min，各化学分析仪表流量以表计给定的流量为准。

（4）监视各样水管路的温度，不得高于 45℃；如有超温，应检查冷却水的温度、流量是否符合技术指标。当温度超过 50℃时，超温保护系统动作，即其电接点温度计节点闭合，超温保护电磁阀启动，关断水样，同时安全阀打开，从安全阀排出管路中的水样，实现对水样的超温保护。

（5）当系统中取样部分运行正常时，各取样管路在水样冲洗 2h 后即可投入在线分析仪表，但对 pH 计、Na 表和电导率表等需要恒温的，要待恒温系统工作正常后投运。投运分析仪表前，应仔细阅读仪表使用说明书，按其规定投运仪表，以免产生误差，甚至损坏表计。

d 注意事项

（1）高压针型阀不宜频繁操作。

（2）冷却器中冷却水不得中断，以防止水样温度过高而损坏设备。

（3）运行中若水样流量下降，则关闭一次阀门，拆开螺旋减压阀，清除垢物。若除垢后流量仍未恢复，则需要查找其他原因。

（4）运行中应对所有分析仪表（包括在线的、离线的及实验室用的）进行定期检查，对不合格的仪表要进行校正或更换，确保分析结果准确、可靠。

在停运及检修过程中，各种在线化学分析仪表的测量系统，应保持有水流或保持电极部分浸泡在水中，防止电极干枯，以免重新启动时发生故障。

4.3.3.4 水汽质量劣化处理

A 水汽质量劣化情况的处理原则

在火力发电机组的运行过程中，给水可能受到污染（如发生凝汽器泄漏、冷却水漏入而引起的污染等）而水质劣化，导致水汽系统发生腐蚀、结垢、积盐等水化学故障。给水水质劣化越严重，所引起的故障危害越大，越需要尽快查明原因，使水质恢复正常。为及时、有效地处理水汽质量劣化现象，GB/T 12145—2016 规定了水汽质量劣化情况的处理原则，见表 4-10。

表 4-10 水汽质量劣化情况的处理原则（GB/T 12145—2016）

处理等级	水化学故障	处理原则
一级	可能发生	应在 72h 内恢复至相应的标准值，否则应采取二级处理
二级	正在发生	应在 24h 内恢复至相应的标准值，否则应采取三级处理
三级	快速发生	若 4h 内水汽质量不好转，应立即停炉

水汽质量劣化时，应迅速检查取样是否具有代表性、测量结果是否准确，并综合分析水汽系统中水汽质量的变化。确认劣化判断无误后，应立即按照表 4-10 的规定采取相应处理措施，在规定时间内找到并消除导致水质劣化的原因，使水质恢复到标准值的范围内。

B 水质异常处理

锅炉给水水质异常时，一般应按 GB/T 12145—2016 的规定来处理，见

表 4-11。但是水汽只有在高纯水中氧才可能起钝化作用，所以给水保持高纯度是实施 OT 水化学工况的前提条件。

表 4-11   锅炉给水水质异常的处理值（GB/T 12145—2016）

项目	给水处理方式及相关条件		标准值	处理等级		
				一级	二级	三级
$\kappa(25℃)$ /$\mu S \cdot cm^{-1}$	有精处理除盐		≤0.15	>0.15	>0.20	>0.30
	无精处理除盐		≤0.30	>0.30	>0.40	>0.65
pH[①]值 (25℃)	AVT	有铜给水系统	8.8~9.3	<8.8 或>9.3	—	—
		无铜给水系统[②]	9.2~9.6	<9.2 或>9.6	—	—
	OT		8.5~9.3	<8.5	—	—
DO[③]/$\mu g \cdot L^{-1}$	AVT(R)		≤7	>7	>20	—

①直流锅炉给水 pH 值低于 7.0，按三级处理。
②凝汽器管为铜管时，pH 标准值为 9.1~9.4，则一级处理值为 pH<9.1 或 pH>9.4。
③DL/T 805.4—2016 规定 AVT(O)方式下，DO 异常的一、二级处理值分别为大于 $10\mu g/L$、大于 $20\mu g/L$。

因此，在 OT 水化学工况下水质的各项监督项目中，最重要的是凝结水和给水的氢电导率（25℃），对其监测可及时、准确地发现水质的变化。当凝结水和给水氢电导率偏离控制指标时，应迅速检查取样的代表性，确认测量结果的准确性，然后根据表 4-12 采取相应的措施，分析水汽系统中水汽质量的变化情况，查找并消除引起污染的原因，以保持 OT 所要求的高纯水质。

表 4-12   水质异常处理措施（DL/T 805.1—2011）

水质异常情况	应采取的措施
凝结水 κ_H>0.3$\mu S/cm$	查找原因，并按 GB/T 12145—2016 的要求采取三级处理
凝结水精处理出口 κ_H>0.12$\mu S/cm$；除氧器入口 κ_H>0.2$\mu S/cm$	停止加氧，转换为 AVT(O)方式运行；此时，应打开除氧器启动排气门和高压加热器运行连续排气一、二次门；除氧器入口 κ 控制值改为 7.0$\mu S/cm$，将给水 pH 值提高至 9.3~9.6；待省煤器入口 κ_H 合格后，再恢复加氧处理工况

汽包锅炉给水的加氧处理，当凝结水精处理出口母管凝结水氢电导率超标，并且省煤器入口给水或下降管炉水氢电导率也出现异常，应按表 4-13 及时采取相应的处理措施。

表 4-13　汽包锅炉给水加氧处理时给水或

下降管炉水 κ_H 异常的处理措施（DL/T 805.1—2011）

等级	$\kappa_H(25℃)/\mu S \cdot cm^{-1}$		应采取的措施
	省煤器入口	下降管炉水	
一级	0.15~0.20	1.3~3.0	适当减小加氧量，增加锅炉排污，检查并控制凝结水精处理出口水水质，使给水和下降管炉水尽快满足表 4-9 的要求
二级	>0.20	>3.0	停止加氧，加大凝结水精处理出口的加氨量，使给水 pH=9.2~9.5，并维持炉水 pH=9.1~9.4；查找给水和下降管炉水 κ_H 高的原因，加大锅炉排污，使水质尽快满足加氧处理的要求

对凝结水泵出口的凝结水进行监测，可及时发现凝汽器渗漏迹象和泄漏事故，掌握凝汽器的运行状态。水质异常时的处理值见表 4-14。

表 4-14　凝结水泵出口凝结水水质异常的处理值（GB/T 12145—2016）

项目		标准值	处理等级		
			一级处理	二级处理	三级处理
$\kappa_H(25℃)$ /$\mu S \cdot cm^{-1}$	有精处理除盐	≤0.30[①]	>0.30[①]	—	—
	无精处理除盐	≤0.30	>0.30	>0.40	>0.65
钠含量[②]/$\mu g \cdot L^{-1}$	有精处理除盐	≤10	>10	—	—
	无精处理除盐	≤5	>5	>10	>20

①主蒸汽压力大于 18.3MPa 的直流锅炉，凝结水 κ_H 的标准值为不大于 0.2μS/cm，一级处理值为大于 0.2μS/cm。

②用海水冷却的电厂，当凝结水精处理装置出水的钠含量大于 400μg/L 时，应紧急停机。

4.3.3.5　停（备）用保养

（1）中、短期停机。停机前应调整给水 pH 值为 9.3~9.6。锅炉需要放水时，应执行《火力发电厂停（备）用热力设备防锈蚀导则》（DL/T 956—2017）的相关规定；锅炉不需要放水时，锅炉应充满 pH 值为 9.3~9.6 的除盐水。

（2）长期停机。应提前 4h 停止加氧。汽轮机跳闸后，应建立分离器回凝汽器的循环回路，凝结水直接通过精处理系统的旁路流至下游系统，提高凝结水精处理出口加氨量，调整给水 pH 值为 9.6~10.0。然后，按照 DL/T 956—2017 的相关规定，停炉冷却，当锅炉压降至 1.0~2.4MPa 时，热炉放水，打开锅炉受热面所有疏放水门和空气门。

注意：给水加氧处理的机组不可进行成膜胺保护。

4.3.4　机组启动时的控制方法

4.3.4.1　启动时的水质控制

无论是汽包锅炉还是直流锅炉，若给水处理采用 AVT 或 OT 水化学工况，那么机组启动时都应尽快投运凝结水精处理设备，并按照 GB/T 12145—2016 的规定进行冷态和热态清洗。

锅炉启动时，给水质量应符合表 4-15 的规定，在热启动时 2h 内或冷启动时 8h 内应达到表 4-1 的标准值。锅炉启动后，并汽或汽轮机冲转前的蒸汽质量可按表 4-16 控制，且应在机组并网后 8h 内达到表 4-17 的标准值。

表 4-15　锅炉启动时给水质量标准（GB/T 12145—2016）

锅炉过热蒸汽压力/MPa	汽包锅炉			直流锅炉
	3.8~5.8	5.9~12.6	>12.6	
$H/\mu mol \cdot L^{-1}$	≤10.0	≤5.0	≤5.0	≈0
$\kappa_H/\mu S \cdot cm^{-1}$	—	—	≤1.0	≤0.50
$Fe/\mu g \cdot L^{-1}$	≤150	≤100	≤75	≤50
$DO/\mu g \cdot L^{-1}$	≤50	≤40	≤30	≤30
$SiO_2/\mu g \cdot L^{-1}$			≤80	≤30

表 4-16　汽轮机冲转前的蒸汽质量标准（GB/T 12145—2016）

汽包锅炉过热蒸汽压力/MPa	电导率(25℃)/$\mu S \cdot cm^{-1}$	二氧化硅	铁	铜	钠
		μg/kg			
3.8~5.8	≤3.00	≤80	—	—	≤50
>5.8	≤1.00	≤60	≤50	≤15	≤20

表 4-17　汽包锅炉的过热蒸汽和饱和蒸汽质量标准（GB/T 12145—2016）

汽包锅炉压力/MPa	钠 /$\mu g \cdot kg^{-1}$		氢电导率（25℃） /$\mu S \cdot cm^{-1}$		二氧化硅 /$\mu g \cdot kg^{-1}$		铁 /$\mu g \cdot kg^{-1}$		铜 /$\mu g \cdot kg^{-1}$	
	标准值	期望值	标准值	期望值	标准值	期望值	标准值	期望值	标准值	期望值
3.8~5.8	≤15	—	≤0.30	—	≤20	—	≤20	—	≤5	—
5.9~15.6	≤5	≤2	≤0.15[①]	—	≤15	≤10	≤15	≤10	≤3	≤2
15.7~18.3	≤3	≤2	≤0.15[①]	≤0.10[①]	≤15	≤10	≤10	≤5	≤3	≤2
>18.3	≤2	≤2	≤0.10	≤0.08	≤10	≤5	≤5	≤2	≤2	≤1

①表面式凝汽器、没有凝结水精处理除盐装置的机组，蒸汽的脱气氢电导率标准值不大于 0.15μS/cm，期望值不大于 0.10μS/cm，没有凝结水精处理除盐装置的直接空冷机组，蒸汽的氢电导率标准值不大于 0.3μS/cm，期望值不大于 0.15μS/cm。脱气氢电导率是水样经过脱气处理后的氢电导率。

机组启动时，还应监督凝结水和疏水质量。无凝结水精处理装置的机组，凝结水应排放至满足表 4-15 规定的给水水质标准方可回收；有凝结水精处理装置的机组，凝结水的回收质量应符合表 4-18 的规定，处理后的水质应满足给水水质要求。疏水回收至除氧器时，应确保给水质量符合表 4-15 的要求；有凝结水精处理装置的机组，疏水 $c(Fe) \leqslant 1000 \mu g/L$ 时，可回收至凝汽器。

表 4-18 机组启动时凝结水回收标准（GB/T 12145—2016）

凝结水处理方法	外观	H/$\mu mol \cdot L^{-1}$	Cu/$\mu g \cdot L^{-1}$	Fe/$\mu g \cdot L^{-1}$	Na/$\mu g \cdot L^{-1}$	SiO$_2$/$\mu g \cdot L^{-1}$
过滤				$\leqslant 500$	$\leqslant 30$	$\leqslant 80$
精除盐	无色透明	$\leqslant 5.0$	$\leqslant 30$			
过滤+精除盐				$\leqslant 1000$	$\leqslant 80$	$\leqslant 200$

给水处理采用 OT 的机组，启动时给水处理应采用 AVT(O)，待机组带负荷稳定运行，且水质符合加氧要求时可转换为 OT 方式。在汽包锅炉启动时，还应充分利用锅炉排污，以尽快使下降管炉水氢电导率小于 $1.5 \mu S/cm$，维持炉水 pH 值为 $9.1 \sim 9.4$。

对于直流锅炉而言，由于锅炉给水氢电导率在机组启动阶段达不到加氧处理的标准，并且随负荷的增加而变化，因此从锅炉冷态循环冲洗直到机组稳定运行，给水处理都后应采用 AVT(O) 方式，通过加氨将给水 pH 值提高到 $9.2 \sim 9.6$（无铜系统）。机组启动时，通常将自动加氨系统的控制方式设为手动，然后启动加氨泵，根据机组凝结水流量的变化手动调节加氨泵变频器的转速，将除氧器入口水的电导率控制在 $7.0 \mu S/cm$（pH $\approx$ 9.42）左右。机组并网稳定运行后，加氨采用自动控制，加氨泵变频器的控制反馈信号设定为除氧器入口给水电导率，保证给水 pH 值控制在标准范围内。

机组带负荷稳定运行后，当凝结水精处理出口母管凝结水 $\kappa_H < 0.12 \mu S/cm$，省煤器入口给水 $\kappa_H < 0.15 \mu S/cm$，并有继续降低的趋势，且热力系统的其他水汽品质指标均正常时，方可开始加氧，给水处理由 AVT(O) 方式向 OT 方式转换。在转换初期，为了加快水汽系统钢表面保护膜的形成和溶解氧的平衡，可通过增大加氧流量来适当提高给水含氧量，但最高不得超过 $300 \mu g/L$。此时，应该注意给水氢电导率的变化，如给水氢电导率随加氧流量的提高而上升，则应适当调低加氧流量，确保 $\kappa_H < 0.15 \mu S/cm$。加氧 8h 后，将除氧器入口给水电导率设定值由 $7.0 \mu S/cm$ 调至 $2.0 \sim 3.0 \mu S/cm$（汽包锅炉）或 $1.0 \sim 2.7 \mu S/cm$（直流锅炉）。

机组启动时，应打开除氧器和高压加热器的排气门。投入加氧系统后，应根据给水 DO 监测结果调节加氧流量及除氧器和高压加热器的排气阀开度，将除氧器入口和省煤器入口的给水 DO 控制在 $30 \sim 150 \mu g/L$。开始加氧后 4h 内，关闭除氧器排气门至微开状态；同时，关闭高压加热器排气门，保持高压加热器疏水DO>5μg/L。

4.3.4.2　直流炉启动时的清洗

在机组停运期间，直流锅炉本体的水汽系统和炉前系统不可避免地会产生一些腐蚀产物、硅化合物等杂质，即使是在化学清洗（包括新机组启动前的化学清洗）之后，仍存在少量杂质。由于直流锅炉没有排污功能，因此对于新机组或停运时间超过150h以上的运行机组，必须对锅炉进行水清洗，保证直流锅炉受热面内表面的清洁。直流炉启动清洗包括冷态清洗和热态清洗。

A　冷态清洗

冷态清洗就是在直流锅炉点火前，用除盐水（或凝结水）清洗包括凝汽器、低压加热器、除氧器、高压加热器、省煤器、水冷壁、启动分离器和贮水罐在内的水汽系统设备和相关输水管道。清洗过程包括逐级开式冲洗和闭式循环清洗，每个清洗阶段水质合格后，方可进行下一阶段的清洗。开式冲洗合格的水质标准为：$c(Fe)<500μg/L$或浊度不大于3NTU，油脂不大于1mg/L，$pH=9.2\sim9.6$。冲洗排水水质达到这一标准后，即可开始循环清洗。循环清洗合格的水质标准为：$\kappa_H\leq1μS/cm$，$c(Fe)<100μg/L$，$pH=9.2\sim9.6$。

低压给水系统（给水泵之前的水汽系统）的清洗过程一般包括凝汽器循环清洗—低压给水系统开式冲洗—低压给水系统闭式循环清洗，循环清洗回路（常称小循环）：凝汽器→凝结水泵→前置过滤器→混床→低压加热器→除氧器→凝汽器。清洗时，除氧器出口水$c(Fe)<200μg/L$后，即可结束小循环，开始清洗高压给水系统。

高压给水系统主要包括高压加热器等设备及相关给水管道。首先启动凝结水泵和一台给水前置泵，通过凝结水精处理装置和低压系统对高压加热器进行开式冲洗，直到高压加热器出口水$c(Fe)<500μg/L$、浊度不大于3NTU，然后进行闭式循环清洗，循环清洗回路：凝汽器→凝结水泵→前置过滤器→混床→低压加热器→除氧器→给水前置泵→高压加热器→凝汽器。当高压加热器出口水$c(Fe)<200μg/L$后，即可结束循环清洗，开始锅炉的清洗。

锅炉的冷态清洗主要是对省煤器、水冷壁、启动分离器及贮水罐等设备和相关输水管道进行清洗。首先进行冷态开式冲洗，需用辅助蒸汽加热除氧器，保证除氧器出口水温在80℃左右，通过高压加热器旁路向锅炉进行冲洗。清洗过程中，锅炉疏水扩容器至凝汽器电动闸阀关闭，清洗水通过锅炉疏水扩容器排到机组排水槽，直至贮水罐出口水$c(Fe)<500μg/L$，$SiO_2<200μg/L$。然后进入循环清洗，循环回路为（常称大循环）：凝汽器→凝结水泵→前置过滤器→混床→低压加热器→除氧器→给水前置泵→高压加热器→省煤器→水冷壁→启动分离器及贮水罐→锅炉疏水扩容器→凝汽器。省煤器入口给水质量达到表4-15中直流锅

炉启动时的给水质量标准，即可结束冷态循环清洗。

表4-19为某超临界机组冷态启动时各阶段水汽的质量标准，供参考。

表4-19　某超临界机组冷态启动时各阶段水汽的质量标准

取样点	pH 值	κ_H	DO	Fe	N_2H_4	Na^+	SiO_2
	25℃	μS/cm	μg/L	μg/L	μg/L	μg/L	μg/L
机组点火至安全阀试验结束（升压过程）							
省煤器入口	9.0~9.5	≤0.5	≤10	≤50	20~50		≤30
贮水箱出口	9.0~9.5		≤10	≤100	20~50		≤30
汽轮机冲转至负荷试验							
凝结水泵出口	9.0~9.5	≤0.5	≤50	≤50	≤30		
除氧器入口	9.0~9.5	≤0.5			20~50		
除氧器出口	9.0~9.5		≤10	≤50			≤20
省煤器入口	9.0~9.5	≤0.5		≤50	20~50		≤30
主蒸汽		≤0.2		≤10			≤20
空负荷整套调试							
省煤器入口	9.0~9.5	≤0.5	≤10	≤50	20~50		≤30
启动分离器出口				≤100			
主蒸汽		≤0.2		≤10			≤20
凝结水泵出口（凝结水回收）	9.0~9.5	≤0.5		≤500			≤30
机组带负荷调试							
省煤器入口	9.0~9.5	≤0.2	≤5	≤10	20~50	≤10	≤20
主蒸汽		≤0.2		≤10		≤10	≤20
凝结水泵出口		≤0.3	≤50			≤10	

注：以上项目每小时分析一次。

B　热态清洗

锅炉冷态清洗结束后，即可点火。在直流锅炉启动过程的前期阶段，水在水汽系统中的流程与锅炉冷态闭式循环清洗时的流程相同。随着启动过程的进行，水的温度和压力逐渐升高，残留在水汽系统内的杂质（主要是铁的腐蚀产物和硅化合物）会被冲洗出来，可通过凝结水处理系统除掉。当水温升高到一定数值后，应暂时停止升温，水冷壁出口温度控制在150~170℃，对锅炉进行热态冲洗，使水流从锅炉本体水汽系统中带出的杂质在循环过程中不断被凝结水处理系统除去。热态清洗至启动分离器出口含铁量小于 100μg/L 为止。热态清洗后，可继续升温、升压，当锅炉起压后，通过旁路系统进行过热器和再热器系统的冲洗。当主蒸汽和再热蒸汽的蒸汽品质符合表 4-20 的标准时，可以进行汽轮机冲转。

表 4-20　汽轮机冲转前的蒸汽质量标准（GB/T 12145—2016）

炉型	$\kappa_H/\mu S \cdot cm^{-1}$	$Fe/\mu g \cdot kg^{-1}$	$Cu/\mu g \cdot kg^{-1}$	$SiO_2/\mu g \cdot kg^{-1}$	$Na/\mu g \cdot kg^{-1}$
直流锅炉	≤0.50	≤50	≤15	≤30	≤20

4.3.5　直流锅炉实施 OT 水化学工况

直流锅炉通过在高纯给水中加入适量的氧化剂，利用给水中一定浓度的溶解氧对碳钢的钝化作用，使热力设备金属表面形成致密光滑的氧化膜，从而达到减缓设备腐蚀的目的。它与给水除氧的还原性水工况截然相反，是一种氧化性工况，打破了锅炉给水溶解氧浓度越低越好的传统水处理理念。

4.3.5.1　直流锅炉 OT 水化学工况的典型问题

在研究应用给水加氧处理技术的实践中，对于 TP347H 材质的过热器来讲，给水加氧处理具有促进 TP347H 材质氧化皮剥离的作用。在加氧的应用中，有些电厂实施给水加氧处理后，不久就发现过热器中产生大量的氧化皮，由此甚至导致过热器发生爆管事故。

例如，某电厂给水开始加氧加氨联合处理，3 个月后主汽门卡涩，停止使用加氧处理改为改良碱性处理；某电厂实施给水加氧处理，运行 10 个月后，出现锅炉末级过热器爆管。这两个电厂主汽门卡涩、过热器爆管都是由高温氧化皮引起的。可见，加氧处理如果控制不当，将会引发新的甚至更大的问题。

4.3.5.2　案例分析

A　1000MW 机组采用 OT 处理运行状况

某电厂 2 号机组为 1000MW 超超临界机组，原先给水采用弱氧化性全挥发处理，经过试验后转为 OT 工况运行。正常运行情况下，给水溶解氧控制在 30~80μg/L。该电厂 2 号机组加氧前省煤器、水冷壁向火侧结垢量分别为 $54g/m^2$ 和 $71g/m^2$；OT 工况运行 35 个月后，省煤器、水冷壁向火侧结垢量分别为 $70g/m^2$ 和 $86g/m^2$，相当于加氧后省煤器结垢速率仅为 $5.5g/(m^2 \cdot a)$ 左右，水冷壁结垢速率仅为 $5.1g/(m^2 \cdot a)$ 左右。表 4-21 为该机组割管检查结垢量的结果，同时列举了某电厂同类型 1000MW 机组采用 AVT(O)工况锅炉结垢情况。显然，与 AVT(O)工况相比，OT 工况下锅炉受热面的结构速率明显降低。

表 4-21　锅炉受热面垢量测试结果

机组名称	给水处理方式、运行时间	管样名称		结垢量 /g·m⁻²	结垢速率 /g·(m²·a)⁻¹
某电厂 2 号机组	AVT(O) 工况 5 个月+ OT 工况 35 个月	省煤器		70	21
		水冷壁	向火侧	86	26
			背火侧	80	24
某电厂 1000MW 机组	AVT(O) 工况 38 个月	省煤器		100	32
		水冷壁	向火侧	270	85
			背火侧	158	50

众所周知，过热器、再热器金属氧化皮的形成属于高温水蒸气氧化范畴，但给水加氧处理对蒸汽系统金属高温氧化的影响一直存在较大争议。从割管检查的结果来看，该电厂 2 号机高温过热器和高温再热器（包括 super304H 和 HR3C）的高温氧化现象未见异常。这是因为该电厂通过试验将给水溶解氧量控制在适宜范围内（30~80μg/L）。金相显微镜检测结果也表明，OT 工况运行 3 年后，2 号机组过热器、再热器氧化皮最大厚度约 25μm，处于正常水平，氧化层也未出现明显孔洞缺陷和剥落迹象。

B　650MW 机组采用 OT 处理运行状况

某电厂 3 台 650MW 超临界直流炉自投产之初就采用了给水 OT 工况，运行满一个大修周期后对屏式过热器、末级过热器、低温再热器、高温再热器均进行了割管检查，结果发现 T91 管材氧化皮含量较高，已影响机组的安全稳定运行。

有学者曾怀疑蒸汽管道内壁的氧化层是由于蒸汽中溶解氧与金属表面反应形成的，认为给水 OT 会大大增厚管道内壁的氧化层，以致造成氧化层脱落。其可能性可通过氧量平衡计算来分析。设蒸汽中含氧量由于加氧处理增高了 10μg/kg，对于 1 台 600MW 机组，按蒸汽总量计算，10μg/kg 的溶解氧每小时总共可生成 72.3g 的 Fe_3O_4。600MW 机组锅炉过热器和再热器的总受热面为 23101m²，这样，每年蒸汽管道内表面生成 27.4g/m² 的 Fe_3O_4。这说明，即使蒸汽中的溶解氧全部转化为 Fe_3O_4，量也不高。实际过热器管内的垢量要多很多。显然，过热器、再热器氧化皮是高温条件下，铁和水蒸气直接反应的产物。由此可见，给水无论是 AVT 还是 OT，均会形成高温氧化皮，过热器、再热器高温氧化层已经成为威胁机组安全运行的重大隐患，是超临界大型机组安全运行共同面临的技术挑战。

4.3.5.3　氧化皮脱落及其防止

A　氧化皮的形成与脱落机理

a　氧化皮的形成机理

蒸汽管道内氧化膜的形成过程可分为制造加工阶段和运行阶段。蒸汽管道制造加工过程中的氧化膜是在570℃以上的高温条件下，由空气中的氧和金属结合形成。氧化膜分为三层，由钢表面向外依次为 FeO、Fe_3O_4、Fe_2O_3。因此，在锅炉投产前，需进行酸洗，以去除制造加工时形成的易脱落氧化层，然后重新钝化，以利于其在机组运行时形成良好的氧化层。同时，在基建调试期间也可以考虑对过热器和再热器管道进行加氧吹扫，将易脱落的氧化层颗粒冲掉的同时，加速形成坚固的氧化层。

蒸汽管道在运行中，钢表面生成的氧化膜是金属在高温水汽中发生氧化的产物。纯净的水蒸气在低温下是稳定且惰性的，但在400℃以上具有较强的氧化性，对于钢铁而言，水蒸气在500~700℃时是较强的氧化剂。在壁温小于570℃时，水蒸气与纯铁发生氧化反应，生成由 Fe_2O_3 和 Fe_3O_4 组成的氧化膜，金属粒子在这两种氧化物构成的氧化层内扩散速度较慢，可以保护或减缓钢材表面的进一步氧化，而且总的氧化速度较慢。当壁温大于570℃时，受热面金属氧化反应速率曲线由抛物线形转化为直线形，生成的氧化膜主要由 Fe_2O_3、Fe_3O_4、FeO 组成，且 FeO 的生成速率较 Fe_2O_3 或 Fe_3O_4 更快，此状态下的金属抗氧化能力大大降低。

在实际运行中，当水蒸气达到450℃时，氧化膜由氧化反应和电化学反应形成，电化学反应促进 Fe_3O_4 转化为 FeO，此时不锈钢的氧化层会迅速增厚。氧化层达到一定厚度时，就会在运行条件变化（导致管壁温度突然大幅变化）时剥落，形成脱落氧化皮。由于选用材料和超临界机组锅炉的气温特性，在运行中过热器、再热器管内必然会产生氧化层，在控制不精确的情况下，水蒸气达到570℃以上时，会生成多相超厚氧化层（易脱落氧化皮），其氧化机制如图 4-17 所示。氧化皮的生成、生长速度和脱落情况与温度及其变化速率密切相关。

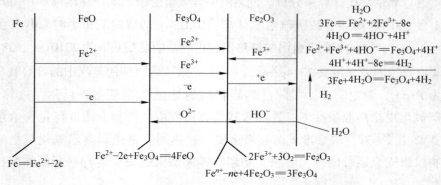

图 4-17　570℃水蒸气的氧化机制

b 氧化皮的脱落机理

在蒸汽环境下，金属内壁出现氧化皮情况实际上是一个自然的过程，金属最初处于蒸汽状态时，就会快速生成氧化皮。氧化皮一旦形成，相应的氧化反应就会变慢，而且金属初步进入蒸汽环境时，形成的氧化皮结构具有很强的致密性，可以有效阻碍氧化反应的进一步发生。而如果环境因素的稳定性得不到保证时，如超温、压力波动等，金属的双层膜氧化皮结构就会转变为多层膜氧化皮结构。此时，氧化皮的厚度不断增加，剥落的可能性也就不断增大。

因此，氧化皮脱落必须同时具备的两个基础条件为：

（1）氧化皮厚度值达到临界值（取决于管材、温降幅度和速度）；

（2）母材基体与氧化皮（或氧化皮间）应力达到临界值，且氧化皮脱落的允许应力随氧化皮厚度的增加而减小。

在锅炉启动、停炉或升降负荷过程中，受热面管温度变化幅度很大，由于母材和氧化皮的热膨胀能力不同，因此基体会对表面的氧化皮产生拉或压的作用，导致氧化皮开裂脱落。

脱落的氧化皮分为粉末状和片状两种，如图 4-18、图 4-19 所示。粉末状氧化皮开始剥落的温度比较低（厚度较小），而片状氧化皮开始剥落的温度比较高（厚度较大）。有试验数据表明，氧化皮一般是在降温过程中发生脱落，在 350℃ 附近发生急剧脱落。氧化皮在升温过程中，如在 200~300℃ 时也会发生脱落，但此时的脱落量比降温过程少。

图 4-18　高温过热器管屏下部 U 形弯头内取出的片状氧化皮

B 氧化皮脱落的影响因素

火电厂锅炉在运行期间蒸汽温度可高达 600℃ 左右，刚好符合蒸汽氧化的范围。这时水蒸气会自然分解，然后同锅炉的金属离子发生化学反应，形成金属氧化皮。随着高温时间的延长，金属管壁就会一直处于氧化状态，最终产生大面积的氧化皮。氧化皮的厚度一旦达到一定数值后便会自然而然脱落。造成氧化皮脱

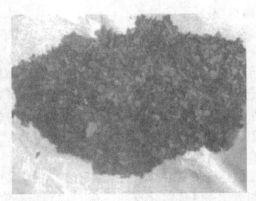

图 4-19　高温再热器出汽侧弯头内取出的粉末状氧化皮

落的主要因素如下。

（1）炉管材质。火电厂所使用的锅炉合金成分丰富多样，各种成分的抗氧性及抗氧化温度均存在明显差异。管材等级决定了正常运行温度下氧化皮的生长速度，当运行温度超过管材的允许使用温度时，氧化皮生长速度与温度呈指数关系上升，高温蠕变寿命随之下降。如在设计锅炉过程中未能考虑这些条件，炉管温度在很长时间超过抗氧化温度，将会导致锅炉氧化速度加快，氧化皮的厚度将会超出一定标准从而剥落。

（2）机组启停过程中产生的热应力。火电厂在启动机组时，一般情况下会承受较大的热负荷。如果在此过程中水循环标准达不到相关规定将会导致炉管保持高温干烧，从而导致迅速发生氧化反应。一旦发生这种现象，通常运行人员会选择往炉管中喷入温水的方式进行降温。这种做法尽管能降低炉管温度，但却会造成热应力，从而致使氧化皮剥落。目前常见的氧化皮脱落现象都是由于这种问题导致的。机组停止运转时，热负荷将会发生大幅度波动，或是只能借助温水来保持蒸汽的热量，导致降低温度、产生热应力、剥落氧化皮。总的来说，机组在启停过程中温度的变化会引起热应力的变动，从而导致氧化皮剥落。

（3）氧化皮厚度。氧化皮越厚越容易发生脱落。管材合金含量越高，氧化皮发生脱落的厚度越小。不同管材材质氧化皮脱落厚度统计见表 4-22。

表 4-22　不同管材内壁氧化皮脱落厚度　　　　　　　　　　（mm）

材　质	最小剥离厚度	平均剥离厚度
12CrMoV	0.220	0.300
T23	0.170	0.210
T91	0.160	0.210
TP347H	0.070	0.092

C　氧化皮脱落的危害

（1）氧化皮的脱落与金属本身的热膨胀系数成正比，且氧化皮厚度越厚，氧化皮内部空洞尺寸越大。氧化皮脱落的倾向就越大。氧化皮脱落后易沉积在锅炉管道U形弯管道处，进一步加大温差，可能导致锅炉受热面超温、爆管事件。

（2）脱落的氧化皮颗粒会引起汽轮机前级叶片和喷嘴固体颗粒侵蚀及汽门卡涩，进而使汽轮机效率迅速下降，甚至危及汽轮机叶片的安全稳定运行。

（3）氧化皮脱落现象会导致机组效率下降、机组运行小时数下降、检修成本（人力和物力）增加等。

D　氧化皮脱落治理方法

（1）割管清理法。此法先对氧化皮剥离情况进行无损检测，然后对剥离严重的换热管由最低处割断，再将内部的氧化皮清理干净并焊接恢复，并且必须做到机组逢停必清。但在启动期间，管壁内已发生破裂甚至翘起的氧化皮仍会脱落，少量氧化皮还会堵塞节流孔，而焊接使用的水溶性纸也会产生爆管的风险。因此，许多电厂清理后或临停未清理仍出现了超温和爆管事故，运行期间氧化皮发生脱落问题并不能避免，加重了汽轮机的固体颗粒冲蚀，效率降低。

（2）材料升级换管法。此法是将氧化皮严重的换热管更换为等级更高的材质，如T91升级为TP347、TP347，粗晶升级为细晶或表面喷丸，TP347H升级为super304H。但仅更换新管，表面若无"富铬层"保护，投运后氧化皮的生长速度很快，几年后仍存在氧化皮脱落的风险。国内部分发电机组进行过热器材料换管升级改造后，两年左右又发生氧化皮大面积脱落情况。

（3）化学清洗法。此法采用先进的清洗技术，在高效溶解氧化皮的同时又不造成氧化皮大面积剥离堵管，能将过热器所有材料的腐蚀速度均控制在标准规定范围，且不引起奥氏体不锈钢发生晶间腐蚀。该方法可清洗容易脱落的外层氧化皮，而保留不易脱落的内层氧化皮。由于内层氧化皮的铬含量较高，也称"富铬层"，能有效降低氧化皮生长速度，延长再次发生脱落的时间。但其化学清洗废液需严格按照环保标准进行有效处理。

三种氧化皮治理方法一次性投入费用为材料升级换管>化学清洗>割管清理，但割管清理可能造成的相关经济损失最高。国内某亚临界600MW机组采用三种氧化皮治理方法的技术经济分析见表4-23。

表4-23　三种氧化皮治理技术经济分析

治理方法	一次性投入	优　点	缺　点
材料升级换管	最高，仅更换末级过热器费用约2000万元	几年内可避免氧化皮问题出现	费用高，工程量大，新管氧化皮生长速度快，几年后仍有发生氧化皮脱落的风险

续表 4-23

治理方法	一次性投入	优　点	缺　点
化学清洗	较低，为材料升级换管的 20%～25%	几年内可避免氧化皮问题出现，清洗后氧化皮生长速度下降	技术难度很大，要求高，需要处理大量清洗废液
割管清洗	最低，根据割管清理数量不同，一次费用 10 万～50 万元	几年后旧氧化皮完全脱落后，新氧化皮生长速度下降	冲蚀造成的损失每年可达数百万元，几年内的相关检修费用较多，临停未清理会存在爆管风险

某电厂 1 号机组为亚临界 600MW 机组，配套锅炉为 SG-2008/17.47-M903 型亚临界压力一次中间再热控制循环汽包炉。运行 8 年后陆续发生了多次氧化皮引起的爆管事故。割取部分过热器换热管发现氧化皮问题属于过热器材料正常氧化引起，机组选择了综合效益最佳的化学清洗治理氧化皮。化学清洗后，主蒸汽温度提高约 20℃，按降低煤耗约 3g/(kW·h) 计算，一年的直接经济效益可达 756 万元。

该电厂 3 号机组为超临界 660MW 机组，配套锅炉为 SG-2150/25.4-M976 超临界参数变压运行螺旋管圈直流锅炉。机组投运不足 3 年，检查发现 211 根末级过热器换热管底部存在堵管 1/3 以上的氧化皮堆积。主要原因为末级过热器主要材料为 T91。T91 的监视管壁温度不得高于 595℃（考虑到炉内与炉外温差30～40℃）。当主蒸汽温度、再热蒸汽温度达到额定参数时，末级过热器便存在管壁温度超温运行情况。如降温运行，煤耗会升高 1g/(kW·h)，直接影响机组运行的经济性；再热蒸汽温度降得过低还将威胁汽轮机的安全运行；从全寿命期内运行综合效益出发，机组不应长期降参数运行。因此，3 号机组选择了材料升级换管方法，将末级过热器材料更换为经过喷丸处理的 TP347HFG。管材升级更换后，机组恢复额定参数运行，按节约降温运行造成的增加供电煤耗 1g/(kW·h)计算，每年可避免损失约 320 万元。

E　氧化皮的控制措施

控制氧化皮的措施可以分为两类：降低氧化皮生成速度和减少氧化皮剥落危害。结合前面对氧化皮形成和脱落机理的研究和分析，可以得出以下控制措施。

(1) 调整和优化锅炉燃烧，防止蒸汽温度偏差过大或壁温过大，注意防止局部超温等，可大大降低氧化皮的形成速度，延缓氧化皮的剥落时间。

(2) 锅炉在启动、停止或改变负荷时，应严格按照程序进行，使过程尽可能平稳，避免燃烧强度剧烈波动，从而引起炉温波动。

(3) 优化减温水的投放方式，最大限度地减少减温水的使用，避免炉管温度波动过大。

（4）锅炉启动期间利用旁路吹扫炉管，可清除部分氧化皮脱落物。停炉时应检查氧化皮脱落物的堆积情况，消除因氧化皮脱落堵塞管道而导致爆管的隐患。

（5）氧化剥落严重的管段，可更换耐热等级较高的材质，也可以通过对晶粒细化处理和喷丸处理来提高钢的氧化性，减少氧化皮脱落。

4.4 给水处理方式的优化

4.4.1 给水处理方式的比较

如前所述，给水处理方式主要有 AVT 和 OT，其中 AVT(R)是一种还原性水化学工况，对于有铜给水系统，它兼顾了抑制铁、铜腐蚀的作用，给水含铜量和汽轮机的铜沉积量通常低于 AVT(O)和 OT 方式。但对于无铜给水系统，通过提高给水 pH 值可进一步抑制铁腐蚀，但是 AVT(R)方式下，给水系统易发生 FAC。而 AVT(O)方式可以减缓 FAC，使给水中含铁量下降，从而降低省煤器和水冷壁管的结垢速率。采用 OT 可以使给水系统 FAC 现象减轻或消除，给水含铁量可小于 1μg/L，结垢速率显著下降，同时延长锅炉化学清洗周期。此外，由于 OT 方式下给水 pH 值控制在较低范围，因此可使凝结水精处理混床的运行周期延长，减少再生废液的排放。但是，OT 方式对水质及水化学监督要求严格，尤其是氢电导率难以达到水质标准的机组，不宜采用 OT。给水处理方式的对比见表 4-24。

表 4-24　给水处理方式的要求及优缺点对比

给水处理方式	AVT(R)	AVT(O)	OT
系统材质	铁铜混合给水系统	无铜给水系统	无铜给水系统
给水氢电导率	过热蒸汽压力小于 15.6MPa 的汽包锅炉，$\kappa_H < 0.3\mu S/cm$；蒸汽压力大于 15.6MPa 的汽包锅炉和直流锅炉，$\kappa_H < 0.15\mu S/cm$，期望值 0.1μS/cm	过热蒸汽压力小于 15.6MPa 的汽包锅炉，$\kappa_H < 0.3\mu S/cm$；蒸汽压力大于 15.6MPa 的汽包锅炉和直流锅炉，$\kappa_H < 0.15\mu S/cm$，期望值 0.1μS/cm	$\kappa_H < 0.15\mu S/cm$，期望值 0.1μS/cm
pH 值	8.8~9.3	9.2~9.6	8.5~9.3 （GB/T 12145—2016） 8.0~9.0 （DL/T 805.1—2011）
溶解氧(DO)	<7μg/L	<10μg/L	10~150μg/L

给水处理方式	AVT(R)	AVT(O)	OT
FAC	较严重	一般	无
优点	给水中含铜量低；控制简单，易于调整	给水中含铁量较低；锅炉炉管结垢速率较低；锅炉运行压差上升速度较慢；锅炉清洗周期延长；高压加热器和省煤器管的 FAC 减少；取消联氨的使用，有利于操作人员的身体健康	给水中含铁量低；锅炉炉管结垢速率低；锅炉运行压差上升速度慢，可减少给水的动力消耗；锅炉清洗周期延长；高压加热器和省煤器管的 FAC 消除；凝结水精处理运行周期短，减少再生废液排放，有利于环保；取消联氨的使用，有利于操作人员的身体健康
缺点	给水中含铁量高；锅炉炉管结垢速率高；锅炉运行压差上升速度快；锅炉清洗周期短；部分水相节流调节阀结垢严重，影响调节性能；高压加热器和省煤器管的 FAC 引起泄漏；汽轮机结垢、结盐速度快；凝结水精处理运行周期短		给水泵填料滑环的钨铬钴合金在充氧的水中性能下降；奥氏体过热器和再热器管子的性能及氧化物的生长、形态及脱落现象与蒸汽的氧含量关系不明确；在蒸汽中奥氏体不锈钢存在晶间腐蚀的可能

4.4.2 给水处理方式的选择

应根据水汽系统热力设备的材质和给水水质选择适宜的给水处理方式。对于运行机组，如果无腐蚀问题，给水的含铁量较小，可按照所选处理方式继续运行；如果采用目前的给水处理方式，机组存在腐蚀问题，或给水的含铁量较高，则应选择其他给水处理方式。

（1）当机组为无铜系统时，应优先选用 AVT(O)方式；如果给水氢电导率小于 $0.15\mu S/cm$，且凝结水精处理系统运行正常，宜转化为 OT 方式，否则按原处理方式继续运行。

（2）当机组为有铜系统时，应采用 AVT(R)方式，并进行优化，即确定最佳的化学控制指标使铜、铁的含量均处于较低水平。水化学控制指标主要包括 pH 值、溶解氧浓度等。如果给水氢电导率小于 $0.15\mu S/cm$，且凝结水精处理系统运行正常，还可以进行加氧试验，并通过试验确定水汽系统的含铜量合格后转化为

OT 方式，否则按原处理方式继续运行。

对于汽包锅炉，由于锅炉水浓缩，炉水氢电导率较高，给水加氧控制不当会造成严重的氧腐蚀，因此不仅要保证给水水质，还要保证下降管炉水溶解氧浓度和氢电导率。汽包锅炉给水进行加氧处理宜慎重。如果机组因负荷需求经常启停，或机组本身不能长期稳定运行，最好选择 AVT（R）。

4.4.3 给水处理方式的转换

锅炉水冷壁管中腐蚀产物量的多少，是水化学优劣的标志，也是锅炉爆管故障机理中主要的因素。从长远观点来看，水冷壁管上聚集的沉积物应该及时通过化学清洗除去，以避免进一步的腐蚀与爆管事故。这是 AVT 优化的基础，也是考虑将机组转换到氧化处理的原因之一。加氧处理转换的成功取决于在磁性铁垢氧化物层表面和孔隙内的水合氧化铁（FeOOH）的存在，水冷壁管内表面存在红色 FeOOH 外层时，FAC 也将会消除。使用 AVT(O) 也能在整个给水系统中形成 FeOOH 红色表面层，但是由水汽系统中漏入空气而维持的氧含量较低，通常不足以钝化 100% 的给水系统（尤其是除氧器）表面，因此不能期望达到铁迁移量最低。

将一台机组转换到加氧处理的完全过程包括加氧处理转换的评估、加氧处理转换的改造、加氧处理转换的实施三个阶段。

4.4.3.1 转换前的评估

执行"转换评估"的目的是确定这台机组是否适宜采用加氧处理，评估的一般范围包括水汽系统材料评估、水汽系统设计评估、火电厂化学运行评估、化学加药评估、仪表测量与分析能力评估。

（1）水汽系统材料评估。水汽系统材料的评估能鉴定要求替换的材料或改造的组件。在氧化性环境中性能受到质疑的材料包括铜合金、钨铬钴硬合金、某些硬碳环和碳化钨密封件。过热器、再热器和汽轮机部件的材料也要进行认真考察、评估。

当铜合金材料处于凝结水精处理系统的下游时，一般不适合采用加氧处理，故在转换到加氧处理之前，这些铜合金部件都必须替换；对于给水加热器管，应选用不锈钢代替铜合金材料。对于钨铬钴硬合金及硬碳环和碳化钨密封件，应将所有包含这些材料的部件标记下来，以便能对它们进行检查，并且在转换到加氧处理之后，要按照例行维护的时间间隔检查这些部件，确定是否有必要用其他材料替代它们。

（2）水汽系统设计评估。水汽系统设计评估主要是评估凝结水和给水部件（包括加热器疏水管、加热器排空管和除氧器排空管）的设计、运行状况。加氧处理可以促使加热器壳体和加热器疏水管系统的钝化，从而减少加热器疏水管中铁的迁移量。除氧器在加氧处理过程中基本上是作为一级加热器使用的，但在某些时候还是要利用其除氧功能，如水质恶化、氢电导率超标后，需重新回到 AVT 方式。

（3）火电厂化学运行评估。在转换到加氧处理之前的全挥发处理中，必须保证凝结水精处理系统的正常运行和再生。需要对凝结水精处理系统的运行、凝汽器泄漏、补给水的质量、化学加药控制、取样、监测、水质检测仪表和凝汽器空气内漏等进行评估，以便加氧处理工况顺利进行。

（4）化学加药评估。经验表明，在转换为加氧处理前的一个月，就应该彻底停止向系统中添加联氨，且时间越长越好。另外，加氧设备安装、调试后处于备用状态。

（5）仪表测量与分析能力评估。在每个加氧点下游，即在凝结水精处理出口和省煤器入口，都应有两个在线溶解氧分析仪，以对氧含量进行例行的常规监测。对电导率表（含氢电导率表）、pH 分析仪的量程、精度要重新校正。

4.4.3.2 为转换加氧处理所做的改造

（1）增加加氧设备。增加加氧设备的步骤包括：

1）通过计算，确定预计的耗氧量；

2）确定储氧位置；

3）确定加氧控制设备的位置；

4）确定通向凝结水和给水系统的管道接头位置；

5）水汽系统与加氧系统互相连接管道。

（2）材料更换。更换凝结水精处理器下游的铜合金部件（低压加热器管），并对钨铬钴硬合金材料、碳环和碳化钨材质密封件进行评估与更换。

4.4.3.3 加氧处理的实施

加氧处理前需做好转换前的工作，如水冷壁管和省煤器管的化学清洗，以及在开始转换前一个月停止加入除氧剂等，同时对仪表、加氧系统进行相关检查。

A 化学清洗工作

如果水冷壁管垢量超过规定值，那么首先应该对其进行化学清洗，然后再转化为加氧处理，不过，转化到加氧处理时一般不清洗过热器。对于在服役期内使用了铜合金低压加热器的机组，应该进行锅炉本体和炉前系统的化学清洗，以除去铜沉积物。

在转换之前都进行化学清洗是一种稳妥的做法，但如果证实水冷壁管内沉积物的含量较低，或一年内进行过化学清洗，就没有必要在转化之前再进行化学清洗了。经验表明，直流锅炉炉管上的波纹形沉积物，在转换到加氧处理后将会逐渐减少。

B　试运行

转换前一个月停止向给水系统中加入联氨，经验表明，这个时间越早则转换过程越容易。在"无除氧剂"期间，还应监测省煤器入口处氧和铁的含量。经验表明：此时铁含量将实质性下降，氧化还原电位将提高，氧含量将增加 $1 \sim 2\mu g/L$。

当氧气第一次加入水汽系统中时，试运行就开始了。加氧导致给水中铁质材料的钝化，实际的转换过程一般会持续一周以上。初期的氧浓度也许会高达 $400 \sim 500\mu g/L$。实际氧含量取决于两个因素：一是加氧初期，给水电导率会增加，但只要凝结水精处理器出口的氢电导率不超过 $0.15\mu S/cm$，就可以继续进行加氧；二是转换前不使用联氨的运行时间。

整个试运行的过程中，都要密切监测省煤器入口处的铁含量，一般在加氧初期铁含量会升高。一旦在省煤器入口处记录到了氧，主要的转换过程就基本上完成了，此时，氧气剂量就应减小到 $10 \sim 150\mu g/L$ 的正常运行范围内。然后就可以按照加氧处理水质控制指标进行化学控制，施行加氧处理水化学工况了。

汽包锅炉炉水处理工况

5.1 锅炉炉内水化学工况

对于汽包锅炉而言，锅炉炉水调节多采用磷酸盐（或氢氧化钠）处理，此时，汽包锅炉炉内水化学工况称为磷酸盐（或氢氧化钠）处理水化学工况。目前实际应用的锅炉水调节方式大致分为以下三类：

（1）不含酸式盐（指 Na_2HPO_4）的磷酸盐处理方式，如磷酸盐处理、低磷酸盐处理、平衡磷酸盐处理、低氢氧化钠-低磷酸盐处理；

（2）含酸式盐的磷酸盐处理方式，主要是协调 pH-磷酸盐处理；

（3）非磷酸盐处理方式，如氢氧化钠处理（即苛性处理）。

此外，对于汽包锅炉也可以只进行锅炉给水水质调节，如全挥发性处理、中性水处理、联合水处理等。

表 5-1 给出了各种锅炉水化学工况的比较情况。

表 5-1　各种锅炉水化学工况的比较

水化学工况	原理简介	控制指标	备　注
磷酸盐处理	在 pH≥9 的碱性炉水中，维持一定量的 PO_4^{3-}，使炉水中的 Ca^{2+}、Mg^{2+} 变成溶解度极小的水渣，防止生成钙镁水垢，增加炉水的缓冲性	锅炉压力不同，其控制指标也不同，pH=9~11，$c[PO_4^{3-}]=1~15mg/L$	磷酸盐热稳定性好，缓冲能力强，无毒价廉；但锅炉炉水中磷酸盐含量高时，会产生磷酸盐"暂时消失"现象，影响蒸汽品质
协调 pH-磷酸盐处理	通过加入 Na_2HPO_4 来消除炉水中的游离 NaOH，从而清除碱性腐蚀的炉水调节方法	炉水 $Na/PO_4 = 2.2 ~ 2.85$（摩尔比，实际控制中一般为 2.5~2.8）；$c[PO_4^{3-}]=2~8mg/L$，pH=9~10	实际应用中会产生酸性磷酸盐腐蚀，是一种过渡并逐步被淘汰的方法

水化学工况	原理简介	控制指标	备　注
平衡磷酸盐处理	为消除磷酸盐"暂时消失"现象，又兼顾炉水防垢、防腐调节特性的一种改进的磷酸盐处理工艺	$c[PO_4^{3-}] \leqslant 2.5mg/L$, $pH = 9.0 \sim 9.7(25℃)$, $Na/PO_4 > 2.8$（摩尔比），$c[Na^+] \leqslant 0.85mg/L$, $c[Cl^-] \leqslant 0.028mg/L$, $c[SO_4^{3-}] \leqslant 0.028mg/L$, $c[SO_2] \leqslant 0.13mg/L$	取代协调 pH-磷酸盐处理的一种方法
低氢氧化钠-低磷酸盐处理	炉水平衡磷酸盐处理技术的改进	$c[PO_4^{3-}] = 0.2 \sim 1.0mg/L$, $c[NaOH] = 0.2 \sim 0.8mg/L$, $pH = 9.1 \sim 9.6$, $c[Cl^-] \leqslant 0.02mg/L$, $c[SO_4^{2-}] \leqslant 0.02mg/L$	在高参数、大容量机组中应用越来越多
低磷酸盐处理	磷酸盐兼有调节炉水 pH 值、增加锅炉水缓冲能力的作用	锅炉压力不同，其控制指标也不同，$c[PO_4^{3-}] = 0.3 \sim 2.0mg/L$, $pH = 9.0 \sim 9.7$	主要用在亚临界汽包锅炉上，实际控制 PO_4^{3-} 约 1.0mg/L
氢氧化钠处理	调节炉水 pH 值，提高金属耐蚀能力，并增强锅炉水缓冲能力	$c[NaOH] = 0.5 \sim 2.0mg/L$, $pH = 9.1 \sim 10.0$	美国电力研究院（EPRI）推荐，英国应用广泛

5.2　磷酸盐处理

5.2.1　磷酸盐处理原理与加药系统

为防止在汽包锅炉中产生钙镁垢，除保证给水水质外，通常还需要在炉水中投加药品，使给水带进入锅炉的钙镁离子形成水渣随锅炉排污排除。对于发电锅炉，曾广泛用作炉内加药处理的药品是磷酸盐。向炉水中投加磷酸盐（其总含量用 PO_4^{3-} 表示）的处理方法，统称为磷酸盐处理。

磷酸盐处理始于 20 世纪 20 年代，至今已应用发展了 90 多年。起初，机组容量较小，锅炉补给水为软化水，炉水中钙镁含量较高。近几十年来，锅炉补给水由软化水改为除盐水，水质很纯，同时机组容量增长较快。为适应水质变化和大机组发展需要，经过试验研究与不断实践，磷酸盐处理得到了很大发展。时至今日，磷酸盐处理仍然是汽包锅炉主要的炉内化学处理工艺。

《火电厂汽水化学导则　第 2 部分：锅炉炉水磷酸盐处理》（DL/T 805.2—2016）

将磷酸盐处理划分为磷酸盐处理（PT）和低磷酸盐处理（LPT）。实际在磷酸盐处理的发展过程中，还出现了其他方法，如协调 pH-磷酸盐处理、平衡磷酸处理等。本章将分别对这些磷酸盐处理方法进行介绍。

5.2.1.1 磷酸盐处理原理

磷酸盐处理（PT）是为防止水冷壁管内壁生成钙镁水垢，增加炉水的缓冲性，减少水冷壁管的腐蚀，向炉水中加入适量磷酸三钠的处理。尤其是在遇到偶然的凝汽器泄漏和机组启动时的给水污染时，磷酸盐处理的适应能力强；另外，炉水中存在磷酸盐，由于共沉积作用，既可降低蒸汽对二氧化硅的携带，也可减少蒸汽对氯化物和硫酸盐等离子的携带，从而改善汽轮机沉积物的化学性质，减少汽轮机腐蚀。

由于炉水处在沸腾条件下，而且它的碱性较强（炉水的 pH 值一般在9~11），因此炉水中的钙离子与磷酸根会发生下列反应：

$$10Ca^{2+} + 6PO_4^{3-} + 2OH^- \longrightarrow Ca_{10}(OH)_2(PO_4)_6 \downarrow （碱式磷酸钙）$$

生成的碱式磷酸钙是一种松软的水渣，易随锅炉排污排除，且不会黏附在锅炉内转变成水垢。

因为碱式磷酸钙是一种非常难溶的化合物，它的溶度积很小，所以当炉水中保持有一定量的过剩 PO_4^{3-} 时，炉水中的 Ca^{2+} 含量可降低到非常小，以至它的浓度与 SO_4^{2-} 浓度或 SiO_3^{2-} 浓度的乘积不会达到 $CaSO_4$ 或 $CaSiO_3$ 的浓度积，这样锅炉内就不会有钙垢形成。随给水进入锅炉内的 Mg^{2+} 的量通常较少，在沸腾着的碱性炉水中，它会和随给水带入的 SiO_3^{2-} 发生下述反应：

$$3Mg^{2+} + 2SiO_3^{2-} + 2OH^- + H_2O \longrightarrow 3MgO \cdot 2SiO_2 \cdot 2H_2O \downarrow （蛇纹石）$$

蛇纹石呈水渣形态，易随炉水的排污排除。

磷酸盐处理的常用药品为磷酸三钠（$Na_3PO_4 \cdot 12H_2O$），为防止钙镁水垢，在炉水中要维持足够的 PO_4^{3-} 含量。从理论上讲 PO_4^{3-} 含量可根据溶度积算出，但实际上因为没有钙、镁化合物在高温炉水中的溶度积数据，而且锅炉内生成水渣的实际反应过程也很复杂，所以炉水中应维持 PO_4^{3-} 的合适含量主要凭实践经验确定。根据锅炉的长期运行实践，为保证锅炉磷酸盐处理的防垢效果，目前炉水中应维持的 PO_4^{3-} 含量见表 5-2 和表 5-3。

表 5-2　磷酸盐处理时的控制标准（DL/T 805.2—2016）

锅炉汽包压力 /MPa	二氧化硅 /mg · L^{-1}	氯离子 /mg · L^{-1}	磷酸根 /mg · L^{-1}	pH 值 (25℃)	电导率（25℃）/μS · cm^{-1}
3.8~5.8	—		5~15	9.0~11.0	
5.9~12.6	≤2.0	—	2~6	9.0~9.8	<50
12.7~15.8	≤0.45	≤1.5	1~3	9.0~9.7	<25

表 5-3　炉水中应维持的 PO_4^{3-} 含量（GB/T 12145—2016）

锅炉汽包压力 /MPa	3.8~5.8	5.9~10.0	10.1~12.6	12.7~15.8	>15.8
磷酸根/mg·L⁻¹	5~15	2~10	2~6	≤3	≤1

对于汽包压力为 5.9~15.8MPa 的锅炉，如果凝汽器泄漏频繁，给水硬度经常波动，那么 PO_4^{3-} 的含量应控制得高一些，可按表 5-2 中锅炉汽包压力低一档次的标准进行控制。

但炉水中的 PO_4^{3-} 也不能太多，太多了不仅随排污水排出的药量会增多，使药品的消耗量增加，而且还会引起下述不良后果。

（1）增加炉水的含盐量，影响蒸汽品质，引起过热器管内表面和汽轮机叶片积盐。

（2）当炉水中 PO_4^{3-} 过多时，可能生成 $Mg_3(PO_4)_2$。$Mg_3(PO_4)_2$ 在高温水中的溶解度非常小，能黏附在炉管内形成二次水垢。这种二次水垢是导热性很差的松软水垢。

（3）容易在高压及以上压力锅炉中发生磷酸盐"暂时消失"现象，导致水冷壁管发生酸性磷酸盐腐蚀。

5.2.1.2　磷酸盐加药系统

磷酸盐溶液一般在发电厂的水处理车间配制，配制系统如图 5-1 所示。采用补给水将固体磷酸盐溶解成浓磷酸盐溶液（质量分数一般为 5%~8%），然后将此溶液通过过滤器后至磷酸盐溶液贮存箱。

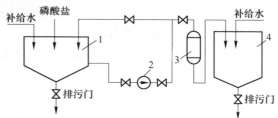

图 5-1　磷酸盐溶液配制系统
1—磷酸盐溶解箱；2—泵；3—过滤器；4—磷酸盐溶液贮存箱

磷酸盐溶液加入锅炉内的方式是用高压力（泵的出口压力略高于锅炉汽包压力）、小容量的活塞泵，连续地将磷酸盐溶液加至汽包内的炉水中，加药系统如图 5-2 所示。

目前，电厂已实现磷酸盐的自动加药，如设置炉水 PO_4^{3-} 含量的自动调节设备，利用炉水 PO_4^{3-} 测试仪表的输出信号，通过改变频率控制加药泵的转速，自动、精确地维持炉水中 PO_4^{3-} 含量。

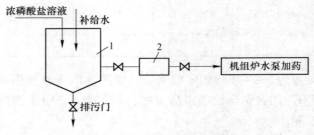

图 5-2　磷酸盐溶液加药系统
1—磷酸盐溶液贮存箱；2—计量箱

5.2.2　磷酸盐处理控制方法

汽包锅炉磷酸盐处理的发展，经历了高磷酸盐、普通磷酸盐、协调磷酸盐-pH、等成分磷酸盐（协调 pH-磷酸盐）、平衡磷酸盐、低磷酸盐处理等历程。这些水工况的出现，适应了不同时期汽包锅炉对锅炉水品质的要求，实施要求和控制标准各不相同。

5.2.2.1　高磷酸盐处理控制方法

压力介于 1.3~2.5MPa 之间的低压汽包锅炉都是采用高磷酸盐处理，其控制指标为：$c[PO_4^{3-}] = 10~30mg/L$，$pH = 10~12$。对于压力在 3.8~5.8MPa 之间的中压汽包锅炉（电站锅炉），其控制指标为：$c[PO_4^{3-}] \approx 5~15mg/L$，$pH = 9~11$。

由于中低压锅炉通常采用软化水作为补充水，因此磷酸盐处理的主要目的是防垢。由于水质原因，中低压锅炉结垢通常比较严重。

图 5-3 和图 5-4 分别给出了 $c[PO_4^{3-}] = 0~30mg/L$ 及 $c[PO_4^{3-}] = 0~75mg/L$ 时的 $c[PO_4^{3-}]$-pH 关系曲线。

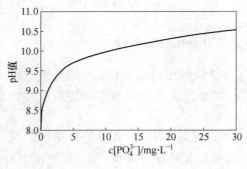

图 5-3　$c[PO_4^{3-}]$-pH 关系曲线

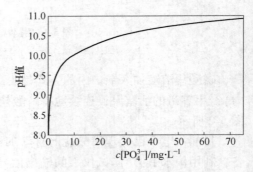

图 5-4　$c[PO_4^{3-}]$-pH 关系曲线

5.2.2.2 磷酸盐处理控制方法

磷酸盐处理是指在压力为 $5.9\sim18.3$ MPa 的汽包锅炉炉水中采用磷酸盐调节的水工况。随着锅炉压力的增高，锅炉水中容许的 PO_4^{3-} 含量逐步降低，具体见表 5-2 和表 5-3。图 5-5 给出了 $c[PO_4^{3-}]=0\sim10$ mg/L 时的 $c[PO_4^{3-}]$-pH 关系曲线；图 5-6 给出了 $c[PO_4^{3-}]=0\sim3$ mg/L 时 $[NH_3]$ 对 $c[PO_4^{3-}]$-pH 关系曲线的影响情况，图 5-6 中曲线 $1\sim6$ 分别表示 $c[NH_3]$ 为 0mg/L、0.1mg/L、0.3mg/L、0.5mg/L、0.7mg/L、1.0mg/L 时的情况。

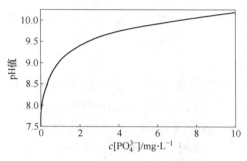

图 5-5 $c[PO_4^{3-}]$-pH 关系曲线

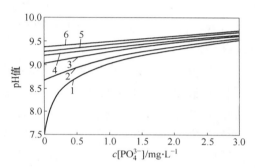

图 5-6 PT 时 NH_3 对 $c[PO_4^{3-}]$-pH 曲线的影响

与中低压锅炉相比，在高压及高压以上锅炉中，磷酸盐含量大幅度降低，尤其在亚临界参数时，磷酸盐的含量降到 3mg/L 以下（在实际应用中，其值更低，甚至小于或等于 1mg/L）。其原因如下。

（1）高压以上锅炉的补给水均采用二级除盐水，除在凝汽器泄漏时有微量的硬度带入炉水外，正常运行工况下，炉水硬度接近于零。因此，作为防垢用的磷酸盐含量可以大幅度降低，只需少量的磷酸盐用于调节炉水 pH 值。

（2）加入炉水中的磷酸盐除排污消耗外，其余的会以积盐或垢的方式沉积在热力系统，对锅炉传热效率和机组安全运行带来不利影响。因此，从理论上讲，在确保炉水 pH 值合格的前提下，磷酸盐含量越少越好。

（3）炉水中的磷酸盐存在暂时消失现象，且磷酸盐含量越高、锅炉热负荷越大（即参数越高），越容易产生暂时消失现象，而这正是水冷壁管发生碱性腐蚀和酸性磷酸盐腐蚀的根本原因。同时，磷酸盐含量高时容易产生黏附性磷酸镁水垢，从而导致二次水垢的生成。上述因素决定了汽包锅炉炉水磷酸盐含量必然逐步降低。

5.2.2.3 协调磷酸盐-pH 处理控制方法

协调磷酸盐-pH 处理（coordinated phosphate-pH control）针对磷酸盐处理中

存在游离 NaOH（炉水中的天然水碱度热分解所致），从而导致铆接锅炉苛性脆化及炉管内表面苛性腐蚀的问题，1942 年由 S. F. Purcell 与 T. E Whirl 提出，其要点是控制炉水中 Na^+ 与 PO_4^{3-} 摩尔比为 3∶1，以防止形成游离 NaOH。为此通过加入 Na_2HPO_4 来消除游离碱度，使炉水中的磷酸盐始终处于 Na_3PO_4 状态，反应式为：$Na_2HPO_4 + NaOH \rightarrow Na_3PO_4 + H_2O$。

该处理方式主要应用于压力小于 13.7MPa 的锅炉，其控制指标为：pH = 9.5~10.6，$c[PO_4^{3-}] = 3 \sim 50mg/L$，摩尔比 $R(Na/PO_4) = 3$。其控制过程中的 $c[PO_4^{3-}]$-pH关系曲线可以用图 5-4 来描述，即要求锅炉水中的磷酸盐恰好处于纯 Na_3PO_4 状态。但实际应用中发现仍有氢氧化钠腐蚀，且 Na^+ 与 PO_4^{3-} 的摩尔比难以控制。

5.2.2.4 等成分磷酸盐处理控制方法

研究表明，在高温下从 Na_3PO_4 过饱和溶液析出的是 Na_2HPO_4 沉积物，其固、液相成分是不协调的，从而导致炉管表面析出沉积物时会出现游离 NaOH。通过研究发现，若控制炉水磷酸盐溶液 $R(Na/PO_4)$ 上限为 2.85，就可保证发生沉积时固、液成分是一致的。经过探索与实践，出现了一种改进的磷酸盐处理方式——等成分磷酸盐处理（CPT，Congruent Phosphate Treatment），国内许多资料称之为"协调 pH–磷酸盐处理"。其控制指标为：炉水 $R(Na/PO_4) = 2.3 \sim 2.85$（实际控制中一般为 2.5~2.8），$c[PO_4^{3-}] = 2 \sim 8mg/L$，pH = 9~10。

CPT 适用于给水高品质（二级除盐水）、凝结水高回收率、锅炉低排污率且压力大于 13.7MPa 的汽包锅炉，在国内汽包锅炉水工况中应用较多。

传统的磷酸盐处理法，在发生磷酸盐"暂时消失"现象时，会因为 Na_3PO_4 水解反应而在管壁上析出磷酸盐沉积物，此沉积物为磷酸三钠和磷酸氢二钠混合物。其中磷酸氢二钠为磷酸三钠水解反应的产物。

$$Na_3PO_4 + H_2O \longrightarrow NaOH + Na_2HPO_4$$

反应式右侧的 Na_2HPO_4 从炉水中析出，在水冷壁管近壁层液相中，NaOH 留存下来，并呈游离态。沉积物析出过程的反应式如下：

$$Na_3PO_4 + 0.15H_2O \longrightarrow Na_{2.85}Ha_{0.15}PO_4 \downarrow + 0.15NaOH$$

从反应式可知，在热负荷较高的锅炉水冷壁管内，产生的游离 NaOH 会在管壁近壁层局部地区浓缩，引起金属材料的碱腐蚀，这也是以往磷酸盐处理中存在的问题。炉水中加入磷酸三钠和磷酸氢二钠混合液后，炉水中的反应如下：

$$NaOH + Na_2HPO_4 \longrightarrow Na_3PO_4 + H_2O$$

只要炉水中 $R(Na/PO_4)$ 控制在一定范围内，就可以使炉水既有足够的 pH 值和一定的 PO_4^{3-} 浓度，又不会含游离 NaOH。

CPT 就是为了解决上述因磷酸盐"暂时消失"现象发生碱性腐蚀的问题而

产生的一种水化学工况。经过研究证明，如果在炉水中添加适当的药品，使炉水成为 Na_3PO_4 和 Na_2HPO_4 的混合溶液，炉水中就不会有游离 NaOH 产生；而且只要炉水中的 Na_2HPO_4 分量恰当，即使发生磷酸盐"暂时消失"现象，炉水中也不会产生游离的 NaOH。同时因为炉水中有一定量的 Na_3PO_4，所以炉水才能保持 pH>9（25℃），从而避免了酸性腐蚀。

发生磷酸盐"暂时消失"现象时，水冷壁上析出的固相物组分与溶液中磷酸盐组分的关系见表 5-4。

表 5-4　水冷壁上析出的固相物组分与溶液中磷酸盐组分的关系

溶液的 $R(Na/PO_4)$	析出固相物的 $R(Na/PO_4)$	析出固相物后的溶液中 $R(Na/PO_4)$
$R>2.85$	小于溶液中的 $R(Na/PO_4)$	增大（溶液中有游离 NaOH 产生）
$R=2.85$	等于溶液中的 $R(Na/PO_4)$	不变（同成分，不产生游离 NaOH）
$R=2.85\sim2.13$	大于溶液中的 $R(Na/PO_4)$	减小（不产生游离 NaOH）
$R=2.13$	等于或大于溶液中的 $R(Na/PO_4)$	不变（同成分，不产生游离 NaOH）
$R<2.13$	大于溶液中的 $R(Na/PO_4)$	减小，但 pH 值低于 9.0

从表 5-4 中看出，当溶液中 $R\leqslant2.85$ 时，即使在高热负荷区水冷壁管上析出固相物，水溶液中也不会产生游离 NaOH。所以，控制锅炉水中 $R\leqslant2.85$，就可以避免炉管的碱性腐蚀。而控制锅炉水中 $R\geqslant2.2$，则锅炉水 pH$\geqslant9$，就可以避免酸性腐蚀。按《火力发电机组及蒸汽动力设备水汽质量》（GB/T 12145—2016）规定，正常运行中，控制锅炉水中 R 为 2.3~2.8，一般控制在 2.5~2.8 范围内。

协调 pH-磷酸盐控制中有 "$Na_3PO_4 + Na_2HPO_4$" "$Na_3PO_4 + NaOH$" 和 "$Na_2HPO_4 + NaH_2PO_4$" 三种配方，配方的选择由炉水水质决定。"$Na_3PO_4 + Na_2HPO_4$" 处理是正常状态下通常采用的方法。"Na_3PO_4+NaOH" 和 "$Na_2HPO_4 + NaH_2PO_4$" 处理，这两种配方都是非正常状态下的控制处理，用以达到 R 合格的要求。前者是由于给水中带入有机或无机酸性物质，或其热分解后产生酸性物质，使 $R<2.2$，这时就要在 Na_3PO_4 溶液中混加 NaOH。后者是因凝汽器泄漏或再生碱残液带入而使 $R>3.0$，此时可以不加 Na_3PO_4，单纯加入 Na_2HPO_4，或同时再加入 NaH_2PO_4。以上情况仅适合在可调整的范围内（即 R 值和 $c(PO_4^{2-})$ 都在标准允许的范围内）。否则要作为故障处理直到停炉，更换炉水到合格后再启动。

但采用 CPT 时，通常存在着酸性磷酸盐腐蚀问题，其问题的本质是由于出现磷酸盐"暂时消失"现象时，酸性磷酸钠盐（Na_2HPO_4 和 NaH_2PO_4）与保护

性 Fe_3O_4 膜之间发生反应，生成磷酸铁钠、磷酸亚铁钠及碱式磷酸铁钠等，导致了炉管的腐蚀；而不是前文讨论的沉积物固液相成分协调与不协调的问题。锅炉CPT 处理方法已淘汰，《火电厂汽水化学导则 第 2 部分：锅炉炉水磷酸盐处理》（DL/T 805.2—2016）已将 CPT 相关内容删除。

5.2.3 磷酸盐的"暂时消失"

5.2.3.1 "暂时消失"现象

早在 1931 年人们就发现了磷酸盐"暂时消失"现象，它是在锅炉夜间降负荷和白天升负荷的变化过程中被检测出来的。尤其在高压锅炉内，此现象更容易发生。迄今，这一现象仍是炉水磷酸盐处理研究中的重点。

磷酸盐"暂时消失"的现象是：当锅炉负荷升高时，炉水的磷酸盐含量减少甚至消失，炉水 pH 值和 $R(Na/PO_4)$ 增大，并可能出现游离 NaOH；当锅炉负荷降低或在停炉、启动过程中，炉水磷酸盐含量增高，pH 值和 $R(Na/PO_4)$ 降低，这说明炉水中存在有酸性磷酸盐。

磷酸盐"暂时消失"现象的实质是，当锅炉运行负荷高时，炉水中的某些易溶盐类有一部分从水中析出，沉积在炉管管壁上，导致异常工况；当锅炉的负荷减小或停炉时，沉积在炉管管壁上的易溶盐类又被溶解下来。这个现象说明：磷酸盐的沉积或反应是"暂时消失"的本质。

磷酸盐"暂时消失"是一个复杂的现象，有关实验结果与实践经验表明，发生磷酸盐"暂时消失"的原因与下列情况有关。

A 易溶盐的特性

在高温水中，某些钠化合物在水中的溶解度随水温升高而下降。NaOH、NaCl 等在高温水中溶解度很大，而且温度越高，溶解度越大，不会发生"暂时消失"；温度较低时，Na_2SO_4、Na_2SiO_3、Na_3PO_4 在水中的溶解度也随水温升高而增大，但温度达到某一数值再升高时，溶解度则下降。这种变化以 Na_3PO_4 最为突出，尤其当水温达 117℃ 以上时，它的溶解度随水温升高而急剧下降。图 5-7 给出了 Na_3PO_4 溶解度随水温变化而变化的情况。

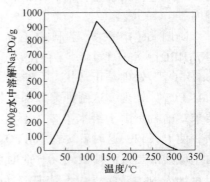

图 5-7 Na_3PO_4 溶解度随水温
变化而变化的情况

在中压及中压以上的锅炉中，炉水的温度都很高。如上所述，由于 Na_3PO_4 在高温水中溶解度较小，如果炉管内发生炉水局部浓缩，它们就容易在此局部区域达到饱和浓度；再者，这些易溶钠盐的饱和溶液沸点较低，随水蒸发而逐渐蒸干，形成固态附着物附着在炉管内壁上。其中以 Na_3PO_4 最易形成这种附着物，从而发生磷酸盐"暂时消失"现象。

  B 炉管的热负荷

  炉管的热负荷不同时，炉管内水的沸腾和流动工况也不同。在锅炉出力增大和减小的情况下，炉管的热负荷会有很大的不同。

  当锅炉出力增大时，由于炉膛内热负荷增加，因此容易使上升管内锅炉水发生不正常的沸腾工况（膜态沸腾）和流动工况（汽水分层、自由水面和循环倒流）。这些异常工况都会造成局部过热，结果使管内炉水发生局部浓缩。

  （1）膜态沸腾。高热负荷引起炉管内剧烈沸腾，致使管壁处产生气泡过多，并很快并起成膜，使水与管壁隔开，这就形成了膜态沸腾。由于膜传热不良，因此壁温迅速升高，管壁处溶液很快被完全蒸干，导致某些盐类在管壁析出。

  （2）汽水分层。当炉水循环不良时，在水平或倾斜度很小的上升管内会出现上部是蒸汽，下部是水的情况，这就是汽水分层。这时，因蒸汽传热效率很差，故管子上部温度很高。加上有细小水滴不断飞溅至管子上部，在这里易引起盐类析出。

  （3）自由水面。有的锅炉出力增大时，炉膛内热负荷不均匀性相对增大，某些与汽包蒸汽空间相连的上升管，由于热负荷降低，会出现"自由水面"的情况，此时管内上段为蒸汽，下部为不流动的炉水。处在自由水面下部的水逐渐蒸发浓缩，某些盐类就会从靠近管壁的水层析出。此外，在自由水面分界处，由于水的沸腾，有些水滴飞溅至水面上部的管段，在高温管壁很快蒸干，盐类析出。

  （4）循环倒流。炉膛内热负荷不均匀性相对增大时，某些与汽包水室相连的上升管的热负荷比其他上升管低得多，导致在这样的上升管中出现水往下流的状况，即"循环倒流"。当汽包水上升速度等于管中水下降速度时，汽包水流停滞，此时管壁温度会增高很多，形成局部过热，引起炉水蒸发浓缩而致使盐类析出。

  而当锅炉出力减小时，炉膛内热负荷降低，炉管内恢复核态沸腾工况。在这种工况下，沸腾产生的气泡靠浮力和水流冲力离开管壁；与此同时，周围的水流进管壁使管壁得到及时的冷却。这样，不仅管壁不再出现局部过热，而且由于管壁受到炉水的冲刷，原来析出并附着在此管壁上的可溶性钠盐可重新溶于炉水中。此外，当锅炉出力减小或停炉时，由于炉膛内热负荷不均匀性减小或消除，炉水流动工况不正常的上升管恢复至正常，此时管壁上的易溶盐也会重新溶于炉水中。

5.2.3.2 "暂时消失"的机理

关于磷酸盐"暂时消失"的机理,目前尚无定论,总体上有两种说法。一种认为是由于磷酸盐的沉积;另一种认为是磷酸盐与锅炉钢或 Fe_3O_4 膜相互作用产生磷酸铁钠盐。下面对这两种机理分别叙述并加以分析。

A 磷酸盐的沉积机理

早期的研究发现,在温度高于饱和温度的水冷壁管表面上, Na_3PO_4 沉淀析出是磷酸盐"暂时消失"现象的原因之一,沉积机理可以从以下几个不同角度进行分析。

(1)浓缩膜层的作用。管壁上存在的温度梯度反映了管壁上静止水膜的传热特性。为保持炉管中炉水在整个温度梯度内的常沸状态,必须存在一相应的浓度梯度,以便在溶解固形物浓度更大时,能提高局部沸点,以抵消更高温度。浓缩倍率与锅炉结构、负荷和燃烧方式有关。磷酸盐溶解度有限,局部浓缩很容易使其浓度超过溶解度极限,发生沉淀。

(2)沉积物下的积聚。沿管壁存在有疏松的沉积物时,大量炉水侵入沉积物后被蒸发掉,引起溶解固形物浓度的增加,出现磷酸盐析出现象。

(3)不协调沉积。磷酸钠盐的沉积是不协调的,沉积物中的 $R(Na/PO_4)$ 倾向于比溶液中的 $R(Na/PO_4)$ 更低(也有一些例外)。365℃时析出的固相附着物是 $Na_{2.85}H_{0.15}PO_4$,相差份额将以 NaOH 形式存在,反应式如下:

$$Na_3PO_4 + 0.15H_2O \longrightarrow Na_{2.85}Ha_{0.15}PO_4 \downarrow + 0.15NaOH$$

因此,磷酸钠盐不协调沉积会导致 pH 值升高,反之亦然。不协调"暂时消失"的本质在于水冷壁上析出的固相物与溶液中磷酸盐组分的关系,具体见表5-4。

实际上,如果检测出磷酸盐"暂时消失"现象,就要显著降低负荷,改变炉水 pH 值和磷酸盐浓度。对于一台锅炉,若把负荷从满负荷降到70%,磷酸盐浓度的变化是微不足道的;但负荷从满负荷降到50%,磷酸盐浓度将增加100%以上。

B 磷酸盐的反应机理

研究发现磷酸盐和金属氧化物存在相互作用,是引起"暂时消失"现象的另一个原因。表5-5给出了金属氧化物共存时对磷酸钠溶解度的影响。从表中可以看出,金属氧化物的存在对磷酸钠溶解度具有极大影响,在 Fe_3O_4 共存的场合,磷酸钠的溶解度下降 1/3~1/2 ,而氧化锌共存的场合则下降到几十分之一。

表 5-5 金属氧化物的存在对磷酸钠在高温水中溶解度的影响

项 目		磷酸钠溶解度/mg·L^{-1}			
温度/℃		320	360		
$R(Na/PO_4)$		2.5	2.5	3.0	3.5
共存物质	无	10450	2945	1920	1615
	Fe_3O_4	7600	1012	950	760
	NiO	—	990	—	—
	ZnO	—	78	—	—

金属氧化物对磷酸钠在高温水中溶解度的影响，其实质是磷酸钠与炉内的腐蚀产物或管壁的磁性氧化铁保护膜（Fe_3O_4）发生反应并产生复杂的磷酸铁钠盐，从而造成 PO_4^{3-} 浓度明显降低。在发生磷酸盐"暂时消失"现象时，尽管最初的 $R(Na/PO_4)$ 控制在 2.85 ~ 2.13，但仍存在 pH 值上升趋势，这表明此时磷酸盐与 Fe_3O_4 的反应（而不是沉积作用）起主要作用。

发生"暂时消失"现象时，Na_3PO_4 与 Fe_3O_4 反应生成混合钠-铁-磷酸盐化合物，即磷酸亚铁钠（$NaFePO_4$）和碱式磷酸铁钠［$Na_4FeOH(PO_4)_2$·1/3NaOH,缩写为 SIHP］。反应产物可与氧化层结合并改变氧化层的结构与化学性质。在高纯水-低磷酸盐体系中，这些反应会影响溶液的化学特性。研究结果表明，Na_3PO_4 在浓度超过一个临界值时，会与 Fe_3O_4 反应，发生"暂时消失"。且温度升高，此临界值降低，反应产物随锅炉水中 $R(Na/PO_4)$ 摩尔比的不同而不同。

320℃ 条件下，$R(Na/PO_4)=1$ 时，"暂时消失"反应中三价铁和二价铁产物分别是 $Na_2Fe(HPO_4)PO_4$ 和 $NaFePO_4$，反应如下：

$$Fe_3O_4(s) + 5HPO_4^{2-}(aq) + 5Na^+(aq) + H_2O(l) \Longleftrightarrow$$
$$2Na_2Fe(HPO_4)PO_4(s) + NaFePO_4(s) + 5OH^-(aq)$$

$1.5 < R(Na/PO_4) < 2.5$ 时，二价铁和三价铁产物分别是 $NaFePO_4$ 和 $Na_4FeOH(PO_4)_2$·1/3NaOH，反应如下：

$$Fe_3O_4(s) + 5HPO_4^{2-}(aq) + 29/3Na^+(aq) \Longleftrightarrow NaFePO_4(s) +$$
$$2Na_4FeOH(PO_4)_2·1/3NaOH(s) + 1/3OH^-(aq) + H_2O(l)$$

$R(Na/PO_4) > 2.5$ 时，反应倾向于生成 $Na_{3-2x}Fe_xPO_4$ 代替 $NaFePO_4$ 作为稳定的二价铁反应产物；此外，反应产物中也有 $NaFeOH(PO_4)_2$·1/3NaOH 固体。其反应为：

$$Fe_3O_4(s) + (20/3 + 3/x)Na^+(aq) + (4 + 1/x)HPO_4^{2-}(aq) \Longleftrightarrow$$
$$2Na_4FeOH(PO_4)_2·1/3NaOH +$$
$$(1/x)Na_{3-2x}Fe_xPO_4(s) + (4/3 - 1/x)OH^-(aq) + (1/x)H_2O(l)$$

在 $R(Na/PO_4) = 3.0$ 时，反应形成的固体溶液与上式中 $x = 0.2$ 时相吻合；$R(Na/PO_4) = 3.5$ 时，形成的固溶体 x 值小于 0.1，这说明 $R(Na/PO_4) > 3.5$ 时，Na_3PO_4 几乎不和 Fe_3O_4 发生反应。

在 350℃ 时观察到的反应产物与在 320℃ 时类似，只是生成产物 $Na_{3-2x}Fe_xPO_4$ 的量减少，说明碱式磷酸铁钠是主产物，主要是高温下 Fe_3O_4 中的亚铁离子被氧化了的结果。反应式为：

$$Fe_3O_4(s) + 13Na^+(aq) + 6HPO_4^{2-}(aq) \rightleftharpoons 1/2H_2(aq) +$$
$$3Na_4FeOH(PO_4)_2 \cdot 1/3NaOH(s) + H^+(aq)$$

锅炉中磷酸盐"暂时消失"诱导酸性磷酸盐腐蚀的发生，是仅当 Fe_3O_4 与 NaH_2PO_4 或 Na_2HPO_4 反应（而不是与 Na_3PO_4 反应）时，其主要产物是 $NaFePO_4$，继而形成磷酸盐铁垢，当锅炉水中 NaOH 浓度超过一定值时，磷酸盐铁垢就不能生成。所以磷酸盐铁垢能否生成与炉水中 R（Na/PO_4）有关。可能的反应包括：

$$2Na_2HPO_4 + Fe + 1/2O_2 \longrightarrow NaFePO_4 + Na_3PO_4 + H_2O$$
$$2Na_2HPO_4 + Fe_3O_4 \longrightarrow NaFePO_4 + Na_3PO_4 + Fe_2O_3 + H_2O$$
$$NaH_2PO_4 + Fe_3O_4 \longrightarrow 3NaFePO_4 + 1/2O_2 + 3H_2O$$

综上所述，磷酸盐"暂时消失"是在沉积作用与发生反应的同时进行下产生的，这两种途径同时存在并发生作用。在水冷壁管受热面上，磷酸钠溶液受到浓缩，其浓度接近饱和程度，在这样的条件下，磷酸根和金属氧化物形成的金属磷酸盐在管壁上析出，消耗的磷酸根要从炉水中得到补充；同时，在浓缩时，没有反应的磷酸根在管壁上析出，因此炉水中磷酸根减少，Na^+ 增加，使锅炉水的 pH 值和 $R(Na/PO_4)$ 相应增高。当热负荷降低时，浓缩程度也降低，磷酸根又会从金属的磷酸盐中溶解出来，同时沉积的磷酸根也会重新溶解出来，从而锅炉水中的 PO_4^{3-} 相应增高，并使炉水 pH 值及 $R(Na/PO_4)$ 减小。

5.2.4 平衡磷酸盐处理

炉水磷酸盐"暂时消失"现象是各种磷酸盐处理方式的特征，该现象导致了炉管的腐蚀、炉水 pH 值难以控制等问题。平衡磷酸盐处理（EPT）出现后，消除了磷酸盐"暂时消失"现象。

5.2.4.1 EPT 原理及控制指标

针对磷酸盐"暂时消失"问题，一方面是尽量降低锅炉水中磷酸盐含量，使"暂时消失"现象减轻；另一方面是继续改进磷酸盐处理方法，尽量消除"暂时消失"现象。1986 年，加拿大的 J. Sodola 首先报道了 EPT 在安大略水电局（OrtarioHydro）27 台汽包锅炉（总容量为 12000MW）上成功运用的事例。该汽包锅炉在采用 CPT 时遇到了严重的磷酸盐"暂时消失"问题，水冷壁管也因碱脆或腐蚀疲劳而损坏；在改为 EPT 后，不但炉水 pH 值稳定了，而且磷酸盐"暂时消失"现象基本消除，炉管腐蚀问题也大大减少，锅炉的化学清洗周期最少延长了一倍。

EPT 的主要特点是：尽量降低炉水中磷酸盐含量（使之达到平衡水平），且仅加 Na_3PO_4 一种磷酸盐，并容许炉水中存在少量游离 NaOH。

J. Stodola 给出的 17.93MPa 锅炉 EPT 的控制指标是：$c(PO_4^{3-}) \leqslant 2.4mg/L$，pH = 9.0 ~ 9.7（25℃），$R(Na/PO_4) = 3.0 ~ 3.5$，$c(NaOH) \leqslant 1.0mg/L$，$c(Cl^-) \leqslant 0.3mg/L$，$c(SO_4^{2-}) \leqslant 0.3mg/L$，$c(SiO_2) \leqslant 0.16mg/L$，$\kappa_H \leqslant 6.0\mu S/cm$。

美国 EPRI 给出的 EPT 控制指标是：$c(PO_4^{3-}) \leqslant 2.5mg/L$，pH = 9.0 ~ 9.7（25℃），$R(Na/PO_4) > 2.8$，$c(Na^+) \leqslant 0.85mg/L$，$c(Cl^-) \leqslant 0.028mg/L$，$c(SO_4^{2-}) \leqslant 0.028mg/L$，$c(SiO_2) \leqslant 0.13mg/L$。

平衡磷酸盐处理中的"平衡"有两种含义：一是指锅炉水中的磷酸盐含量正好和凝汽器泄漏的硬度相互反应完毕，即达到"平衡"；二是指在锅炉水冷壁管上磷酸盐的沉积与溶解达到"平衡"，即在炉管表面酸式磷酸盐与 Fe_3O_4 反应，导致 Fe_3O_4 保护膜不断溶解与锅炉水中磷酸盐（PO_4^{3-}）不断消耗，此过程进行到酸式磷酸盐与 Fe_3O_4 反应达到平衡为止。显然，炉水本体溶液中 PO_4^{3-} 含量越高，在达到平衡时所需要反应的酸式磷酸盐就越多，炉管腐蚀也就越严重。如果尽量减少锅炉水本体中 PO_4^{3-} 含量，使之不发生或很少发生酸式磷酸盐沉积，则磷酸盐"暂时消失"与炉管腐蚀会降低到最小。在机组未投运凝结水精处理高速混床时，两种"平衡"状态都存在，在机组投运凝结水精处理高速混床后，以第二种平衡为主。

EPT 中磷酸盐的"平衡"水平，虽然由磷酸盐"暂时消失"程度及锅炉设计、运行方式等因素来确定，但通常比 CPT 中的磷酸盐含量低，比如运行在 16 ~ 19MPa 的锅炉，典型的磷酸盐"平衡"质量浓度小于 2mg/L，有时小于 1mg/L；J. Stodola 报道在加拿大 OrtarioHydro 是 0.1 ~ 2mg/L，Cater 报道在 E. D. Edwards 是 0.15mg/L，Goldstrohm 报道在 Coronado 是 0.7mg/L。EPT 和 CPT 的最大差别是：EPT 只加 Na_3PO_4，并且允许游离 NaOH 存在（NaOH 在锅炉水 pH<9.0，且磷酸盐含量达到控制上限才加），EPT 中炉水碱度由 Na_3PO_4 与游离 NaOH 共同控制，以防止酸式磷酸盐腐蚀为主；而 CPT 则加入 Na_2HPO_4 与 Na_3PO_4 混合物，其中锅炉水碱度是由 Na_2HPO_4 与 Na_3PO_4 共同控制，以防止苛性腐蚀为主。

图 5-8 表示 EPT 时 $c(PO_4^{3-})$ 与 pH 值的关系曲线，图中曲线 1 ~ 7 分别表示 NaOH 含量为 0mg/L、0.1mg/L、0.3mg/L、0.5mg/L、0.7mg/L、0.9mg/L、1.0mg/L 时的状况。图 5-9 表示 $c(NaOH) = 0.4mg/L$ 时 EPT 受氨的影响情况，图 5-9 中曲线 1 ~ 6 分别表示 NH_3 含量为 0mg/L、0.1mg/L、0.3mg/L、0.5mg/L、

0. 7mg/L、1.0mg/L 时的状况。

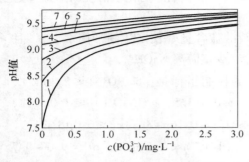 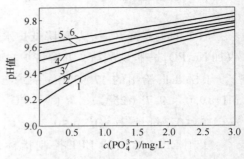

图 5-8   EPT 时 $c(PO_4^{3-})$-pH 关系曲线   图 5-9 $c(NaOH)$ = 0.4mg/L 时
                                                        氨对 EPT 的影响

EPT 作为一种改进的磷酸盐处理技术，其优点在于：

（1）基本不发生磷酸盐"暂时消失"，炉水水质容易控制，锅炉负荷变化时炉水 pH 值稳定；

（2）化学加药量与排污量减少；

（3）锅炉结垢量减小，所需清洗次数比以前大为减少；

（4）因 Na 与 PO$_4$ 摩尔比高（3.0~3.5），避免了磷酸钠盐（主要是酸式盐）与 Fe$_3$O$_4$ 保护膜或水冷壁管上的腐蚀产物相互反应带来的危险，由 CPT 转向 EPT 时，EPT 能够明显阻止锅炉采用 CPT 时正在进行的腐蚀；

（5）采用 EPT 时由于明显减少了锅炉水加药量，因此蒸汽品质有所提高；

（6）对于水冷壁管上的 Fe$_3$O$_4$ 保护层，由于存在游离 NaOH，因此 EPT 比 CPT 能提供更有效的保护。

5.2.4.2   EPT 的工业试验

某电厂锅炉为亚临界汽包炉，型号为 DG-1025/18.2-Ⅱ7，最大蒸发量为 1025t/h，额定蒸发量为 935t/h。在 1 号炉进行 EPT 的试验中，采用的是全挥发处理转换为平衡磷酸盐处理的方法。

试验过程如下。

（1）试验前期，消除了炉水硬度，提高了炉水 pH 值。由于凝汽器时常出现微漏，锅炉连续排污门开度一直为 100%。随着试验的进行，凝汽器泄漏问题有所好转，炉水水质明显提高。试验后期，1 号机组热力系统水汽质量合格率大幅度提高，由试验前的小于 90% 提高到 98% 以上。进行炉水平衡点 PO$_4^{3-}$ 浓度试验时，连续排污门关闭了几天，炉水水质均在合格范围。

（2）当给水氨含量为 0.5~1.2mg/L、炉水 PO$_4^{3-}$ 浓度为 0.17~1.0mg/L 时，炉水 pH 值接近标准的下限，为 9.0~9.4，平衡磷酸盐处理可通过调整磷酸盐和氢氧化钠的加药比例使炉水 pH 值在合格范围。

（3）水汽系统铁含量由试验前经常超标降至合格范围，给水含铁量为 $10 \sim 15\mu g/L$，蒸汽含铁量为 $5 \sim 10\mu g/L$。

（4）给水铜含量大幅度降低。试验刚开始时给水铜含量为 $10 \sim 20\mu g/L$，以后逐渐稳定在 $2 \sim 3\mu g/L$（标准为不大于 $5\mu g/L$）。

（5）由于不需要靠氨水来提高炉水的 pH 值，只要使给水 pH 值合格即可，因此给水加氨量降低。试验初期，给水氨含量为 $0.8 \sim 1.2mg/L$，试验后期，降低至 $0.6 \sim 1.0mg/L$。

（6）由于降低了给水加氨量，因此精处理的运行周期延长。试验期间，精处理混床的运行周期延长为 $5 \sim 7d$。精处理树脂再生用酸、碱量及自用水量大大减少。

（7）试验确定了不发生磷酸盐暂时消失现象的炉水 PO_4^{3-} 浓度为 $0.4mg/L$。

实施平衡磷酸盐处理以来锅炉的运行情况如下。

（1）没有发生因水质控制不当造成的爆管事故，机组的安全运行得到了保障。

（2）3 年来，均未发现明显的磷酸盐暂时消失现象。机组启动时，未出现明显的炉水磷酸盐浓度升高和 pH 值降低的现象，每次启动时正常向炉水中加入磷酸盐和氢氧化钠。

（3）炉水汽质量一直比较稳定，水汽系统中铜、铁和二氧化硅等指标一直在水汽质量标准要求的范围内。

（4）实施前排污率约为 1.3%，实施后排污率约为 0.3%。

（5）给水加氨量明显下降，炉水平衡磷酸盐处理前含氨量为 $1.5 \sim 2.5mg/L$，平均 $2mg/L$；处理后含氨量为 $0.8 \sim 1.1mg/L$，平均 $0.85mg/L$。

（6）由于凝汽器泄漏问题减轻，一级凝结水水质好转，再加上给水氨含量大大降低，凝结水处理混床的运行周期延长。平衡磷酸盐处理后凝结水处理混床运行周期由原先 3d 左右延长至 $6 \sim 10d$。

（7）水冷壁割管样无明显腐蚀。这表明实施平衡磷酸盐处理后，水冷壁管的腐蚀得到了有效的控制，运行 3 年来基本未发生腐蚀，同时结垢速度也大大降低。

5.2.5 低磷酸盐处理

目前，对于高参数汽包锅炉，随给水进入锅炉内的 Ca^+、SO_4^{2-}、SiO_3^{2-} 及致酸物（如在锅炉内分解出有机酸的有机物、蒸发浓缩产生强酸的微量强酸阴离子）等杂质的量非常少，原因如下：

（1）普遍采用纯度极高的二级除盐水作为锅炉补给水；

（2）随着不锈钢管凝汽器的推广应用，凝汽器严密性较好，渗漏到凝结水中的冷却水量非常少，加之普遍设置有凝结水精处理装置，凝结水水质很好。

随着给水水质的提高，生成水渣及中和酸性物所需要的磷酸盐必然减少，因此具备了降低炉水磷酸盐浓度的水质条件。低磷酸盐处理（LPT）就是顺应给水水质的这种变化而提出的炉水水质调节技术，是为防止锅炉内生成钙镁水垢和减少水冷壁管腐蚀，向炉水中加入少量 Na_3PO_4 的处理。其处理原理与平衡磷酸盐处理类似，特征是炉水 PO_4^{3-} 含量远低于磷酸盐处理和协调 pH-磷酸盐处理的控制值，《火电厂汽水化学导则　第 2 部分：锅炉炉水磷酸盐处理》（DL/T 805.2—2016）规定了低磷酸盐处理的控制标准，见表 5-6。

表 5-6　低磷酸盐处理的控制标准（DL/T 805.2—2016）

锅炉汽包压力/MPa	二氧化硅/mg·L^{-1}	氯离子/mg·L^{-1}	磷酸根/mg·L^{-1}	pH 值（25℃）	电导率（25℃）/μS·cm^{-1}
5.9~12.6	≤2.0	—	0.5~2.0	9.0~9.7	<20
12.7~15.8	≤0.45	≤1.0	0.5~1.5	9.0~9.7	<15
15.9~19.3	≤0.20	≤0.3	0.3~1.0	9.0~9.7	<12

低磷酸盐处理适于汽包压力大于 15.8MPa、用除盐水作锅炉补给水、给水无硬度或氢电导率合格的锅炉采用。低磷酸盐处理对于防止钙垢和维持炉水的 pH 值有较好效果，采用低磷酸盐处理的锅炉很少发生酸性磷酸盐腐蚀，虽仍可能发生磷酸盐"暂时消失"现象，但程度会减轻。当发现凝汽器出现泄漏时，应及时增加磷酸盐的加药量。因此，凝汽器严密性较差（即渗漏量较大）或泄漏频繁的机组，不宜采用低磷酸盐处理。

某电厂 2 号机组锅炉为 WGZ670/13.7-540/540-10 型，自然循环，一次中间再热，炉水处理采用加入单一 Na_3PO_4 的方法。在调试运行过程中，由于机组启停频繁，负荷升降幅度大，经常出现炉水磷酸盐"暂时消失"现象。例如：某年 4 月 23 日 2 号机组负荷由 200MW 降为 175MW 时，在 1.5h 内，炉水 PO_4^{3-} 浓度由 1.20mg/L 升至 5.46mg/L；4 月 25 日，当机组负荷由 175MW 升为 200MW 时，在 2h 内，炉水 PO_4^{3-} 浓度又由 5.09mg/L 降至 1.60mg/L。此时只得通过加磷酸盐提高 PO_4^{3-} 含量，同时还需要开连续排污，降低含盐量，以保证蒸汽品质。针对此现象，5 月下旬 2 号炉采用了协调磷酸盐处理法（控制 PO_4^{3-} 含量为 2~8mg/L，pH 值为 9~10，R 为 2.3~2.5），以消除磷酸盐暂时消失现象，但未见成效，磷酸盐"暂时消失"现象继续出现。研究发现当 $c(PO_4^{3-})<1mg/L$ 时，负荷对炉水水质影响小，磷酸盐"暂时消失"现象不明显，由此提出采用低磷酸盐处理法。该厂锅炉为全焊接结构，无铆接和胀接，故可避免炉水局部浓缩，且焊接部件不会生成苛性腐蚀。

　　某研究院在 2 号炉进行了优化调整试验后，得出 2 号炉的低磷酸盐控制范围为 1~3mg/L。这样既能维持炉水中一定的 pH 值（9~10），又可减少炉水含盐量，将磷酸盐隐藏现象控制在最低程度，还可使锅炉受热面的腐蚀速率降低，提高蒸汽品质。实践表明：当磷酸盐浓度控制在 1~3mg/L 时，炉水的磷酸盐在负荷变化情况下无隐藏现象，且 pH 值也不随负荷发生变化。从排污率看，低磷酸盐处理前平均为 0.916%，之后平均为 0.637%，证明实行低磷酸盐处理后排污率显著下降，从而节约费用，减轻劳动强度。

5.3　氢氧化钠处理

　　英国在 20 世纪 70 年代即开始采用低浓度纯 NaOH 调节汽包锅炉炉水水质，距今已有 40 余年的成功经验；德国、丹麦等国在磷酸盐处理运行中发现磷酸盐"暂时消失"造成腐蚀后，也放弃了磷酸盐处理而改为用 NaOH 调节汽包锅炉炉水水质，并都相应制定了运行导则。至今，英国、俄罗斯、德国、丹麦和中国等，已在除盐水作补给水的高压及以上压力汽包锅炉机组（包括压力为 16.5~18.5MPa 的 500MW 汽包锅炉机组）上成功应用了炉水 NaOH 处理。

5.3.1　氢氧化钠处理的必要性和可行性

5.3.1.1　必要性

　　除盐水和凝结水的缓冲性很弱，少量的氢离子就可使水的 pH 值有明显降低。当前水源的污染日趋严重，污染物中很大一部分是有机物，一旦补给水处理系统对有机物处理不彻底，有机物就会在炉水中分解产生酸，引起炉水 pH 值下降，导致水冷壁管严重腐蚀，进而导致炉水和蒸汽中的含铁量增加，氧化铁垢形成加剧。提高水的 pH 值最简单的方法是对水进行加氨处理，这对低温的凝结水和给水很有效。但是，高温时氨的电离常数随温度的升高而降低，因而加氨不能保证炉水必要的碱性。而且在两相介质条件下，加入的氨有相当一部分随饱和蒸汽一起从炉水中释放出来而被蒸汽带走，因而可能使炉水的 pH 值甚至低于给水的 pH 值，在强烈沸腾的近壁层还可能出现酸性介质。研究表明，存在潜在酸性化合物的条件下，不论氨的剂量有多大，氨处理时在强烈沸腾的近壁层都会不可避免地出现异常杂质，引起水冷壁管内表面上 Fe_3O_4 膜的破坏和形成交替进行，形成多孔层状的 Fe_3O_4 膜，不具有保护性。

　　炉水磷酸盐处理最初本是为防止结钙镁水垢。正常运行时，如果凝汽器不发生泄漏，现代补给水处理设备和凝结水处理设备就能保证给水硬度在国家标准允许范围内，因而磷酸盐的防垢作用减退，以调节炉水 pH 值防止腐蚀为主。然而机组负荷变化时，磷酸盐在高温、高压锅炉水中可能发生"暂时消失"现象，形成磷酸盐铁垢等。另外，磷酸盐药品的纯度低，易将杂质带入炉内，使水冷壁管的沉积量增大，造成沉积物下介质浓缩腐蚀。

5.3.1.2   可行性

采用 NaOH 进行炉水处理的主要风险是发生碱性腐蚀和苛性脆化。但是，随着现代锅炉由铆接改为焊接，给水水质变纯，发生这两类腐蚀破坏的可能性越来越小。当凝汽器发生泄漏时，无机盐和有机物进入给水管道和锅炉，高温水解和分解为无机酸和有机酸，高热负荷区域疏松沉积物层下的 pH 值会降到 5 以下，因而金属会遭受严重的局部腐蚀。如果炉水采用 NaOH 调节 pH 值，则可防止水冷壁管的这种破坏。和磷酸盐相比，NaOH 没有反常溶解度，不会发生"暂时消失"现象。

5.3.2   氢氧化钠处理的原理和目的

氢氧化钠在水中电离出氢氧根，氢氧根中的氧和金属氧化膜最外侧的原子因化学吸附而结合，从而改变了金属-溶液界面的结构，提高了阳极反应的活化能，使腐蚀介质同金属的化学反应速度显著降低。由于氢氧根在吸附过程中排挤原来吸附在金属表面的水分子层，能降低金属的离子化倾向，因此，氢氧根的吸附作用使得金属保持非活性状态。同时，由于氢氧化钠与氧化铁形成了二价和三价铁的羟基络合物，金属表面形成致密的保护膜。在热传导状态下，氧气与中性氯化钠产生复合反应生成盐酸，盐酸可以导致氢脆发生（只有在氧气和氯化钠浓度超过临界值时发生氢脆），由于氢氧化钠具有中和酸性物质的能力，因此在炉水中加入少量的氢氧化钠，可使氯化物的浓度降低进而减少酸性氢脆腐蚀。

炉水采用氢氧化钠化学处理的目的在于使炉水中保持适量氢氧化钠浓度，降低因凝汽器泄漏造成炉水氯离子含量增加而产生氢脆腐蚀的危险。同时，炉水采用氢氧化钠处理是解决炉水 pH 值降低的有效方法之一。

研究结果表明，浓度适中的 NaOH 溶液不同于氨溶液，它能显著提高膜的稳定性。与流动中性水相接触的碳钢表面形成的 Fe_3O_4 膜的抗腐蚀性能比在低浓度 NaOH 溶液中形成的膜差得多，因为 NaOH 存在时，金属表面不仅有自身的氧化层，而且还有一层羟基铁氧化物覆盖该层，它也对金属起保护作用。这层膜越牢固和致密，防腐蚀的效果越好。但是，直到目前，人们对 NaOH 处理下高温水中金属表面氧化膜的状况和性能的研究还不够，还需要进一步研究和探讨。

5.3.3   氢氧化钠处理的控制标准

对于单纯采用 NaOH 处理的锅炉，炉水中 NaOH 的浓度有人主张小于 1mg/L，也有人认为可略高于 1mg/L。对于大容量机组，炉水中 NaOH 的量可适当低一些。

表 5-7 给出了《火电厂汽水化学导则 第 3 部分：汽包锅炉炉水氢氧化钠处

理》（DL/T 805.3—2013）规定的氢氧化钠处理的控制标准。

表 5-7　氢氧化钠处理的控制标准（DL/T 805.3—2013）

锅炉汽包压力 /MPa	pH 值[①] （25℃）	电导率（25℃） /μS·cm^{-1}	氢电导率[②]（25℃） /μS·cm^{-1}	氢氧化钠 /mg·L^{-1}	氯离子[②] /mg·L^{-1}	钠/mg·L^{-1}	二氧化硅 /mg·L^{-1}
12.7~15.8	9.3~9.7	5~15	≤5.0	0.4~1.0	≤0.35	0.3~0.8	≤0.25
15.9~18.3	9.2~9.6	4~12	≤3.0	0.2~0.6	≤0.2	0.2~0.5	≤0.18

注：分段蒸发汽包锅炉氢氧化钠处理炉水质量标准在参考本表的基础上通过试验确定。

①pH 值为 25℃时锅炉水实测值，含氢氧化铵的作用。

②汽包炉应用给水加氧处理时，炉水氢电导率和氯离子含量应调整为控制值的 50%。

5.3.4　氢氧化钠处理的适用条件

（1）给水氢电导率（25℃）应小于 0.2μS/cm。

（2）凝汽器基本不泄漏，即使偶尔微渗漏也能及时有效地消除，或配置精处理设备。

（3）锅炉水冷壁表面清洁，无明显腐蚀坑和大量腐蚀产物。最好在炉水采用加氢氧化钠处理前进行化学清洗。

（4）锅炉热负荷分配均匀，水循环良好，避免干烧，防止形成膜态沸腾，导致氢氧化钠的过分浓缩，造成碱腐蚀。

国外的经验表明，汽包锅炉采用 NaOH 处理后，解决了以前氨调节炉水 pH 值时存在的问题。如德国采用全挥发处理的燃油汽包锅炉经常遭受脆性损坏，在向给水中投加 NaOH 后，水冷壁管遭受的腐蚀停止了。美国专家对高压锅炉内部腐蚀的广泛研究指出，在新产生蒸汽的管子内表面足够清洁的条件下，存在的 NaOH 不会引起腐蚀，并且还能防止由于凝汽器泄漏使炉水 pH 值下降所引起的腐蚀。英国电厂广泛采用 NaOH 处理的原因，在于炉水中存在的 OH$^-$有利于恢复在锅炉金属表面损坏的保护膜。某台机组，进行全挥发处理时，锅炉水铁含量约为 100μg/L，蒸汽中的氢含量约为 12μg/L，尽管采取经常排污的措施，但仍无法解决铁浓度上升的问题，以致用来监测铁含量的膜式过滤器的颜色变成了黄色，这表明大部分铁是在锅炉内腐蚀过程中形成的。在用 70μg/L 左右的 NaOH 对给水进行补充处理后，炉水的铁含量降到了 10~20μg/L。运行几年后的检查表明，水冷壁管和汽包均处于完好状态，并消除了水冷壁管的结垢和腐蚀问题。

因此，采用 NaOH 处理时，要求锅炉热负荷分配均匀，水循环良好；给水氢电导率（25℃）小于 0.20μS/cm。采用 NaOH 处理前根据结垢情况对锅炉进行化学清洗，如果水冷壁的结垢量小于 150g/m^{2}可直接转化为 NaOH 处理；结垢量大于 150g/m^{2}时，需经化学清洗后方可转化为 NaOH 处理。水冷壁有孔状腐蚀的锅炉应谨慎使用此法。

5.3.5 应用实例分析

某电厂为 4 台 660MW 亚临界机组，1 号机组投产初期炉水实施低磷酸盐处理，在炉水品质合格的前提下，蒸汽钠的质量浓度最大为 300μg/L，正常值为 30~50μg/L；氢电导大于 0.3μS/cm。磷酸盐处理在高负荷时容易发生盐类暂时消失现象，为维持炉水指标，需要不断地投加磷酸盐，结果造成炉水含盐量增大。饱和蒸汽对炉水磷酸盐机械携带及溶解携带，致使蒸汽指标超标、汽轮机高压缸叶片严重积盐。实施氢氧化钠处理后，炉水、蒸汽指标全部达到标准，水冷壁结垢、汽轮机积盐均得到很好的改善。5 年后 A 修检查结果为，省煤器结垢速率 10.26g/(m^2·a)，水冷壁平均结垢速率 35.12g/(m^2·a)，过热器结垢速率 30.92g/(m^2·a)，均达到《火力发电厂机组大修化学检查导则》（DL/T 1115—2009）总体评价一类。

某电厂为 2 台 330MW 亚临界机组，1 号、2 号机组投产初期炉水实施低磷酸盐处理，炉水控制指标为：pH 值 9.0~9.7，磷酸盐的质量浓度 0.5~3.0mg/L，电导率小于 40μS/cm，Cl^- 的质量浓度小于 0.5mg/L。运行过程中炉水 pH 值指标经常存在偏低的情况，而且炉水电导率较高，可达到 25~40μS/cm。3 年之后进行 A 修发现汽轮机叶片积盐量较大，之后对炉水实施氢氧化钠化学处理。

实施氢氧化钠处理后，热力系统汽水品质满足标准，水冷壁结垢及汽轮机积盐均在一类控制范围内。具体指标为：省煤器结垢速率 24.14g/(m^2·a)，水冷壁平均结垢速率 32.45g/(m^2·a)，过热器结垢速率 30.17g/(m^2·a)，均达到 DL/T 1115—2009 总体评价一类。

5.3.6 氢氧化钠处理的优点

（1）水、汽质量明显改善。NaOH 处理时炉水的缓冲能力较强，能中和游离酸生成中性盐，不增加水的电导率，可有效防止锅炉水冷壁管的酸性腐蚀；金属管壁膜的保护性能强，NaOH 在提高 pH 值、重建表面膜的效果上很好，可以减少炉水中的铁含量，降低氧化铁垢的形成速度；由于 NaOH 和 SiO_2 可形成可溶性的硅酸钠而通过排污排掉，因此水冷壁管内沉积物中硅酸盐化合物的质量分数降低，如某机组沉积物中硅酸盐含量（质量分数）为 14%~21%，而采用 NaOH 处理后下降为 0.6%~2.5%。

（2）与磷酸盐处理相比，NaOH 处理避免了因负荷升降而频繁发生的磷酸盐"暂时消失"现象及与此相关的炉水 pH 值波动问题，炉水参数容易控制。NaOH 有分子量小、电离度大、水溶性好等特点，在锅炉负荷波动、启动或停运时，NaOH 不会因其溶解性能变化而在锅炉管壁上沉积；采用 NaOH 处理的炉水缓冲性好，不会造成炉水 pH 值、PO_4^{3-} 的忽高忽低。

（3）NaOH 处理带来了经济效益和社会效益。采用 NaOH 处理后，锅炉水质得到优化。同时，加药量少，补水率低，排污率减小，水冷壁管沉积率降低，化学废水排放量减少，炉水排污无磷化，有利于环境保护。

5.3.7 实施氢氧化钠处理应注意的问题

（1）机组在转向 NaOH 处理前，必要时应对水冷壁系统进行化学清洗，以防止多孔沉积物下 NaOH 浓缩引发碱性腐蚀。

（2）凝汽器的渗漏在运行中是不可避免的，必须严格执行化学监督的三级处理制度。运行中发现微渗、微漏（凝结水硬度小于 $3\mu mol/L$），需尽快查漏、堵漏，短时间内不必向炉水中另加药剂，加大排污换水即可。高纯水情况下，只有给水中出现硬度时才可适当添加磷酸三钠，待硬度消失后，应停止加磷酸盐。

（3）采用 NaOH 调节炉水，要求炉水在线仪表配备 pH 计和电导率表，蒸汽系统在线仪表配备钠表和氢电导率表，以便随时监测水汽的瞬间变化情况，有条件的最好炉水也加装在线钠表。

5.3.8 汽包锅炉炉水处理方式的选择

汽包锅炉采用磷酸盐或氢氧化钠进行炉水处理，也称为固体碱化剂处理。

（1）锅炉点火启动期间的炉水处理方式。锅炉点火启动期间应优先使用磷酸盐处理方式。

（2）锅炉运行期间的炉水处理方式。锅炉运行期间，可根据机组的特点选择不同的炉水处理方式。当锅炉采用磷酸盐处理时，如果有轻微的磷酸盐"暂时消失"现象，但没有引起腐蚀，可按此方式继续运行。如果磷酸盐"暂时消失"现象严重，但水冷壁的结垢量在 $150g/m^2$ 以下，可直接采用低磷酸盐处理或 NaOH 处理，或者对锅炉进行化学清洗后再采用低磷酸盐处理或 NaOH 处理。如果暂时不能对锅炉进行化学清洗，则应对目前的磷酸盐处理进行优化。如果水冷壁的结垢量在 $150g/m^2$ 以上，则必须在化学清洗后再采用低磷酸盐处理或 NaOH 处理。

6 蒸汽污染及防止

蒸汽污染是指蒸汽中含有硅酸、钠盐等杂质。蒸汽纯度（即蒸汽品质）是指蒸汽中这些杂质含量的多少，蒸汽污染严重，也就是蒸汽纯度差（或者说蒸汽品质不良）。这些物质会沉积在蒸汽流通的各个部位，也就是积盐现象，如过热器积盐和汽轮机积盐，这会影响过热器、汽轮机的安全、经济运行。此外，蒸汽中还常常有氨、二氧化碳、氧等气体杂质，这些气体杂质量过多，可能导致热力设备的腐蚀，因此，主蒸汽中各项监督指标也应严格控制。现代大功率汽轮机对蒸汽纯度的要求是极高的。

对于汽包锅炉，当过热蒸汽减温器运行正常时，过热蒸汽的纯度取决于由汽包送出的饱和蒸汽，保证饱和蒸汽的纯度是关键。对于直流锅炉而言，给水带着杂质进入锅炉后，这些杂质不是在水冷壁管内沉积，就是被蒸汽带往汽轮机，因此，蒸汽纯度取决于给水纯度。当然蒸汽带走的杂质量还与其在蒸汽中的溶解度有关。杂质无论是沉积在炉管内，还是被蒸汽带入汽轮机，均会对直流锅炉机组的安全、经济运行带来不利影响，这就是直流锅炉对给水水质要求极高的原因。

6.1 蒸汽污染的原因

汽包锅炉饱和蒸汽被污染是由饱和蒸汽的机械携带和蒸汽溶解杂质两个原因造成的。

6.1.1 机械携带

6.1.1.1 蒸汽带水

从汽包送出的饱和蒸汽常夹带一些炉水的水滴，炉水中的钠盐、硅化合物等各种杂质都以水溶液状态进入蒸汽。这种现象称为饱和蒸汽的水滴携带或机械携带，它是饱和蒸汽被污染的原因之一。

饱和蒸汽的带水量常用湿分 ω 来表示，它是水滴重量占汽、水总质量的百分率。在实际工作中，常用机械携带系数 K_J 来表示饱和蒸汽机械携带的大小，它可表示为：

$$K_J = S_{B,J}^i / S_L^i \tag{6-1}$$

式中　$S_{B,J}^i$ ——物质 i 的机械携带量（单位质量饱和蒸汽因机械携带而含物质 i 的量）；

S_L^i——炉水中物质 i 的含量。

显然，$\omega = K_J$，所以也可用 K_J 表示饱和蒸汽带水量的多少。

锅炉运行时，汽包内的实际工况是很复杂的，如图 6-1 所示。在汽包内水和汽不是截然分开的，也没有明显的水面，水容积中含有蒸汽泡，这些蒸汽泡分布不均，汽包的底部蒸汽泡较少，越往上蒸汽泡越多。汽空间内含有许多水滴，这些水滴也是不均匀的，水滴量沿高度方向急剧减少。汽包内的蒸发水面不是平稳的，而是波动的。这种波动由两方面的原因造成：一方面是由于流体的动力波动，这是由于汽水混合物由蒸汽空间进入时喷溅着炉水，使得水面波动，形成波浪和水柱等；另一方面是由于热力方面的原因，如锅炉运行时压力的变化或者燃烧工况的不稳等。有的锅炉因炉水水质不良，还可能在蒸发水面形成一层稳定的泡沫层。泡沫破裂会产生很多小水滴，有时连泡沫也可能被蒸汽带出汽包。

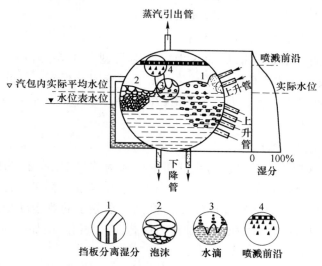

图 6-1　汽包内的实际过程

6.1.1.2　水滴的形成过程

汽包内水滴的形成过程，有两种情况。

（1）蒸汽泡破裂形成水滴。水中的蒸汽泡比较轻，因此会逐渐上浮至水面（达到汽水分界面）。当蒸汽泡通过汽水分界面，进入汽空间时，蒸汽泡水膜破裂，会溅出一些大小不等的水滴。当蒸汽泡上部露出水面时，蒸汽泡表面的一层液膜，因受表面张力和膜的重力的影响，液膜中液体开始流走，液膜变薄穿孔而发生破裂。在穿孔处由于微小的曲率半径产生了很大的表面张力，因此液膜很快向中间集中形成水柱和波浪，水朝着汽水分离界面抛出去，形成水滴，一般中间形成大水滴，四周形成许多小水滴。

（2）机械运动撞击而形成水滴。当汽水混合物直接引入汽空间时，由于汽流冲击水面，或者由于汽水混合物撞击汽包壁和其他内部装置，或者由于汽流的相互冲击，都会形成许多水滴。如果当汽水混合物由水面下进入汽包内，发生"喷泉"作用而使得水层飞溅，离开水面的水层，由于表面张力作用，一段段分开，形成水滴。比较大的水滴重新落入水面时，还可被撞碎并从水面再溅起细小的水滴。

上述过程产生的水滴都具有一定的动能，能飞溅。那些较大的水滴飞溅到汽空间的某一高度后，便会因自身的重力而下落；而那些微小的水滴，由于自身质量很轻，所受重力小于汽流对它的摩擦力与蒸汽对它的浮力，结果它就随蒸汽流一起上升，最后被蒸汽带出汽包。另外，有些水滴直接飞溅到汽包蒸汽引出管口附近被带走，因为这里蒸汽流速很大。由此可见，形成的水滴越多、越小和汽包内蒸汽流速越大，蒸汽的带水量就越大。

6.1.1.3　影响机械携带的因素

饱和蒸汽的带水量与锅炉的压力、结构类型（主要是汽包内部装置的类型）、运行工况及炉水水质等因素有关。由于影响因素很多，因此不仅不同类型锅炉的蒸汽带水情况不同，而且相同锅炉的带水情况也不会完全相同。

A　锅炉压力

锅炉压力越高，蒸汽越容易带水，原因如下。

（1）提高锅炉压力，汽包的汽空间中小水滴数目增多。因为随着锅炉压力提高，炉水的表面张力降低，容易形成小水滴。表面张力降低的原因，一方面在于锅炉压力提高，锅炉水温（即沸点）升高，水分子的热运动加强，削弱了水分子之间的作用力；另一方面，锅炉压力提高，蒸汽密度增加，与水面接触的蒸汽对水分子的引力增大。

（2）锅炉压力的提高，会使蒸汽中的水滴更难以分离出来。因为随着锅炉压力的提高，蒸汽密度增大，汽水两者的密度差减小，汽流运载水滴的能力增强。因此，对于高参数锅炉，为减少蒸汽带水，应在汽包内装设更有效的汽水分离装置。

B　锅炉结构

汽包的内径、汽水混合物引入汽包的方式、蒸汽从汽包引出的方式、汽包内汽水分离装置的结构等，对蒸汽带水量都有很大的影响。

汽包内径的大小决定了汽空间的高度。如果汽空间高度较小，蒸汽泡破裂时就会有很多的水滴溅到蒸汽引出管附近，而这里蒸汽流速较高，所以会有较多的水滴被蒸汽带走；反之，当汽空间高度较大时，有些水滴上升到一定高度后，依靠自身重量落回汽包水室中，蒸汽带走的水滴量也就相应减少。因此，对于靠水汽重量差进行水汽分离的锅炉，当汽包内径大时，汽空间高度就会大，有利于水汽分离。但汽包直径不宜过大，因为当汽空间高度达到1～1.2m后，高度增加并不能明显降低蒸汽湿分，只会增加汽包制造成本。仅靠这种利用水滴质量的自然分离，不能把蒸汽中微小水滴分离出来。

汽包内如有局部蒸汽流速过高，也会使蒸汽品质不良。例如，只用少数几根管子将汽水混合物引入汽包［见图6-2（a）和图6-2（b）］，或者蒸汽从汽包的引出不均匀［见图6-2（c）］都会造成汽包内局部地区的蒸汽流速很高，使蒸汽大量带水。因此，制造锅炉时，应力求蒸汽沿汽包整个长度和宽度均匀流动，如图6-2（d）和图6-2（e）所示。

锅炉汽包内的汽水分离装置不同时，因汽水分离的效果不同，蒸汽带水量也会有差别。

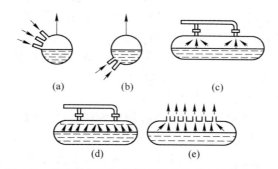

图6-2 蒸汽引出汽包和汽水混合物进入汽包的方式
(a) 汽水混合物直接进入汽包的汽空间；(b) 汽水混合物引入汽包水层下面；
(c) 蒸汽不均匀引出汽包；(d) (e) 蒸汽均匀引出汽包

C 锅炉运行工况

a 汽包水位

汽包内的水汽分界面比锅炉水位计指示的水位略高一些（见图6-3），称为水位膨胀现象。造成这种现象的原因是，在汽包内水位以下的水中有大量的蒸汽泡，越是接近水面蒸汽泡越多，实际上在这里是汽水混合物；而水位计中的水因受大气冷却，温度较低，随水带入的蒸汽泡都已冷凝成水，所以水位计中没有汽泡。因此，汽包中的水（实际上是汽水混合物）的密度小于水位计中水的密度，所以汽包内汽水分界面要比水位计中观察到的水位略高一些。显然，穿过汽包水层的蒸汽越多，汽水混合物的含汽量就越多，其密度就越小，水位膨胀也就越剧烈。除此，汽包内的水汽分界面还是强烈的波动着的，不像水位计指示的水位那样平静。这是因为蒸汽不断地从水层下面送入，穿过水层上升，并在汽水分界处破裂，而且来自上升管的汽水混合物有很大的动能，不断冲击汽包内锅炉水，如图6-4所示。

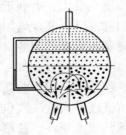

图 6-3　汽包内的
水位膨胀现象

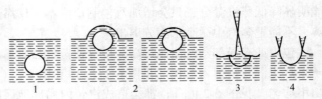

图 6-4　蒸汽泡的破裂过程
1—蒸汽泡在水中上浮；2—蒸汽泡破裂以前的情形；
3—蒸汽泡破裂以后形成波浪；4—由波峰脱离出来的水滴

（1）泡沫的形成。炉水水质很差时，汽包内会产生泡沫现象。所谓泡沫是指在水面附近的许多汽泡的紧密堆积物，汽泡间靠液膜隔开。炉水形成泡沫是由于炉水中溶有能起泡的物质——起泡剂，起泡剂的作用如下。

1）降低炉水的表面张力。当泡沫形成时，整个体系应看成气相分散于液相的分散体系。当炉水中含有表面活性物质（如洗涤剂、油脂等有机物）时，能降低表面张力，使气泡稳定堆积，炉水起泡。

2）在汽泡周围形成坚固的膜。当有较大的机械强度时，气泡外面的液膜坚固，不易破裂，泡沫就能稳定。

3）增加流体的黏度。汽泡间液膜受到重力和曲面压力的作用，会促使液体流走，倘若还有杂质则会增加液体的黏度，使液体不易流走。

（2）炉水中的下列化合物对泡沫的稳定性有较大的影响。

1）有机物。有机物大多是表面活性物质，能够降低水的表面张力，使泡沫稳定。在对泡沫的组分进行测定时，发现其中含有大量的有机物。

2）微细分散的悬浮物和水渣。这些物质能黏附在汽泡的液膜上，增加膜的机械强度，稳定泡沫层。实验证明，$0.1\sim0.3\mu m$ 的微粒，稳定泡沫的能力最强，更大的颗粒，其稳定作用反而减弱。

3）炉水中的碱性物质。炉水中碱度过大时，容易形成稳定的泡沫。炉水碱度的影响与苛性钠含量有关，生成起泡物质能降低表面张力，而苛性钠能使悬浮物质稳定在分散状态。磷酸盐也是炉水中的碱性物质，它与炉水中残余硬度形成高度分散的水渣，这种水渣也能使泡沫稳定。

4）油类物质。油类物质除与苛性钠进行皂化反应外，还会单独附在水渣微粒上，使水渣不易被水沾湿，结果水渣的微粒在汽泡表面上，增加了汽泡膜的稳定性。

综上，当炉水中上述物质含量较大时，易产生汽泡现象。对于水质条件较差的锅炉，往往在汽包内炉水水面附近设置给水槽，使给水流入水槽或溢出水槽时与产生的泡沫接触，使泡沫中上述物质发生扩散，降低浓度，液膜表面层的强度因而下降，进而使泡沫破坏。此外，汽包内有旋风分离器时，机械离心力也可使泡沫破裂而不能形成。

汽包水位过高，会使蒸汽带水量增大。对于一台锅炉来说，汽包直径大小固定，若水位上升，汽包上面的汽空间高度就必然减小。这就会缩短水滴飞溅到蒸汽引出管口的距离，不利于自然分离，使蒸汽带水量增大。

b　锅炉负荷

锅炉负荷的增加会使蒸汽带水量增大，原因如下。

（1）负荷增加时，来自上升管的蒸汽量增多。如果上升管的汽水混合物从水层下面引入汽包，那么由于穿出汽水分界面的蒸汽泡增多，以及汽泡动能的增大，因此汽泡水膜破裂产生的水滴量和水滴的动能增加。如果汽水混合物是从汽空间进入汽包的，则当负荷增加时，汽水混合物的动能增大，机械撞击、喷溅所形成水滴的量和动能也增大。

（2）负荷增加时，蒸汽引出汽包的流量增大，蒸汽运载水滴的能力也增大。

（3）负荷增加时，因水中蒸汽泡增多，加剧了水位膨胀，降低了汽空间的实际高度，不利于自然分离。

如图 6-5 所示，随锅炉负荷增加，蒸汽湿分先是缓慢增大，当增加到某一数值后，再增加负荷，蒸汽湿分急剧增加，此转折点的锅炉负荷称为临界负荷。显然，锅炉运行的容许负荷应低于临界负荷。

c　炉负荷、压力、水位的骤变

锅炉的负荷、压力或水位的变化太剧烈，也可使蒸汽带水量增大。例如，锅炉压力骤然下降，炉水因沸点骤降而发生急剧的沸腾，瞬间产生大量蒸汽泡，水位剧烈膨胀，从而蒸汽带水量显著增加。

D　炉水含盐量

炉水含盐量增加，但未超过某一临界值时，蒸汽带水量（即蒸汽湿分 ω）较小，且基本不变；当炉水含盐量超过该临界值后，蒸汽带水量开始随炉水含盐量的增加而迅速增大，如图 6-6 所示。当炉水含盐量低于临界值时，蒸汽含钠量与炉水含盐量无关；当炉水含盐量超过临界值后，由于蒸汽带水量迅速增大，因此蒸汽含盐量随炉水含盐量增加的速度明显加快。蒸汽含盐量开始急剧增加时的炉水含盐量，称为临界含盐量。

（1）一方面，随着炉水含盐量的增加，炉水黏度变大，炉水中的小汽泡不易合并成大汽泡，因此，炉水中便充满着小汽泡，而小汽泡在水中上升速度较慢，导致水位膨胀加剧和汽空间高度减小，不利于汽水分离。另一方面，炉水含盐量的增加使蒸汽泡水膜的强度提高，汽泡穿出蒸发面后，其水膜变得很薄时才会破裂。而汽泡越薄，破裂形成的水滴越小，越容易被蒸汽带走。当炉水含盐量提高到一定程度时，这两方面的因素就会产生明显的影响，蒸汽的含盐量急剧增加。

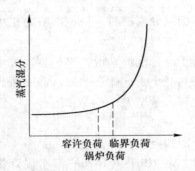 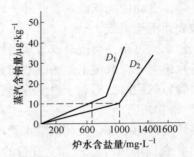

图 6-5　蒸汽湿分与锅炉负荷的关系　　　　图 6-6　蒸汽含盐量与炉水
　　　　　　　　　　　　　　　　　　　含盐量的关系（锅炉负荷 $D_1 > D_2$）

（2）当炉水中杂质含量增高到一定程度时，在汽、水分界面处会形成泡沫层，使蒸汽大量带水。因为炉水中杂质含量增加时，蒸汽泡的水膜强度提高，所以当汽泡从水层下面浮升到水汽分界面处时并不立刻破裂，而是需要一定的时间，这就使汽泡破裂的速度小于汽泡的上升速度，于是蒸汽泡在汽水分界面处堆积起来形成泡沫层。

锅炉水临界含盐量的大小以及此时蒸汽品质的劣化程度，与锅炉的汽包内部装置、负荷、水位以及炉水中杂质组成等因素有关，各台锅炉的炉水临界含盐量只能通过锅炉热化学试验确定。

6.1.2　溶解携带

6.1.2.1　饱和蒸汽溶解携带

蒸汽具有溶解某些物质的能力，蒸汽压力越高，溶解能力越大。例如，压力为 2.94~3.92MPa 的饱和蒸汽，已有明显的溶解硅酸的能力，并且这种能力随压力的提高而增大；当饱和蒸汽的压力大于 12.74MPa 时，它还能溶解 NaOH、NaCl 等各种钠化合物。饱和蒸汽通过溶解方式携带水中某些物质的现象，叫作蒸汽的溶解携带，它是蒸汽污染的原因之一。实践证明，饱和蒸汽中物质 i 的溶解携带含量 $S_{B,R}^i$（单位质量饱和蒸汽因溶解携带而含物质 i 的量）与 S_L^i 成正比，可表示为：

$$S_{B,R}^i = K^i S_L^i \qquad (6\text{-}2)$$

式中，K^i 为物质 i 的溶解携带系数。

由上述可知，饱和蒸汽中物质 i 的含量 S_B^i 为水滴携带量与溶解携带量之和。因此，由式（6-1）和式（6-2）可得：

$$S_B^i = S_{B,J}^i + S_{B,R}^i = (K_J + K^i) S_L^i = K_Z^i S_L^i \qquad (6\text{-}3)$$

式中，K_Z^i 为物质 i 的总携带系数。

不同压力的汽包锅炉，蒸汽携带盐类物质的情况不同，大体可归纳成下列几种情况。

（1）低压锅炉。锅炉中饱和蒸汽对各种物质的溶解携带量都很小，所以蒸汽污染主要是来自水滴携带。

（2）中压锅炉。蒸汽中的各种钠盐主要是由水滴携带所致；蒸汽中的含硅量为水滴携带与溶解携带之和，且溶解携带量明显超过水滴携带量（压力越高时越明显）。

（3）高压锅炉。蒸汽中的含硅量主要取决于溶解携带，至于蒸汽中的各种钠盐，主要是由水滴携带所致。

（4）超高压锅炉。锅炉中饱和蒸汽的硅酸溶解能力很大，蒸汽的含硅量主要取决于溶解携带。因为超高压蒸汽能溶解携带 $NaCl$ 和 $NaOH$，所以蒸汽中 $NaCl$ 和 $NaOH$ 的含量为水滴携带与溶解携带之和。至于蒸汽中的 Na_2SO_4、Na_3PO_4 及 Na_2SiO_3，因为它们的溶解携带很小，所以主要是由蒸汽携带水滴所致。

（5）亚临界压力锅炉。锅炉的饱和蒸汽压力一般都大于 17.64MPa，溶解硅酸及各种钠化合物的能力非常大，其含硅量主要取决于溶解携带，含钠量为溶解携带与水滴携带之和。

6.1.2.2 饱和蒸汽的溶解特性

A 饱和蒸汽的溶解能力

研究认为，高参数蒸汽具有溶解物质的能力。这可从蒸汽与水密度变化、介电常数变化及分子结构得以验证。如图 6-7 所示，在同温度下，饱和蒸汽的密度随压力的提高而逐渐接近水的密度，在临界点（压力 $p = 22.06MPa$、温度 $t = 374℃$）时两者相等。

X 射线衍射证明，高参数水蒸气分子结构类似于液态水，由缔合的水分子组成，它们之间相互产生作用力，使盐类与水分子形成"水化粒子"，从而加大物质溶解度。水和蒸汽介电常数的变化如图 6-8 所示，在同温同压下，高压蒸汽的性能与水的性能相接近。

随给水进入锅内的各种物质，由于炉水汽化产生蒸汽而发生浓缩。炉水在水冷壁管内受热产生蒸汽，饱和蒸汽和炉水接触后，在汽包内存在水和饱和蒸汽两个相，它们相当于互不相溶的两种溶剂。在中低压下的蒸汽溶解能力远远小于高压蒸汽，因此溶解在中低压饱和蒸汽中的盐量极少，用普通方法测不出来，能测出的只是蒸汽机械携带炉水水滴中的杂质。随着压力增大，物质在饱和蒸汽中的溶解度逐渐增大，可以用测试方法测定。蒸汽的性能因密度、介电常数等增大而接近于水的性能。这样，根据溶质在两种互不相混的溶剂中分配的规律可知，饱和蒸汽对某种物质的溶解能力可用分配系数 K_F 表示，它表示溶解平衡时某物质在饱和蒸汽与水中的溶解含量的比值，见式（6-4）。

$$K_F = \frac{S_B}{S_L} \tag{6-4}$$

式中 S_B ——某种物质溶解在饱和蒸汽中的浓度；

　　　　S_L ——与饱和蒸汽相接触的炉水中该物质浓度。

由式（6-4）可知，某种物质的分配系数越大，则饱和蒸汽溶解该物质的能力越大。

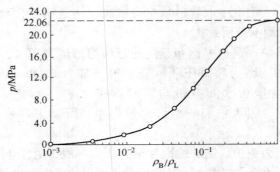

图 6-7   在饱和线上水和蒸汽密度比与压力的关系

ρ_L —炉水的密度；ρ_B —饱和蒸汽的密度

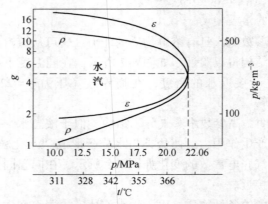

图 6-8   在饱和线上水和蒸汽的密度、介电常数与压力的关系

B   饱和蒸汽溶解携带的特点

a   选择性

当饱和蒸汽压力一定时，不同物质的分配系数 K_F 不同，即饱和蒸汽对不同物质的溶解能力不同，这便是溶解携带的选择性，溶解携带也称为选择性携带。

炉水中常见物质按其在饱和蒸汽中溶解能力的大小，可划分为三大类：

（1）第一类为硅酸（H_2SiO_3、H_2SiO_5、H_4SiO_4 等，通式为 $xSiO_2 \cdot yH_2O$，

简记 SiO_2），n 值最小，K_F 最大；

（2）第二类为 $NaCl$、$NaOH$ 等，n 值和 K_F 居中，n 值高于 SiO_2 且低于 Na_2SO_4，在蒸汽中的溶解度介于 SiO_2 和 Na_2SO_4 之间；

（3）第三类为 Na_2SO_4、Na_3PO_4 和 Na_2SiO_3 等，n 值最大，K_F 最小，在饱和蒸汽中很难溶解。

研究得知，各种物质的分配系数与汽、水密度比值之间有如下关系：

$$K_F = \left(\frac{\rho_B}{\rho_L}\right)^n \tag{6-5}$$

式中　ρ_B——饱和蒸汽的密度；

　　　ρ_L——炉水的密度。

指数 n 取决于各种物质的本性，对于某一种物质来说，n 是一个常数，各种物质的 n 值见表 6-1。在低于临界压力的情况下，蒸汽的密度 ρ_B 总是小于水的密度 ρ_L，所以 n 的数值越大，K_F 越小。

表 6-1　几种常见物质的 n 值

化合物	SiO_2	$NaOH$	$NaCl$	Na_2SO_4
n	1.9	4.1	4.4	8.4

b　压力的影响

溶解携带量随压力的提高而增大。因为 n 是常数，ρ_L 基本上不随压力发生变化，但 ρ_B 随压力的提高而增大，所以根据式（6-5）可知，饱和蒸汽的压力越高，物质的分配系数就越大。如图 6-9 所示，在临界参数下，这些直线相交于

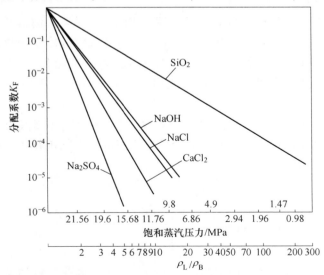

图 6-9　各种物质的分配系数与饱和蒸汽压力

$K_F = 1$ 的点（对应于临界压力），直线的倾斜角取决于物质的 n 值，各种物质的 $K_F = 1$。以 NaCl 为例，压力与 K_F^{NaCl} 的关系见表 6-2，当压力为 13.72MPa 时，K_F^{NaCl} 为 0.01%，此值与超高压锅炉的机械携带系数大体相同；当压力为 17.64MPa 时，K_F^{NaCl} 为 0.3%，此值已大于机械携带系数；当锅炉工作压力大于 12.74MPa 时，第二类物质的分配系数明显增大，必须考虑溶解携带问题。

表 6-2　压力-K_F^{NaCl} 表

饱和蒸汽压力/MPa	10.78	13.72	15.19	16.66	17.64	19.6
NaCl 分配系数 K_F^{NaCl}/%	0.006	0.01	0.028	0.1	0.3	0.7

按射线图提供的汽水分配系数，Na_2SO_4 的分配系数比 NaOH 低两个数量级，所以蒸汽以 Na_2SO_4 形式溶解携带钠盐几乎不可能；而 NaCl、Na_3PO_4、Na_2HPO_4 的分配系数比 NaOH 低不足一个数量级，故这几种钠化合物都有可能被溶解携带。Na_2SO_4 压力在 17.64MPa 以下时，溶解度较小；在饱和蒸汽压力大于 19.6MPa、$K_F^{Na_2SO_4}$ 为 0.01% 时，其只对压力很高的亚临界压力汽包锅炉才考虑溶解携带。

C　饱和蒸汽对硅酸的溶解

a　饱和蒸汽中硅酸的溶解特性

饱和蒸汽中硅化合物来源于炉水，但其与炉水中硅化合物的形态不同。炉水中硅化合物的存在形态比较复杂。在汽包锅炉内高温、碱性炉水中，硅化合物都是溶解态的，其中，一部分是硅酸盐，另一部分是硅酸（H_2SiO_3、$H_2Si_2O_5$、H_4SiO_4 等）。本章中所讲的水的含硅量都是指水中各种硅化合物的总含量，即全硅量，通常以 SiO_2 表示。

饱和蒸汽溶解上述硅化合物的能力各不相同，它主要溶解硅酸，对硅酸盐的溶解能力很小（通常可以不考虑）。因此，饱和蒸汽中的硅化合物都是硅酸。当饱和蒸汽变成过热蒸汽时，H_2SiO_3 或 $H_3Si_2O_3$ 等硅酸会发生失水作用而成为 SiO_2。对于高压及高压以上的锅炉，饱和蒸汽的含硅量主要取决于硅酸的溶解携带。

在实际工作中，常用硅酸溶解携带系数 K^{SiO_2} 表示饱和蒸汽溶解携带硅酸的能力。对于超高压锅炉，饱和蒸汽的含硅量主要取决于溶解携带。因此，K^{SiO_2} 可按式 (6-6) 来计算：

$$K^{SiO_2} = \frac{S_B^{SiO_2}}{S_L^{SiO_2}} \tag{6-6}$$

式中　$S_B^{SiO_2}$——饱和蒸汽的含硅量；

$S_L^{SiO_2}$——炉水的含硅量。

硅酸的溶解携带系数与饱和蒸汽的压力、炉水中硅化合物的形态有关。前一个因素反映了饱和蒸汽溶解携带的共同规律，即饱和蒸汽的压力越高，溶解硅酸的能力越大；后一个因素反映了硅酸溶解的特殊规律。硅酸的 K^{SiO_2} 与硅酸的分配系数 $K_F^{SiO_2}$ 不同，它们之间有如下关系：

$$K^{SiO_2} = X K_F^{SiO_2}$$

式中，X 为炉水中分子形态硅酸含量与全硅量之比，称为硅酸盐的水解度。

b 炉水 pH 值对硅酸溶解携带系数的影响

炉水中硅化合物的形态及其比例，与炉水的 pH 值有关。在炉水中，硅酸与硅酸盐之间存在下列水解平衡：

$$SiO_3^{2-} + H_2O \rightleftharpoons HSiO_3^- + OH^-$$

$$HSiO_3^- + H_2O \rightleftharpoons H_2SiO_3 + OH^-$$

$$
\begin{aligned}
K_{S,J} &= \frac{c[H_2SiO_3] \cdot c[OH^-]}{c[HSiO_3^-]} = \frac{c[H_2SiO_3] \cdot c[OH^-]}{c[HSiO_3^-]} \cdot \frac{c[H^+]}{c[H^+]} \\
&= \frac{c[H_2SiO_3]}{c[HSiO_3^-][H^+]} \cdot K_w = \frac{K_w}{K_{J,L}}
\end{aligned}
\tag{6-7}
$$

式中 K_w ——水的离子积；

     $K_{J,L}$ —— H_2SiO_3 一级解离常数，$K_{J,L} = \dfrac{c[HSiO_3^-] \cdot c[H^+]}{c[H_2SiO_3]}$。

水解程度定义为：

$$X = \frac{c[H_2SiO_3]}{c[HSiO_3^-] + c[H_2SiO_3]} = \frac{c[H_2SiO_3]}{c[SiO_2]_L} \tag{6-8}$$

式中，X 表示炉水中分子形态的硅酸占炉水中总含硅量的份额，其大小表示水解程度的强弱。$1-X$ 可表示锅炉水中离子形态硅化合物占炉水中总含硅量的份额。

$$1 - X = \frac{c[HSiO_3^-]}{c[HSiO_3^-] + c[H_2SiO_3]} = \frac{c[HSiO_3^-]}{c[SiO_2]_L} \tag{6-9}$$

由式（6-9）除以式（6-8）得式（6-10）：

$$K_{J,L} = \frac{1 - X}{X} c[H^+]$$

所以 $$X = \frac{c[H^+]}{K_{J,L} + c[H^+]} \tag{6-10}$$

目前能分析测定的只是水中硅化合物的总含量（以 SiO_2 表示），而不能分别测定它的离子态 $[HSiO_3^-]$ 和分子态 $[H_2SiO_3]$ 的浓度，但是借助式（6-10），可以计算水的 pH 值为不同值时，水中分子形态的硅酸与硅化合物的比值。

在锅炉水与饱和蒸汽接触的情况下，从式（6-10）知，改变水的 pH 值，也就改变了水中分子态和离子态硅酸的份额，也就导致了硅酸溶解系数 K^{SiO_2} 的变化。按照硅酸溶解携带系数的定义及式（6-6），K^{SiO_2} 也可写成如下形式：

$$K^{SiO_2} = \frac{c[H_2SiO_3]_B}{c[SiO_2]_L} \tag{6-11}$$

硅酸的分配系数 $K_F^{SiO_2}$ 是指被饱和蒸汽溶解携带的分子态硅酸 $[H_2SiO_3]_B$ 与锅炉水中分子态硅酸 $[H_2SiO_3]_L$ 的浓度之比

$$K_F^{SiO_2} = \frac{c[H_2SiO_3]_B}{c[H_2SiO_3]_L} \tag{6-12}$$

比较式（6-11）与式（6-12）可知：

$$\frac{K^{SiO_2}}{K_F^{SiO_2}} = \frac{c[H_2SiO_3]_G}{c[SiO_2]_G} = X$$

所以 $$K^{SiO_2} = XK_F^{SiO_2} \tag{6-13}$$

当饱和蒸汽的压力一定时，分配系数 $K_F^{SiO_2}$ 是一个常数，所以 K^{SiO_2} 随 X 值而改变。但根据式（6-10）可知，X 值与炉水 pH 值有关，故 K^{SiO_2} 随炉水 pH 值而改变，为炉水 pH 值的函数。因为 X 值一般小于 1，所以 $K^{SiO_2} < K_F^{SiO_2}$。

硅酸的溶解携带系数与炉水 pH 值的关系曲线如图 6-10 所示。从图中可以看出，只有水 pH>10 时，才能减少硅酸的溶解携带系数。所以，若提高炉水的 pH 值，平衡将向生成硅酸盐的方向移动，炉水硅酸减少，饱和蒸汽的硅酸溶解携带系数将减小。反之，降低炉水 pH 值，炉水硅酸增多，饱和蒸汽的硅酸溶解携带系数增大。

　　c　硅酸溶解携带系数与蒸汽压力的关系

硅酸溶解携带系数与蒸汽压力有关，从图 6-10 也可看出，随着蒸汽压力增

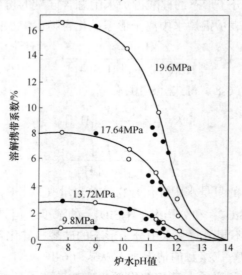

图 6-10　硅酸溶解携带系数与炉水 pH 值的关系

●，○—某些试验得到的结果

加，硅酸溶解携带系数显著上升，尤其是当蒸汽压力大于 13.72MPa 以后，并且压力越高，pH 值对溶解携带系数的影响也越明显。在中、高压和超高压汽包锅炉上测得的硅酸溶解携带系数见表 6-3。这些数据表明，当炉水 pH 值一定时，随着饱和蒸汽压力的提高，硅酸的溶解携带系数迅速增大。

表 6-3　硅酸的溶解携带系数实测值（炉水 pH＝9～10）

饱和蒸气压/MPa	3.92	5.88	7.84	10.78	12.74	13.72	15.19	16.66	17.64	19.6
K^{SiO_2}/%	0.05	0.2	0.5～0.6	1	2.8	3.5	4.5～5	6	8	>10

在高参数锅炉中硅酸的溶解携带系数很大，只有当炉水含硅量很低时，蒸汽中的含硅量才较小。例如，汽包压力为 15.19MPa 的超高压锅炉 K^{SiO_2}＝4%～5%，如果蒸汽中允许的含硅量不超过 0.02mg/kg，且汽包内无蒸汽清洗装置时，那么炉水的含硅量应不超过 0.4～0.5mg/kg。同理，亚临界压力汽包锅炉炉水含硅量应不超过 0.2mg/kg。

6.1.2.3　过热蒸汽的溶解特性

物质在过热蒸汽中的溶解特性，可归纳出以下几点：

（1）饱和蒸汽中溶解度大的盐类物质，在过热蒸汽中也较大；

（2）过热蒸汽压力越大，各种物质的溶解度越大；

（3）过热蒸汽压力一定时，各种物质的溶解度都与过热蒸汽温度有关，随着过热蒸汽温度上升，物质溶解度有上升、下降和先下降再上升三种；

（4）当过热蒸汽温度很高时，压力对溶解度的影响较小，最明显是在饱和溶液沸腾温度线附近，当过热度很大时，蒸汽接近于理想气体。

A　硅酸

图 6-11 表示 SiO_2 在过热蒸汽中的溶解度。SiO_2 的溶解度随蒸汽压力的增高而增高，即使在不太高的温度和压力下，硅酸在过热蒸汽中的溶解度也相当大。因为 SiO_2 可看成硅酸的酸酐，所以该图也表示了硅酸在过热蒸汽中的溶解性。

B　Na_2SiO_3

硅酸的钠盐（Na_2SiO_3 和 Na_2SiO_5）的溶解度比硅酸小得多。图 6-12 是硅酸钠在过热蒸汽中的溶解度的实验数据。从图可看出，在过热蒸汽温度高于 400℃时，溶解度随着温度增加而减小。

C　NaOH

图 6-13 表示 NaOH 在过热蒸汽中的溶解度，在蒸汽温度高于 450℃时，溶解度随温度升高而逐渐减小，但 NaOH 在过热蒸汽中溶解度远远大于饱和蒸汽中的含量。

D　NaCl

NaCl 在过热蒸汽中的溶解度的研究结果如图 6-14 所示。实验结果是在过热

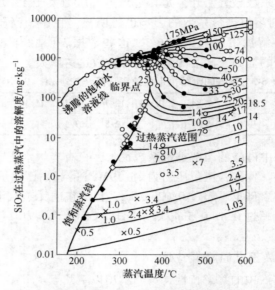

图 6-11 SiO$_2$ 在过热蒸汽中的溶解度

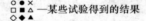 —某些试验得到的结果

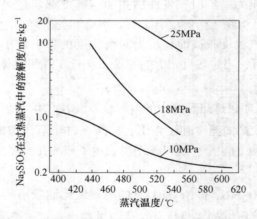

图 6-12 Na$_2$SiO$_3$ 在过热蒸汽中的溶解度

蒸汽与固体 NaCl 长时间接触的条件下得到的。当过热蒸汽和盐的温度接近 NaCl 饱和溶液的沸腾温度时，NaCl 在过热蒸汽中的溶解度最高。从 NaCl 饱和溶液的沸腾温度开始，NaCl 的溶解度随过热蒸汽温度的提高而下降，直降至最小溶解度以后，过热蒸汽温度继续上升时溶解度又增加。在温度接近饱和溶液的沸腾温度时，蒸汽压力对 NaCl 的溶解度影响很大（特别是当压力超过 9.8MPa 时），当温度很高时（如为 500~550℃ 时），温度的影响就显著起来。

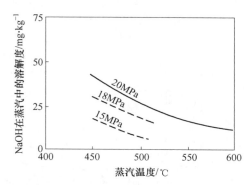

图 6-13 NaOH 在过热蒸汽中的溶解度

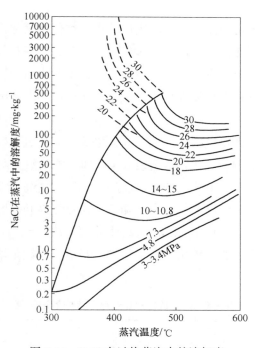

图 6-14 NaCl 在过热蒸汽中的溶解度

E Na₂SO₄

Na$_2$SO$_4$ 在过热蒸汽中的溶解度如图 6-15 所示，其数值大大低于 NaCl 的溶解度。对于汽包锅炉，Na$_2$SO$_4$ 溶解度和温度关系与 NaCl 相同，但这两种盐在蒸汽中的溶解度的绝对量差别很大。对于直流锅炉，温度在 400~450℃ 时，蒸汽压力对蒸汽中的溶解度影响很大，且溶解度随温度升高而急剧下降，但当温度很高时

（>450℃），溶解度主要受温度影响，且随温度上升而增加。对于超临界直流锅炉，Na_2SO_4 在过热蒸汽中的溶解度可达 0.1mg/kg。

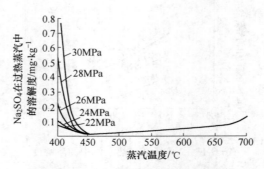

图 6-15 Na_2SO_4 在过热蒸汽中的溶解度

综上可看出溶解度与蒸汽参数的定性关系，类似于其他许多物性参数（如密度、黏度、热容、导热性等）随蒸汽参数变化的特性。在接近饱和溶液沸腾温度时，这些物性变化受蒸汽压力的影响很大（特别在高压范围内），而当过热温度提高时，蒸汽本身的特性接近理想气体，主要受蒸汽温度影响。

F　金属腐蚀产物

给水中金属腐蚀产物包括铁、铜、锌、铬等金属的氧化物，其中最主要的是铁的氧化物，其次是铜的氧化物。由表 6-4 可知，铁的氧化物在过热蒸汽中的溶解度很小。在蒸汽中，铁氧化物的溶解度随蒸汽压力增高而增加；当蒸汽压力一定时，溶解度随过热蒸汽温度的提高而降低。在亚临界和超临界锅炉的过热蒸汽中，氧化铁的溶解度为 10~15μg/kg（具体数值取决于蒸汽的压力和温度）。因此，能被过热蒸汽带走的铁氧化物的量很少，当给水含铁量增高时，沉积在炉管中的氧化铁垢增加。

表 6-4　铁的氧化物在过热蒸汽中的溶解度

蒸汽	p/MPa	23.52	12.74	8.82	0.20	0.044	0.025
参数	$t/℃$	580	565	535	120	80	70
溶解度/$μg \cdot kg^{-1}$		13.8	10	8.5	9.5	6.8	5.5

铜的氧化物在过热蒸汽中的溶解度如图 6-16 所示。由图可见，在亚临界压力以下的直流锅炉蒸汽中，铜的氧化物的溶解度很小，给水中铜的氧化物主要沉积在锅炉。对于超临界压力锅炉，铜的氧化物在蒸汽中的溶解度较大，所以给水中铜的氧化物主要是被蒸汽带到汽轮机，并在那里沉积。

6.1.3 锅炉热化学试验

6.1.3.1 汽包锅炉热化学试验

A 目的

汽包锅炉热化学试验的目的是按照预定的计划，使锅炉在各种不同工况下运行，寻求获得良好蒸汽质量的最优运行条件。因为锅炉的蒸汽质量受锅炉结构和锅炉运行工况等许多因素的影响，所以获得良好蒸汽质量的运行条件无法预测，只有通过试验来决定。通过热化学试验能查明炉水水质、锅炉负荷及负荷变化速度、汽包水位等运行条件对蒸汽质量的影响，从而可确定下列运行标准：

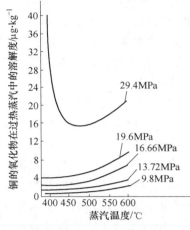

图 6-16　铜的氧化物在过热蒸汽中的溶解度

1）炉水水质标准，如含盐量（或含钠量）、含硅量等；

2）锅炉最大允许负荷和最大负荷变化速度；

3）汽包最高允许水位。

此外，通过热化学试验还能鉴定汽包内汽水分离装置和蒸汽清洗装置的效果，确定有没有必要改装或调整这些装置。

B 条件

热化学试验并不是经常进行的，只有在遇到下列情况之一时才需进行。

（1）新安装的锅炉投入运行一段时间后。

（2）锅炉改装后，如汽水分离装置、蒸汽清洗装置和锅炉的水汽系统等有变动时。

（3）锅炉的运行方式有很大的变化时。例如：

1）需要锅炉超铭牌负荷（也称超出力）运行；

2）改变锅炉负荷的变化特性，如从稳定负荷改为经常变动的负荷；

3）锅炉燃烧工况变化；

4）给水水质发生变化，如补给水的处理方法改变。

（4）已经发现过热器和汽轮机积盐，需要查明蒸汽质量不良原因时。

在同一发电厂，各台锅炉都应单独进行热化学试验。但如果有几台同型号锅炉的运行工况和给水水质等大体相同，当其中一台进行了热化学试验后，可将已求得的运行条件在另外几台锅炉上进行检验性试验，确证可行后，就能按此条件进行；如不行，就需另做热化学试验。

C 内容

先进行预备试验，即在锅炉一般的负荷和正常运行条件下，按热化学试验的组织形式和规定的取样间隔时间，进行 1~2 昼夜的测定。通过预备实验可发现锅炉、监督仪表和分析仪器等的缺陷，消除后进行正式实验。

　　a　炉水含盐量对蒸汽质量的影响试验

　　该试验在维持锅炉额定压力、额定蒸发量和中间水位的运行条件下进行。试验方法如下。

　　（1）提高炉水含盐量。炉水含盐量从最低开始逐渐提高，直到使蒸汽质量发生严重劣化为止。对于以除盐水或蒸馏水作补给水的锅炉，要提高炉水的含盐量，除停止锅炉排污外，还需要利用磷酸盐加药系统直接向炉水中加各种盐类，如氯化钠、硫酸钠等。对于以钠离子交换水作补给水的锅炉，要提高炉水的含盐量，可用停止排污、增加补给水率等办法。但是，对于以给水作为过热蒸汽喷射减温水的锅炉，因增加补给水率使给水中的含盐量增多，会直接影响过热蒸汽的质量，所以不能采用增加补给水率的办法来提高炉水的含盐量。在进行此项试验时，应根据蒸汽质量的变化趋势来掌握试验的进程。

　　（2）测定与记录。在提高炉水含盐量的过程中，应测定蒸汽质量和炉水水质。蒸汽的测定项目为含钠量、电导率、含硅量；炉水的测定项目为含钠量、电导率和含硅量。每隔 10~15min 取样一次。在每次取样的同时，应记录蒸汽温度、蒸汽压力、水位、流量（蒸汽流量、给水量、排污水量和减温水量等）。

　　（3）求临界含盐量。当蒸汽质量严重劣化时，停止提高炉水含盐量，记录此时的蒸汽和炉水含钠量、电导率、含硅量。以此时的炉水含盐量为临界含盐量，然后用增大连续排污的办法（必要时可进行底部排污）降低炉水的含盐量，直到蒸汽质量恢复正常。

　　（4）求允许含盐量。以临界含盐量的 80%、70%、60%、50%、40%等不同浓度的炉水含盐量做蒸汽质量试验。在每种含盐量下，进行较长时间的试验（一般 4h，也有 8h），试验过程中每隔 10~15min 取样测定一次。通过这个试验可求得能够保证蒸汽合格的最高允许含盐量，并可求得蒸汽质量与炉水含盐量的关系。

　　根据上述试验结果，选择能保证蒸汽质量且排污率较小的炉水含盐量，作为运行中的控制标准。

　　b　蒸汽含硅量与炉水含硅量的关系试验

　　此试验与炉水含盐量对蒸汽质量的影响试验同时进行。即在进行炉水含盐量对蒸汽质量影响试验的过程中，对所取样品还测定含硅量，求得饱和蒸汽含硅量与炉水含硅量的关系，确定炉水的最高允许含硅量及运行中炉水含硅量的控制标准。

　　当需要求得锅炉饱和蒸汽的硅酸携带系数时，或者要鉴定汽包内蒸汽清洗装置的效率时，应进行专项试验。其原因是高压锅炉的补给水都是经过除硅处理的，含硅量较低，在进行炉水含盐量影响试验时，用改变补给水率和停止锅炉排污等办法都不可能较大幅度地提高炉水的含硅量，所得数据不准确。

这一专项试验应在锅炉保持额定负荷和中间水位的条件下进行。试验中为提高炉水含硅量，要用磷酸盐加药设备直接向炉水中添加硅酸钠溶液。炉水含硅量的提高速度，对于高压及中压锅炉每小时不超过 1mg/L，对于超高压锅炉每小时不超过 0.3mg/L。对于有蒸汽清洗装置的锅炉，为确定其清洗效率，应测定清洗前后蒸汽的含硅量。

c 锅炉负荷对蒸汽质量的影响试验

这项试验应在锅炉额定压力和中间水位的条件下进行，炉水含盐量和含硅量可用控制排污量的办法调整，使其保持为前面所确定的最高允许含盐量和含硅量的 70%~80%。

锅炉负荷从额定负荷的 70%~80% 开始，逐渐增加到 80%、90%、100%、120% 等。在每个负荷下运行 3~4h，以确定蒸汽质量。对于额定负荷小于 200t/h 的锅炉，负荷增加的间距通常以 20t/h 为宜。容量很小的锅炉，可根据情况另行选定，但应有明显的间距。在每种负荷的试验过程中应尽量维持负荷稳定，其变动幅度不应大于负荷间距的 ±1/4。锅炉负荷的增高速率是每隔 30min 或更长时间增加 5~10t/h；在超过额定负荷后，每隔 30min 或更长时间增加 3~5t/h。

通过本试验可确定能保证蒸汽质量合格的允许锅炉负荷，可了解汽水分离装置在不同负荷下的分离效果。

d 锅炉负荷变化速度对蒸汽质量的影响试验

这项试验应在锅炉额定压力、中间水位和炉水含盐量为最高允许含盐量的 70%~80% 的条件下进行。试验时，选定几种锅炉负荷的变化速度，通常每分钟变动量在额定负荷的 5%~15%。蒸发量在 400t/h 以上的锅炉，宜在 5%~10% 内选取；蒸发量小于 100t/h 的锅炉，宜在 10%~15% 内选取。以每种选定的速度升降负荷 1~2 次。

试验时，锅炉先按选定的速度由最小负荷升到锅炉负荷试验所确定的最大负荷，在此最大负荷下维持一段时间后，又以原来速度减至最小允许负荷。每分钟记录一次负荷和蒸汽的含钠量，并且每分钟进行一次蒸汽取样，测定蒸汽的含硅量。当发现以某一速度升降负荷会使蒸汽质量劣化时，应降低变化速度并再做试验，直到求得一个不会使蒸汽质量劣化的最大负荷变化速度。

如果试验求得的负荷变化速度的数值很小，不能实际应用，应将炉水含盐量降低一些再试验，以求得合理的变化速度。

e 锅炉的最高允许水位试验

此试验应在锅炉额定压力和额定负荷的条件下进行，炉水的含盐量应维持为试验 a 所确定的最高允许含盐量的 70%~80%。

此试验水位提升的幅度一般为每次 20mm；提升的速度应缓慢，以每 20min 提升 10mm 左右为宜。水位上升太快会引起蒸汽质量劣化。每次将水位升高到指定的位置时，应稳定运行 3~4h。

当水位提升到某一位置，发现蒸汽质量严重劣化时，应开始降低水位，速度与提升时相同。当水位降低到指定位置时，也应将锅炉稳定运行 3~4h，测定蒸汽含钠量。如此逐步将水位降低，直到蒸汽质量合格，此时的水位便是该锅炉的最高允许水位。

f　锅炉水位的允许变化速度试验

此试验在确定了锅炉的最高允许水位后进行，试验应在锅炉额定压力和额定负荷的条件下进行，炉水的含盐量应维持为试验 a 所确定的最高允许含盐量的 70%~80%。

通常水位的允许变化速度在 10~30mm/min。先以较低的速度进行，如对蒸汽质量无影响，再更换另一较高的速度进行。每次试验从允许的最低水位开始，以指定的变化速度等速提高锅炉水位，当达到最高允许水位后，维持稳定运行一段时间，然后再按此变化速度等速下降。以后再按另外的速度进行试验，直到求得不会引起蒸汽质量劣化的允许变化速度。

上述各项试验不是每次热化学试验时都需要进行的，可根据试验目的的不同，选做其中几项。

在试验的过程中，应重视每个试验数据。如果出现异常数据，先取样品瓶中的样品再测定一次，如果确证测定无问题立即重新取样测定，进行核对。确证有异常现象时，应迅速查找原因。

6.1.3.2　直流锅炉热化学试验

A　目的

直流锅炉热化学试验的主要目的是：

（1）查明不同给水水质和各种锅炉运行工况（如不同的锅炉负荷、负荷升降速度、蒸汽参数等）下，锅炉产生蒸汽的品质；

（2）查明给水中各种杂质在炉管内沉积的部位和数量。

总之，通过试验，确定给水水质和合适的锅炉运行工况。在下列情况下，有必要进行热化学试验：

（1）新安装的直流锅炉；

（2）锅炉的工作条件有很大变化（如改变了给水水质或燃料品种），或者要超额定负荷运行。

B　准备工作

为保证热化学试验顺利进行，应做好准备工作：

（1）弄清锅炉结构、熟悉水汽系统及其各主要部件的特点，掌握试验前的水汽质量；

（2）必要时应增设一些取样点，原则上应使各段受热面前后均有取样点，并绘出取样点的分布图；

（3）检查和调整各取样装置，以保证样品的代表性；

（4）准备好各种试验用品，校正和检查所有仪表（包括热工仪表和水质分析仪表）；

（5）拟订试验计划。

C　试验方法

正式试验前应进行预备试验。预备试验就是在锅炉正常的运行工况和给水水质条件下，和正式试验的情况一样，按规定的取样点和取样间隔时间，取样测试和记录锅炉运行工况。预备试验要进行 1~2 昼夜。预备试验中，如发现锅炉、监督仪表、取样和测试设备等有缺陷，应将其消除，然后才可开始正式试验。

热化学试验的项目包括改变给水水质、改变锅炉负荷、改变蒸汽参数（压力和温度）等。按每项试验的目的不同，可对某些项目有所侧重。虽然试验项目较多，但各项试验的方法大体相同。现将试验方法简略介绍如下。

进行每项试验前，应使锅炉的其他运行工况符合该项试验的要求，并稳定地运行 8h 以上。以改变给水水质的试验为例，先使锅炉在额定负荷、额定参数的工况下运行 8h 以上，然后采用改变锅炉的供水系统或在锅炉给水中添加不同盐类的办法，改变给水水质。在每种给水水质条件下，进行 1~2 昼夜的试验。

每次试验时，都应从省煤器前的给水管、过热器出口的主蒸汽管和水汽系统各段受热面取水样，根据所测定的数据，研究给水中各种杂质在锅炉中沉积的数量、部位和蒸汽带出的情况。水汽测定的项目包括硬度、Na^+、Fe、Cu、SiO_2、pH 值，以及给水中的溶解氧。取样的间隔时间通常为 10~15min。此外，试验时还要记录锅炉的运行工况，如给水量、减温水喷水量、送出的蒸汽量、锅炉水汽系统各部分受热面前后和锅炉出口的蒸汽压力、温度等。

试验结束后，应立即将得到的数据汇总，整理成表格或曲线图，进行分析研究，最后提出试验报告。试验报告中除阐明试验结论外，必要时还应提出改进水质、汽质的措施。

6.2　蒸汽系统的沉积物

从汽包送出的饱和蒸汽所含有的盐类物质，有的会沉积在过热器内，有的则被过热蒸汽带到汽轮机中沉积。对于中低压锅炉，饱和蒸汽中的钠化合物主要沉积在过热器内；硅化合物主要沉积在汽轮机内，生成不溶于水的 SiO_2 沉积物。

对于高压、超高压锅炉，饱和蒸汽中的各种盐类物质，除 Na_2SO_4 能部分沉积在过热器外，其余沉积在汽轮机中。对于亚临界压力锅炉，无论是饱和蒸汽所含有的盐类物质还是减温水带入的盐类物质，都被亚临界压力过热蒸汽溶解带走，并沉积在汽轮机中，因而会严重地影响汽轮机的运行。

6.2.1　影响蒸汽系统积盐的因素

6.2.1.1　给水水质

对于汽包锅炉，如果给水水质较差，给水在过热蒸汽中被完全蒸干的过程中，盐类就可能析出。盐类在蒸汽中的溶解度与蒸汽压力有关，压力越高溶解度越大。由于所有蒸汽都要在过热器和汽轮机中相继降压，并最终降到负压，因此随着蒸汽压力的下降，盐类的溶解度也会逐渐降低。蒸汽循环系统中的盐类物质以钠盐为主，综合各类钠盐的溶解度，其极限溶解度为 $10\mu g/kg$。所以在电力行业中，亚临界压力以下的锅炉，蒸汽含钠量标准均规定为 $10\mu g/kg$。

在直流锅炉中，给水全部变成过热蒸汽送出锅炉，给水中的杂质不是在锅炉炉管内沉积，就是被蒸汽带到汽轮机。杂质被蒸汽带入汽轮机后，会在汽轮机的通流部分（如叶片上）沉积（积盐），从而使机组的效率和可靠性降低，甚至可能严重破坏汽轮机内部的零件。覆盖在叶片上的沉积物还会引起和加速叶片的腐蚀。

6.2.1.2　给水处理方式

对于直流锅炉，无论采用哪种给水处理方式，大部分杂质在给水中的浓度与蒸汽中的浓度相当，但对于少数个别物质，尤其是腐蚀产物，水处理方式对其有一定的影响。例如，对于有铜系统，如果给水采用 AVT(R) 方式，蒸汽的铜含量要低些；如果给水采用 AVT(O) 方式，蒸汽的含铜量会增高；若采用 OT 方式，蒸汽的含铜量会更高，有时甚至可将已经沉积的铜垢溶出，并向汽轮机转移。对于无铜系统，各种水处理方式对蒸汽的品质影响不大，因为各种形态的铁的腐蚀产物都不容易被蒸汽携带。

对于汽包锅炉，由于给水中的杂质在汽包内进行分离，因此无论采用何种给水处理方式，其对蒸汽品质的影响都比直流锅炉小，蒸汽中的杂质以溶解携带为主。但如果给水处理方式改变了炉水中杂质的氧化还原状态，则通常会产生较大影响。如采用加氧处理时，给水中的铜腐蚀产物被氧化成高价状态，溶解携带就明显增加。

6.2.1.3　锅炉炉水处理

汽包锅炉炉水处理多采用磷酸盐处理，Na_3PO_4 会因为饱和蒸汽机械携带被带入过热器，在过热蒸汽被完全蒸干的过程中，可能析出，也可能发生溶解转化，被过热蒸汽带入汽轮机。

6.2.2 过热器的沉积物

6.2.2.1 过热器内沉积物形成原因

从汽包送出的饱和蒸汽携带的盐类物质，处于两种状态：一种是呈蒸汽溶液状态，主要是硅酸；另一种是呈液体溶液状态，即含有各种盐类物质（主要是钠盐）的小水滴。

当饱和蒸汽被加热成过热蒸汽时，小水滴会发生下述两种过程：

（1）蒸发、浓缩直至被蒸干，小水滴中的某些物质结晶析出；

（2）因为过热蒸汽比饱和蒸汽具有更大的溶解能力，小水滴中的某些物质会溶解到过热蒸汽中，使蒸汽中溶解物含量增加。

因此，饱和蒸汽盐类物质在过热器中会发生两种情况：当饱和蒸汽中某种物质的携带量大于该物质在过热蒸汽中的溶解度时，该物质就会沉积在过热器中，因为沉积的大都是盐类，故常称为过热器积盐；反之，如果饱和蒸汽中某种物质的携带量小于该物质在过热蒸汽中的溶解度，那么该物质就会完全溶于过热蒸汽并被带往汽轮机。

6.2.2.2 沉积特性

饱和蒸汽所携带的各种物质，在过热器内的沉积情况各不相同，具体如下。

（1）硅酸。饱和蒸汽携带的硅酸（H_2SiO_3 或 H_4SiO_4），在过热蒸汽中会失水变成 SiO_2。因为 SiO_2 在过热蒸汽中的溶解度很大，而且饱和蒸汽所携带的硅酸总量总是远远小于它在过热蒸汽中的溶解度，所以饱和蒸汽中的水滴在过热器内蒸发时，水滴中的硅酸全部转入过热蒸汽中，不会在过热器中沉积。

（2）氯化钠（NaCl）。在高压锅炉（压力大于 9.8MPa）内，饱和蒸汽所携带的 NaCl 总量（水滴携带与溶解携带之和），常常小于它在过热蒸汽中的溶解度，所以它一般不会沉积在过热器中，而是溶解在过热蒸汽中并被带往汽轮机。在中压锅炉中，饱和蒸汽质量较差时，其携带的 NaCl 量往往因超过它在过热蒸汽中的溶解度，而有固体 NaCl 沉积在过热器中。

（3）氢氧化钠（NaOH）。在过热器内，蒸汽携带的水滴被蒸发时，水滴中的 NaOH 逐渐被浓缩。因为 NaOH 在水中的溶解度非常高（水温越高，溶解度也越大），而且不同水温的 NaOH 饱和溶液的蒸汽压❶都很低（最大值仅为0.059MPa），所以在过热器内，NaOH 不可能从溶液中以固相析出，只能形成浓度很高的 NaOH 液滴。

在高压锅炉中，由于过热蒸汽的压力和温度较高（$p>9.8$MPa，$450℃ <t<$

---

❶ 溶液在一定温度下具有一定的蒸汽压力，当溶液的蒸汽压等于外界压力时，该溶液才会沸腾。

550℃），NaOH 在过热蒸汽中的溶解度较大，远远超过了饱和蒸汽所携带的 NaOH 量，所以 NaOH 全部被过热蒸汽溶解并被带往汽轮机中，不在过热器内沉积。

对于中低压锅炉，因为 NaOH 在过热蒸汽中的溶解度很小，饱和蒸汽所携带的 NaOH 量远大于 NaOH 在过热蒸汽中的溶解度，所以它们在过热器内形成 NaOH 的浓缩液滴，这种液滴虽然有的能被过热蒸汽流带往汽轮机，但大部分会黏附在过热器管壁上。此外，NaOH 液滴还可能与蒸汽中的 CO_2 发生化学反应，生成 Na_2CO_3 沉积在过热器中。黏附在过热器内的 NaOH，当锅炉停运后，也会吸收空气中的 CO_2 而变成 Na_2CO_3：

$$2NaOH + CO_2 \longrightarrow Na_2CO_3 + H_2O$$

另外，当过热器内 Fe_2O_3 较多时，NaOH 会与它发生反应：

$$2NaOH + Fe_2O_3 \longrightarrow 2NaFeO_2 + H_2O$$

生成的 $NaFeO_2$ 会沉积在过热器中。

（4）硫酸钠和磷酸钠（Na_2SO_4、Na_3PO_4）。硫酸钠和磷酸钠在饱和蒸汽中，只有水滴携带的形态。这两种盐类在高温水中的溶解度较小（水温越高，溶解度越小）。在过热器内由于小水滴的蒸发，它们容易变成饱和溶液，而该饱和溶液的沸点比过热蒸汽的温度低得多，因此它们在过热器内会进一步蒸干而析出结晶。加之这两种盐类在过热蒸汽中的溶解度很小，所以当它们在饱和蒸汽中的含量大于在过热蒸汽中的溶解度时，就可能沉积在过热器内。

但是从水滴中析出的物质并不是全部都沉积下来，而是一部分沉积下来，另一部分被过热蒸汽带走。因为蒸汽携带的细小水滴，在蒸发过程中会变得越来越小，所以往往有少量水滴在汽流中就被蒸干（而不是在过热器管壁上被蒸干），这时析出的盐类会呈固态微粒被过热蒸汽带走。

（5）金属腐蚀产物。沉积在过热器内的铁的氧化物主要是过热器本体的金属腐蚀产物。在锅炉运行中，过热器常超温运行，过热器内管壁发生汽水腐蚀而产生氧化皮（铁的氧化物）。由于这些金属腐蚀产物与管壁金属基体的热膨胀率不同，因此在温度发生急剧变化时，它们就会从金属表面剥落下来，并沉积在过热器中。氧化皮剥落后的表面，还会由于超温运行而再发生汽水腐蚀。"剥落—氧化"的循环往复造成过热器管壁不均匀减薄和金属腐蚀产物增多。铁的氧化物在过热蒸汽中的溶解度很小，所以它们绝大部分沉积在过热器内，也有极少部分能以固态微粒的形式被过热蒸汽带往汽轮机。

综上所述，汽包锅炉过热器中盐类沉积情况，可按锅炉压力的不同区分如下。

（1）低压和中压锅炉。在这类锅炉的过热器中，盐类沉积物的主要组成物是 Na_2SO_4、Na_3PO_4、Na_2CO_3 和 NaCl。表 6-5 列出的是某汽包锅炉（蒸汽压力 3.43MPa）过热器内盐类沉积物的组成。

表 6-5 某汽包锅炉（蒸汽压力 3.43MPa）**过热器内盐类沉积物的组成**（质量分数）

（%）

组 成 物	Na_2SO_4	Na_3PO_4	Na_2CO_3	NaCl
过热器前半部	55.5	19.0	10.0	15.5
过热器后半部	25.3	7.0	12.7	55.0

（2）高压锅炉。在这类锅炉的过热器中，盐类沉积物主要是 Na_2SO_4，其他钠盐一般含量很小。表 6-6 中列出的是某高压锅炉（蒸汽压力 11.76MPa）过热器内盐类沉积物的组成。

表 6-6 某高压锅炉（蒸汽压力 11.76MPa）**过热器内盐类沉积物的组成**（质量分数）

（%）

组 成 物	Na_2SO_4	Na_3PO_4	Na_2SiO_3	NaCl
含量	94.88	5.00	0.08	0.04

（3）超高压及亚临界压力的锅炉。在这类锅炉的过热器中，盐类沉积物较少，因为这种锅炉的过热蒸汽溶解杂质的能力很大，饱和蒸汽中的杂质大都转入过热蒸汽中而被带往汽轮机。

对于直流锅炉而言，由于给水纯度很高，因此过热器内盐类沉积很少，沉积物以金属腐蚀产物为主。在中压直流锅炉中，沉积的部位从蒸汽湿度小于20%的管段到蒸汽过热度小于30℃的管段为止；在高压直流锅炉中，沉积的部位从蒸汽湿度小于40%的管段到蒸汽微过热管段为止，沉积物最多的部位是蒸汽湿度小于6%的管段；在超高压力和亚临界压力直流锅炉中，从蒸汽湿度为50%~60%的区域开始就有沉积物析出，在残余湿分被蒸干和蒸汽微过热的这一段炉管内沉积物较多。

对于中间再热式直流锅炉，再热器中可能有铁的氧化物沉积。铁的氧化物在再热器出口蒸汽中的溶解度显著低于进口蒸汽中的溶解度，见表6-7。再热器出口管段再热蒸汽温度最高，故铁的氧化物一般沉积在此。除再热蒸汽中铁的氧化物可能沉积在再热器中外，再热器本身的腐蚀也会使再热器中沉积铁的氧化物。沉积铁的氧化物可能导致再热器管烧坏，因此应考虑防止再热器中铁的氧化物的沉积问题。解决这一问题的根本途径是降低锅炉给水的含铁量和防止锅炉本体与热力系统的腐蚀。

表 6-7 铁的氧化物在再热器进、出口蒸汽中的溶解度

部　　位		进口	出口	进口	出口	进口	出口
蒸汽参数	p/MPa	2.45	2.06	3.92	3.43	3.43	3.04
	$t/℃$	346	565	327	565	274	565
溶解度/$\mu g \cdot kg^{-1}$		8.5	3.2	12	4.3	15.5	4.0

6.2.3 汽轮机的沉积物

6.2.3.1 形成过程

锅炉过热蒸汽中的杂质一般有以下三种形态：

（1）呈蒸汽溶液，主要是硅酸和各种钠化合物；

（2）呈固态微粒状，主要是没有沉积下来的固态钠盐及铁的氧化物；

（3）中、低压锅炉的过热蒸汽中还有微小的氢氧化钠浓缩液滴。

实际上过热蒸汽的杂质大都呈第一种形态，后两种形态的量通常是很少的。过热蒸汽进入汽轮机后，这些杂质会沉积在它的蒸汽通流部分，这种现象常称作汽轮机积盐，沉积的物质称为盐类沉积物。

汽轮机内形成沉积物的过程主要是带有各种杂质的过热蒸汽进入汽轮机后，由于压力和温度降低，钠化合物和硅酸在蒸汽中的溶解度随之减小。当其中某种物质的溶解度下降到低于它在蒸汽中的含量时，该物质就会以固态析出，并沉积在蒸汽通流部分。此外，蒸汽中那些微小的 NaOH 浓缩液滴及一些固态微粒，也可能黏附在汽轮机的蒸汽通流部位，形成沉积物。

汽轮机过热蒸汽中的各种杂质具有不同的沉积特性，下面分别做简要介绍。

A 钠化合物

过热蒸汽带入汽轮机的钠化合物有 Na_3PO_4、Na_2SiO_3、Na_2SO_4、NaCl 和 NaOH 等，它们在过热蒸汽中的溶解度随着蒸汽压力的下降而迅速减小。因此，在汽轮机中，当蒸汽压力稍有降低时，它们在蒸汽中的含量就会超过溶解度，开始从蒸汽中析出。其中，Na_3PO_4、Na_2SiO_3、Na_2SO_4 等的溶解度较小，最先析出，在汽轮机的高压级即开始沉积。汽轮机高压缸中最容易沉积的盐类是 Na_3PO_4。但如果汽水分离效果差，产生机械携带，汽轮机也可能产生磷酸盐的沉积。例如，江苏某火电厂锅炉汽包的运行压力在 18.9~19.3MPa，分析汽轮机高压缸中的垢样结果发现，总垢量的 75% 以上为磷酸盐垢。磷酸盐垢为水溶性垢，频繁启动的机组中其常常被湿蒸汽冲洗掉。NaCl、NaOH 等的溶解度较大，主要在汽轮机的中压和低压级沉积。

在汽轮机内，蒸汽中的 NaOH 还能发生下述变化。

（1）与蒸汽中 H_2SiO_3 反应，生成 Na_2SiO_3，沉积在高、中压级内。反应式为：

$$2NaOH + H_2SiO_3 \longrightarrow Na_2SiO_3 + 2H_2O$$

（2）与汽轮机蒸汽通流部分金属表面上的氧化铁反应，生成偏铁酸钠。反应式为：

$$2NaOH + Fe_2O_3 \longrightarrow 2NaFeO_2 + H_2O$$

至于汽轮机内沉积的 Na_2CO_3，则是由下述反应生成：

$$2NaOH + CO_2 \longrightarrow Na_2CO_3 + H_2O$$

国内已有数台运营的超临界机组在大修期间发现了严重的汽轮机钠盐沉积现象，其典型特征为：开缸初期叶片表面往往无光泽（氢氧化钠为主），汽轮机在空气中放置一段时间，叶片表面会呈现一层白色、均匀的具有金属光泽的盐类（碳酸氢钠为主）。这是因为氢氧化钠和空气中的水、二氧化碳发生化学反应，生成碳酸氢钠（见图 6-17 和图 6-18），而以氯化钠形式存在的钠盐沉积现象主要发生在低压缸，如图 6-19 所示。以过热蒸汽中的杂质沉积原理的钠盐沉积包括两种类型，即中、高压缸的氢氧化钠沉积和低压缸第一级叶片处的氯化钠沉积。NaOH 在蒸汽中的溶解度较大，沉积覆盖面广，从多台机组的典型钠盐沉积现象来看，主要集中在高压缸后几级和中压缸的前几级。其判别的重要特征是覆盖有金属光泽的盐层，放置空气中，有明显的色泽变化，该积盐极易溶于水，用除盐水即可轻易擦拭。而饱和 NaCl 的沉积主要在低压缸的盐区发生，有规则的含水结晶和金属光泽。

图 6-17 超临界机组叶片积盐

某电厂 600MW 超临界机组，配套的汽轮机为超临界压力、一次中间再热、单轴、二缸二排汽、600MW 中间再热直接空冷凝汽式汽轮机，化学检查时发现汽轮机叶片有严重的积盐现象，直接威胁机组的安全运行。其中，低压转子机侧、电侧 1~3 级动叶片均有大面积白色结晶，初步分析为钠盐沉积。低压缸隔

图 6-18　超临界机组高压转子叶片积盐

图 6-19　超临界机组低压缸隔板积盐（NaCl）

板与转子表面状况一致。刮取叶片表面暗红色沉积物进行成分分析，结果表明，沉积物主要是 SiO_2、Fe_3O_4、Fe_2O_3、NaCl、Cu，在低压缸机侧第 5 级动叶片和 2 号机低压缸电侧第 5 级动叶片上的沉积物上均含有氯化钠，叶片表面 pH 值呈碱性；在低压缸 1~3 级叶片存在不同程度的白色粉状沉积物，其水溶液呈碱性，分析为钠盐沉积；2 级、3 级存在不同程度的点腐蚀情况。

正常运行中，超（超）临界机组中钠的主要来源包括锅炉补给水带入、凝汽器泄漏带入、直接空冷机组随空气漏入、湿冷机组随循环冷却水漏入、凝结水精处理混床氢型运行方式结束阶段的释放，在这个失效终点附近的峰值释放尤为显著。从运行机组来看，发生汽轮机中、高压缸叶片钠盐沉积（NaOH）和低压缸锈蚀的（NaCl）往往是采用给水全挥发处理的机组。给水 pH＝9.3~9.5，凝结水精处理混床失效频繁，精处理混床终点控制不当，极易导致钠离子泄漏或氯离子泄漏；部分机组甚至精处理混床采用氨化运行方式，在氢型运行向氨化运行阶段，伴随着一个钠离子或者氯离子的泄漏峰值，并最终在汽轮机中低压缸沉积。

超（超）临界直流锅炉中，给水一次流过炉管后完全转变为蒸汽，无循环流动的锅炉水。给水从管子的一端进去后，全部变成蒸汽由另一端出来，在此过程中，水汽系统中钠的不同化合物有其特定的溶解传输和沉积的规律。正常情况下，从凝结水精处理高速混床中泄漏进入给水系统的盐类为 NaCl，在超（超）临界压力条件下过热蒸汽中 NaCl 的溶解度为每千克几百微克。所以进入给水系统的 NaCl 将全部溶解进入过热蒸汽并被带往汽轮机。

Na_2SO_4 在蒸汽中溶解度很小，在临界压力和超临界压力下，Na_2SO_4 在蒸汽中的溶解度仅为 $20\mu g/kg$（蒸汽温为 450℃），所以即使在超临界压力锅炉中，当给水中 Na_2SO_4 的含量大于 $20\mu g/kg$（折算成 Na 含量为 $6.5\mu g/kg$）时 Na_2SO_4 就会沉积在锅炉炉管内，所以给水中 Na_2SO_4 主要沉积在锅炉内。

虽然 NaOH 在蒸汽中的溶解度较大，但是由于它能与管壁上的金属氧化物作用形成 Na_2FeO_2（亚铁酸钠），因此有可能部分沉积在直流锅炉中。Na_2SiO_3 在过热蒸汽中的溶解度较大，所以和其他硅酸化合物一样 Na_2SiO_3 几乎能全部被蒸汽带到汽轮机中。

B　硅酸

硅酸在蒸汽中的溶解度较大，只有当汽轮机中蒸汽的压力降到较低时，其才能从蒸汽中析出。因此，硅酸主要在汽轮机的中压和低压级内沉积，并且在低压级中的沉积量最大。硅酸在汽轮机中以 SiO_2 的形式从蒸汽中析出，所形成的沉积物不溶于水、质地坚硬，并且常有不同的结晶形态。不同结晶形态的 SiO_2 在低压级内沉积的先后次序是结晶态的 α-石英、方石英、无定形的（非晶态）。这是因为在温度高时结晶过程较快，所以最初析出的 SiO_2 会形成结晶态的石英；在温度较低时结晶过程缓慢，而且因为蒸汽压力和温度的迅速降低，硅酸在蒸汽中的溶解度急剧减小，在低温区域 SiO_2 来不及结晶析出，所以易呈非晶体状态。

C　铁的氧化物

铁的氧化物主要以固态微粒状存在于过热蒸汽中，它们在汽轮机各级中都可能沉积，沉积情况主要与微粒的大小、蒸汽流动工况及蒸汽流通部位金属表面的粗糙程度有关，但在汽轮机各级中的沉积量相当。一般情况下，在蒸汽压力较高的部位，沉积物中铁氧化物的含量较高，此处蒸汽中其他物质的沉积量较小。

目前超（超）临界机组的高压缸叶片的沉积状况如图 6-20 所示，为运行一年后检查结果：沉积物呈锈红色，1~7 级叶片背汽侧沉积物逐渐增多，尤其 5~7 级叶片背汽侧沉积物较多。从化学成分来看，沉积物以铁的氧化物为主，伴随有 P、Cu、Na 等元素。高压缸的沉积现象较为普遍，某电厂 3 台超临界机组运行一年后高压缸叶片积盐量均较大，积盐最厚处约有 0.15mm，普遍沉积量较大，沉积速率较高。

超临界汽轮机高压缸出现较为显著的铁垢沉积的机组，其省煤器、水冷壁的结垢速率往往也较高，这属于伴随现象，许多机组在运行两年后即进行化学清洗。这类机组还往往伴随给水、高加疏水等取样点频繁堵塞的现象。这主要归因于给水采用全挥发处理，给水和疏水侧的流动加速腐蚀较为严重，给水中的铁除在省煤器和水冷壁沉积外，由蒸汽携带进入汽轮机，并在通流部分沉积。采用给水加氧处理的机组就较少出现上述沉积速率高和堵塞的情况。

图 6-20　660MW 超超临界
机组高压叶片积盐

总体来看，高压缸的沉积以铁为主，同时往往伴随铜、磷、钠等多种杂质，其沉积往往对通流面积有较大影响。要彻底解决超临界机组水汽系统铁的腐蚀和沉积，必须通过给水工况的优化，从根本上缓解和抑制给水侧及疏水侧的流动加速腐蚀现象。

D　铜的氧化物

在亚临界压力以下的直流锅炉蒸汽中，铜的氧化物的溶解度很小。因此，对于亚临界压力以下的直流锅炉，给水中铜的氧化物主要沉积在锅炉内，被蒸汽带到汽轮机中的量较少。对于超临界压力锅炉，因为铜的氧化物在蒸汽中的溶解度较大，所以给水中的铜氧化物主要是被蒸汽带到汽轮机，并在那里沉积。在某超临界压力汽轮机内，曾发现高压汽缸各级沉积物的主要成分是氧化铜和氧化亚铜（它们在沉积物中的平均质量分数为 95%），此外，还含有 3%~8% 的磁性氧化铁和 0.1% 以下的硅酸；中压汽缸各级的沉积物中也含有 5%~10% 的氧化铜。因为过热蒸汽中铜的溶解度对压力比较敏感，即使压力少许下降，蒸汽溶铜能力也会大大降低，所以蒸汽中溶解的铜主要沉积在汽轮机高压汽缸的各级中。

此外，给水处理方式对铜垢的沉积影响很大。对于有铜材料的机组，采用 AVT(O) 和 OT 处理时，铜常常会发生氨腐蚀和氧腐蚀，蒸汽溶解携带的铜量就会增加，导致汽轮机沉积的铜垢明显增加；若采用 AVT(R)，汽轮机沉积的铜垢较少。

某电厂 600MW 超临界机组大修的化学检查中，汽轮机高、中、低压缸均有较多的积盐，试纸检测汽轮机叶片积盐 pH 值，高压缸除调速级 pH 值约为 10 外，其他级 pH 值均大于 12；中压缸汽轮机叶片积盐 pH 值大于 12；低压缸前 4 级汽轮机叶片积盐 pH 值大于 12，第 5 级和第 6 级积盐较少，汽轮机叶片积盐 pH 值约为 10，末级无积盐。

通常，在超临界机组热力系统不使用铜合金，认为是无铜系统，机组给水全挥发性水处理工况下，控制给水 pH 值在标准值 9.3~9.6 的上限。但高压给水管道材料为 WB36（15NiCuMoNb5），含有 0.5%~0.8%（质量分数）的铜，在高 pH 值条件下容易产生铜的溶解。

机组给水全挥发性水处理工况下，水中氨的质量浓度增加 1mg/L 时，不仅会使由给水转移到蒸汽中的铜增加，而且还会使锅炉水冷壁上的铜沉积物被清洗下来转移到汽轮机的流通部位。根据氨浓度的不同，溶液中会形成不同的铜氨络合物，直至呈 $[Cu(NH_3)_4]^{2+}$ 形态，含有大量氨的铜化合物在蒸汽中溶解度的提高，加剧了铜沉积物自锅炉向超临界压力汽轮机流通部位的转移。

表 6-8 中列出了该超临界压力汽轮机中沉积物的化学成分。由这些数据可见，沉积物的成分在各级是不相同的。汽轮机叶片积盐 pH 值高的主要原因是积盐中存在氢氧化钠。铜、磷和硫主要在高、中压缸沉积；铁、钠、硅和氯在各级都有分布；低压缸沉积物成分比较固定。

表 6-8　汽轮机叶片上沉积物元素的质量分数 （%）

位　置	级数	O	Na	Si	Cl	Fe	Cu	S	P	Ca	Mg	Al
高压缸	3	31.50	32.02	4.88	29.05	2.55	—	—	—			
	4	32.24	36.09	—		13.86	0.88	2.15	13.24			
	5	28.13	31.41	—		22.00	5.50	2.45	9.93			
	6	31.35	20.98	11.43	4.93	13.34	2.20	1.14	2.59	0.64	—	11.4
	7	28.30	25.59	7.61	3.38	12.91	6.31	3.14	4.45	—	0.56	7.75
	8	30.71	23.32	10.83	4.46	10.46	2.99	2.62	4.05	—	0.70	9.86
中压缸	4	34.07	31.82	5.00	27.68		1.43	—	—			
	5	43.40	28.45	18.36	0.62	6.72	0.98	0.63	—		—	0.83
	6	23.69	27.60	—		36.31	2.91	0.76	8.73			
低压缸	1	28.66	32.21	5.31	31.35	2.32	—	—	—			
	2	22.61	33.50	4.54	26.94	12.40	—	—	—			
	3	34.08	34.10	6.97	13.74	11.11	—	—	—			
	4	41.28	36.10	4.55	10.31	7.77	—	—	—			

与中、低压缸相比，高压缸沉积物中的铜含量较大。汽轮机中铜沉积物的数量和特性与蒸汽的工作压力、温度以及给水中的氧、氨浓度有关。氧化铜在超临界压力蒸汽中的质量分数随大气压的增长提高得很快，如图 6-21 所示。

应该注意，随过热蒸汽进入汽轮机的杂质，并不是全部都沉积在汽轮机内。因为，从汽轮机排出的蒸汽，尽管参数很低，但仍然具有溶解微量物质的能力，

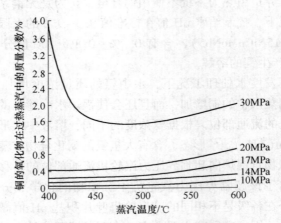

图 6-21　铜在不同工况蒸汽中的溶解度

而且排汽中含有的湿分也能带走一些杂质。

6.2.3.2　沉积物分布规律

由于上述各种原因，在汽轮机的不同级中，生成沉积物的情况各不相同，基本规律可归纳成以下几点。

（1）不同级中沉积物量不一样。在汽轮机中除第一级和最后几级积盐量极少外，低压级的积盐量总是比高压级的多些。图 6-22 为某高压汽轮机各级中的沉积物量。

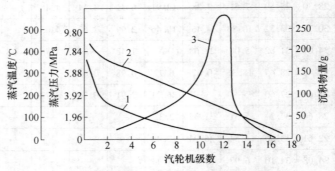

图 6-22　某高压汽轮机各级中的沉积物量
1—蒸汽压力；2—蒸汽温度；3—沉积物量

在汽轮机最前面的一级中，由于蒸汽参数仍然很高，而且蒸汽流速很快，杂质尚不会从蒸汽中析出或来不及析出，因此往往没有沉积物。在汽轮机的最后几级中，由于蒸汽中已含有湿分，杂质转入湿分中，且湿分能冲洗掉汽轮机叶轮上已析出的物质，因此此处往往也没有沉积物。

（2）不同级中沉积物的化学组成不同。图 6-23 为某超高压汽轮机各级叶轮上沉积物的化学组成。

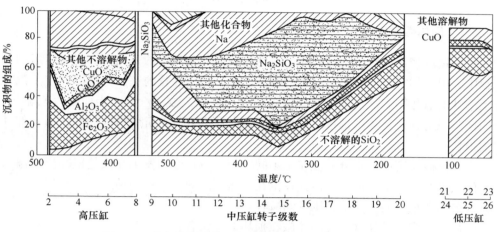

图 6-23 某超高压汽轮机各级叶轮上沉积物的化学组成

一般来说，汽轮机高压级中的沉积物主要是易溶于水的 Na_2SO_4、Na_2SiO_3、Na_3PO_4 等；中压级中的沉积物主要是易溶于水的 NaCl、Na_2CO_3 和 NaOH 等，这里还可能有难溶于水的钠化合物，如 $Na_2O \cdot Fe_2O_3 \cdot 4SiO_2$（钠锥石）和 $NaFeO_2$（铁酸钠）等；低压级中的沉积物主要是不溶于水的 SiO_2。铁的氧化物（主要是 Fe_3O_4，部分是 Fe_2O_3）在汽轮机各级中（包括第一级）都可能沉积。通常在高压级的沉积物中，它所占的百分率要比低压级多些。实际上，沉积在各级中铁的氧化物重量往往大致相同，但因为低压级中沉积物的量增加，所以铁的氧化物所占的百分率减少。

（3）沉积物在各级隔板和叶轮上分布不均匀。汽轮机中的沉积物不仅在不同级中的分布不均匀，而且即使在同一级中，部位不同，分布也不同。例如，在叶轮上叶片的边缘、复环的内表面、叶轮孔、叶轮和隔板的背面等处的积盐量往往较多，这可能与蒸汽的流动工况有关。

（4）供热机组和经常启、停的汽轮机内的沉积物量较少。汽轮机在停机和启动时，都会有部分蒸汽凝结成水，这对易溶的沉积物有清洗作用，所以在经常启、停的汽轮机内，往往积盐量较少。此外，热电厂的供热汽轮机内，积盐量也往往较少，这是因为：

1）供热抽汽带走了许多杂质；

2）汽轮机的负荷往往有较大的变化（与热用户的用热情况和季节有关），在负荷降低时，工作在湿蒸汽区的汽轮机中级数增加，而湿分有清洗作用，能将原来沉积的易溶物质冲去。

6.3 蒸汽中的杂质对汽轮机的危害

6.3.1 固体微粒磨蚀

由蒸汽带进汽轮机内的固体微粒的主要成分是剥落的氧化铁。在机组启动过程中，由于加热升温时金属温度的剧烈变化，过热器管内壁、再热器和主蒸汽管上的铁的氧化物剥落下来，有些崩碎成为小颗粒，被蒸汽流吹走而进入汽轮机。固体微粒腐蚀就是蒸汽携带的氧化铁固体微粒进入汽轮机所引起的蒸汽通流部件的损伤。

固体微粒磨蚀与水分侵蚀完全不同。固体微粒磨蚀发生在汽轮机高压高温部分的喷嘴及叶片上，而水分侵蚀发生在低压级。固体微粒磨蚀通常在高压蒸汽入口处最为严重，向汽流下游则逐渐减轻。

再热式汽轮机经常遭受固体微粒损坏的部位有：

（1）截止阀、调节阀等；

（2）第 1 级喷嘴，特别是最先开启的调节阀后的喷嘴组；

（3）第 1 级叶片、围带和轮缘；

（4）蒸汽再热后的第 1 级和第 2 级喷嘴、叶片、围带、轮缘和汽封调节装置。

固体微粒磨蚀的危害有：

（1）使喷嘴和叶片表面变得很粗糙，甚至可引起叶片、喷嘴通流截面形状发生变化，大大降低汽轮机的效率；

（2）磨蚀所损伤的部位容易发生裂缝，也容易发生裂缝的扩展；

（3）磨蚀导致有大块碎片脱落并被汽流带至下游段时，可能引起设备的重大损坏。

固体微粒所引起的损伤程度与机组的启动次数、负荷变化的大小、负荷变化的速度等有很大的关系。固体微粒磨蚀仅仅发生在没有旁路系统的汽轮机中。带有旁路系统的机组且启动时，高压旁路（主蒸汽与冷再热蒸汽系统之间的蒸汽管道）阀也应稍微开启，使再热器内有一定量的蒸汽通过，这样可避免再热器管子过热和氧化皮的形成。带旁路的机组启动初期，蒸汽通过旁路排入凝汽器，避免固体微粒带入汽轮机。

固体微粒磨蚀在超临界压力汽轮机的高压缸和中压缸里出现，而对于亚临界压力汽轮机仅在中压缸内出现。亚临界压力机组尤其是配汽包锅炉的机组启动时，高压过热器里很快就有蒸汽通过，并且有足够的流量来避免管子过热和氧化皮的形成。在超临界压力锅炉里，第 2 级过热器和再热器是钢材氧化皮微粒可能滋生地。

　　某电厂350MW燃煤机组汽轮机形式为一次中间再热、亚临界压力、单轴、双缸、双排汽、冲动凝汽式汽轮机。在投产后首次大修时发现，汽缸内通流部分部件没有颗粒侵蚀，但2号主蒸汽阀阀杆在旁通阀进汽口附近有两处深约1.5mm、直径5~6mm的颗粒侵蚀凹坑，为此更换阀杆。第二次大修时，2号主蒸汽阀阀杆又发现深约7mm的侵蚀坑，再次更换阀杆。中压缸（再热）第1级隔板静叶片出汽边发现因固体颗粒侵蚀而造成的较大缺损和变形，将变形处用砂轮打磨成圆角后继续使用。后续对2号主蒸汽阀阀杆检查时，发现旁通阀进口处正对进汽侧有超过1/2圆周受固体颗粒侵蚀，深度为5~6mm。2号主蒸汽阀由于带旁通阀，启动时可实现全周进汽，与部分进汽方式启动相比能使高压外缸和喷嘴加热更均匀，减小了热应力。然而在旁通阀控制下，蒸汽流经旁通阀时，流速高且流向发生改变，使主蒸汽阀阀杆在靠近旁通阀处易受颗粒冲蚀。因此，启动时的腐蚀比稳定运行时严重，而冷态启动又比温态启动和热态启动更严重。此外，颗粒腐蚀的严重性还与启动次数、全周进汽方式、运行时间、锅炉设计、机组使用时间等因素有关。

　　防止出现固体微粒磨蚀的根本性措施是减少锅炉过热器管及主蒸汽管道上氧化物的生成与剥落。可采取的主要措施如下。

　　（1）锅炉高温管道采用抗氧化性能较好的钢。目前许多现代化锅炉均采用奥氏体不锈钢的过热器和再热器。

　　（2）机组在运行中应避免频繁的启停、负荷变化和温度变化。

　　（3）对锅炉和主蒸汽管道进行酸洗，以便使氧化物在剥落之前就被清除掉。

　　（4）新机组组装完毕投运前应进行锅炉的蒸汽冲管工作。

　　（5）改进热力系统。如设置旁路管，以减轻汽轮机的污染及固体颗粒的磨蚀；再如给水系统中设置电磁过滤器，既可减少随给水进锅内的微粒态的铁，也有利于减少蒸汽携带固态微粒。

6.3.2　沉积物引起的危害

　　汽轮机内的沉积物会对机组的效率、出力和可靠性产生显著影响。例如，一台试验用汽轮机的高压级，叶片上覆盖了沉积物，虽然厚度仅有0.076mm，但级效率却降低了3%~4%，通流能力减少约1%。又如，美国费洛电厂超临界压力机组运行中曾发现，高压汽缸中生成了大量的沉积物，主要成分是氧化铜，这些沉积物集中在高压缸最后几级隔板的叶片上，由于沉积物的堆积，汽轮机运行5个月后，汽轮机推力轴承上受到的轴向力大大超过了设计值。

　　沉积物对汽轮机效率特性的影响取决于沉积物的厚度、沉积物产生的部位及其表面粗糙度。喷嘴和叶片型线的气动力学设计是很严格的，目的是：

（1）防止汽流与叶片表面的分离；

（2）减少流动损失；

（3）最大限度减少前一级叶片尾流对下一级喷嘴进口的扰动。

喷嘴上沉积物的形成，改变了喷嘴的基本型线，可能导致汽流扰离，增大热损失，同时加剧对叶片的流动激振。而且喷嘴上沉积物的形成，还会使隔板前后的压力降增大，严重者会引起隔板的过度挠曲，可能引起摩擦、振动或其他严重情况。

沉积物在叶片上聚集会使通道变窄、叶片表面粗糙度变差，造成汽轮机效率下降并增大推力轴承的负荷，有可能造成推力事故，引起汽轮机内部零件的严重损坏。此外，覆盖在叶片上的沉积物还会引起和加速叶片的腐蚀。

汽轮机内的沉积物还可能导致以下故障的发生：

（1）各级叶片间的迷宫汽封充满盐类和氧化铁沉积物，从而降低密封效果及汽轮机效率；

（2）阀杆和阀套之间的间隙，由于沉积物堆积使得阀不能动作，在一些电站曾发生过因蒸汽中盐类杂质浓度大而致再热截止阀失灵的情况。

6.3.3 汽轮机的腐蚀

蒸汽中有些杂质（如氢氧化钠、氯化钠、硫酸钠、氯化氢和有机酸等）在汽轮机中会引起均匀腐蚀、点蚀、应力腐蚀、腐蚀疲劳以及这几种情况组合的复杂故障。点蚀、应力腐蚀、腐蚀疲劳引起的汽轮机部件损坏，常会造成很大损失，延长停机时间。

汽轮机中最容易由蒸汽中杂质引起腐蚀的部位有：

（1）金属及蒸汽温度接近腐蚀性物质熔点的部位，例如管道伸缩节；

（2）汽轮机内蒸汽开始凝结区及稍前一点的部位，尤其是汽轮机低压缸湿蒸汽区开始的部位，汽轮机低压级叶片及叶轮所受的点蚀、应力腐蚀及腐蚀疲劳多发生在这个部位。

发生应力腐蚀需要具备敏感性材料、应力和腐蚀性环境三个基本要素。汽轮机选用的材料和应力水平在设计和制造时已确定，因此环境即蒸汽中杂质的组分与含量决定是否发生应力腐蚀。当蒸汽在汽轮机内凝结时，蒸汽中的杂质如有机酸、氯化物、氢氧化钠等，会形成侵蚀性的水滴或者腐蚀性沉积物。研究表明，只要蒸汽中含有以 $\mu g/kg$ 计的氢氧化物、氯化物或有机酸，就会引起应力腐蚀裂纹。现场经验表明，汽轮机在湿蒸汽区域工作的最先几级的通流部分，最易发生应力腐蚀。

某电厂 6 号机组汽轮机为 600MW 超临界、一次中间再热、单轴、三缸四排汽、双背压、凝汽式汽轮机。该电厂在机组例行检修时，发现该机组汽轮机 1

号、2 号低压转子次次末级叶片存在多处裂纹。叶片材料为 1Cr12Mo 钢。对开裂叶片试验分析后发现,叶片出汽侧存在一处直径 2mm、深 1.5mm 的蚀坑,裂纹起裂部位为蚀坑底部,沿叶片横向由出汽侧向内扩展,即裂纹扩展方向垂直于叶片高速运转过程中的离心拉应力方向。

通常状态下,1Cr12Mo 不锈钢具有良好的耐蚀性,表面会形成一层致密稳定的氧化保护膜,但是当蒸汽中含有 Cl^-、S^{2-} 等腐蚀离子时,叶片表面的保护膜会受到侵蚀并且很快向纵深方向发展,使叶片产生腐蚀坑。而叶片蚀坑的存在更容易造成 Cl^-、S^{2-} 等腐蚀性离子富集,同时减小叶型截面积,影响叶片振动特性,从而造成更大的应力集中。该汽轮机次次末级叶片前后均布置有抽汽口,蒸汽湿度大且叶片经过抽汽口时不可避免地会因蒸汽压力的突变产生振动,此种振动会进一步加剧蚀坑部位的应力集中程度。该叶片在拉应力及腐蚀性离子的共同作用下,裂纹在蚀坑处萌生并以沿晶方式垂直于拉应力方向由出汽侧向内逐步扩展,最终导致叶片发生应力腐蚀开裂。

蒸汽中的氯化物还可以引起汽轮机的叶片和喷嘴表面发生点蚀,主要是由氯离子破坏了合金钢表面的氧化膜所致,一般出现在湿蒸汽区的沉积物下面。当汽轮机停机时,蒸汽漏入冷态汽轮机中,可能使叶片上发生点蚀。

某电厂 660MW 超临界燃煤直接空冷机组,汽轮机为一次中间再热、双缸双排汽、单抽、直接空冷凝汽式汽轮机。在停机揭缸大修时,渗透检测发现 5 片叶片出汽侧存在点蚀缺陷。这主要是该机组长期在低负荷情况下运行,造成末几级叶片的工况变化较大,导致流场参数发生很大变化,在叶片根部出现较大的负反动度,结果对动叶片形成大范围的回流区。再加上大功率凝汽式汽轮机的末级排汽湿度较大,这样就形成回流区内高湿度蒸汽对叶片的冲击,这是导致末级叶片出汽侧点蚀现象的主要原因。另外,对该机组水汽品质进行检查分析,结果表明,主蒸汽氢电导率和钠含量时有超标,超过 GB/T 12145—2016 规定的期望值,这进一步诱发了点蚀的产生。

受交变应力作用的零件处在有腐蚀性物质存在的环境时,材料的疲劳极限就下降。实验研究证实,在氯化物溶液中,汽轮机叶片的腐蚀疲劳强度大为下降。

某电厂汽轮机型号为 ПT-140/165-130/15-2,检修时发现低压转子叶轮叶根槽部位存在裂纹甚至发生断裂等问题。在材料为 25Cr2NiMoV 的第 19 级叶轮叶根槽部位取样分析,发现叶轮叶根槽内角由于加工得不规范,在使用时有较大的应力集中,叶根槽在使用中有腐蚀介质存在,第 19 级在叶根槽内角处出现腐蚀疲劳裂纹。金属材料在腐蚀介质的作用下形成一层覆盖层,在交变应力作用下覆盖层破裂,局部发生化学浸蚀形成腐蚀坑,交变应力作用下产生应力集中进而形成裂纹。腐蚀疲劳的影响因素:循环载荷的交变幅度增大,腐蚀速度也随之增大;

温度升高明显加快腐蚀速度；当 pH<4、pH>12 时，腐蚀疲劳性能降低，寿命降低。

喷嘴和叶片表面的点蚀坑不仅会增大粗糙度从而使摩擦力增加，进而降低效率，更为严重的是，点蚀坑的缺口作用会促进腐蚀疲劳裂纹的形成而直接影响汽轮机的使用寿命。

6.4　防止蒸汽污染的方法

6.4.1　保证给水品质

（1）减少热力系统的汽水损失，降低补给水量。

（2）采用深度除盐的水处理工艺，降低补给水中有机物、二氧化硅和阴阳离子等杂质的含量。

（3）防止凝汽器泄漏，以免汽轮机凝结水被冷却水污染。

（4）采用适宜的给水化学工况和凝结水系统防腐措施，减少给水中的金属腐蚀产物。

（5）对凝结水进行 100％的精处理，除掉汽轮机凝结水中的各种杂质。

（6）对于新安装的锅炉进行启动前的化学清洗、蒸汽吹管等工艺步骤，以除掉锅炉水汽系统内的各种杂质。

（7）对于停运锅炉要做好停炉保护工作。

对于直流锅炉而言，保证给水品质是保证蒸汽品质的有效措施，而汽包锅炉还可以通过减少机械携带、锅炉排污以及适当的汽包内部装置进一步减少蒸汽中的杂质含量。

6.4.2　减少机械携带

通过锅炉热化学试验，确定锅炉的运行工况，包括合适的汽包水位、合适的锅炉水含盐量、合理的锅炉排污量以及最高允许负荷，从而减少汽包锅炉饱和蒸汽的机械携带量。

6.4.3　锅炉排污

锅炉运行时，给水带入锅内的杂质只有很少部分被饱和蒸汽带走，绝大部分都留在炉水中。如果不采取适当的措施，炉水中的杂质就会不断增多，这不仅会影响蒸汽质量，而且还可能造成炉管堵塞，危及锅炉的安全运行。因此，为使炉水的含盐量和含硅量保持在容许值以下、排除水渣，必须经常排放掉部分炉水，并补入相同量的给水，这个操作过程称为锅炉排污。

锅炉排污有连续排污和定期排污两种方式。

（1）连续排污（简称"连排"），即连续地从汽包中排放炉水。其目的主要是防止炉水中的含盐量和含硅量过高；其次是排除炉水中细微的或浮悬的水渣。

（2）定期排污（简称"定排"），即定期地从炉水循环系统的最低点（如从水冷壁的下联箱处）排放部分炉水。定期排污主要是为了排除水渣，因为水渣大部分沉积在水循环系统的下部。定期排污的排放速度应很快，每次排放的时间应该很短，一般不超过 0.5~1min，排放时间过长会影响锅炉水循环的安全。每次定期排污的水量，一般为锅炉蒸发量的 0.1%~0.5%；也有的中低压锅炉因锅炉水质较差，且锅炉蒸发量小，故每次排走的水量约为 1%或更多一些。定期排污的间隔时间应根据炉水水质决定，当炉水水渣较多时，间隔时间应短些；水质较好时，间隔时间较长（如有的锅炉每 8h 排放一次，有的锅炉每 24h 排放一次）。定期排污在锅炉低负荷时进行效果较好。

定期排污也可用来作为迅速降低炉水含盐量的措施，以弥补连续排污的不足；汽包水位过高时，还可利用定期排污使之迅速下降。新安装的锅炉在投入运行的初期或旧锅炉在启动期间，往往需要加强定期排污，以排除炉水中的铁锈和其他水渣。

在保证蒸汽品质合格的前提下，应尽量减少锅炉的排污率。锅炉的排污率应不超过下列数值：

（1）以除盐水或蒸馏水为补给水的凝汽式电厂，1%；

（2）以除盐水或蒸馏水为补给水的热电厂，2%；

（3）以软化水为补给水的凝汽式电厂，2%；

（4）以软化水为补给水的热电厂，5%。

如果锅炉排污率超过了上述标准，应采取措施使其降低。例如，改进补给水处理工艺以改善给水水质，或者在汽包内安设更好的汽水分离装置。

6.4.4　汽包内部装置

为获得清洁的蒸汽和保证蒸汽品质合格，可在汽包内装设汽水分离装置、蒸汽清洗装置等汽包内部装置。锅炉压力越高，汽、水分离越困难，同时蒸汽溶解携带杂质的能力也越大。在高压及以上压力等级的汽包锅炉中，通常在汽包内安设有高效率的汽水分离装置和蒸汽清洗装置。

6.4.4.1　汽水分离装置

汽水分离装置的主要作用是减少饱和蒸汽带水。其工作原理是利用离心力、黏附力和重力等进行水与汽的分离。常见的汽水分离装置有旋风分离器、多孔板、波形板百叶窗等。锅炉汽包内往往同时安设有几种分离装置相互配合。

A 旋风分离器

有旋风分离器的汽水分离装置是高压和超高压锅炉常用的汽包内部装置，它主要由旋风分离器、百叶窗和多孔板等组成。锅炉汽包内部装置及水汽管口布置如图6-24所示。该装置中的汽水流程为由上升管来的汽水混合物先经分配室再均匀地进入各旋风分离器，分离出的水进入水室，分离出的蒸汽经分离器上部的百叶窗进入汽空间，然后通过汽包上部的百叶窗分离器（一级分离器）、波形板干燥器和多孔顶板，由蒸汽引出管引出。

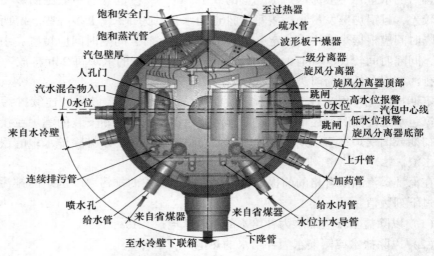

图6-24 锅炉汽包内部装置及水汽管口布置

旋风分离器是圆筒形设备，构造如图6-25所示。汽水混合物沿着圆筒的切线方向导入，利用汽流在筒内快速旋转产生的离心力，使汽水混合物中的水滴抛向内壁，形成水膜向下流动，水经筒底导向叶片3（简称"导叶"）流入汇集槽（也称拖斗），再从汇集槽侧的孔流出，平稳地进入汽包水室。旋风分离器的筒底2由圆形底板与导叶组成，圆形底板可防止蒸汽由筒底窜出，叶片沿底板四周倾斜布置，倾斜方向与水流旋转方向一致。

旋风分离器上部的百叶窗分离器（常称顶帽）能使蒸汽流出速度均匀，并进一步分离蒸汽携带的湿分。高压和超高压饱和蒸汽经这种旋风分离器后，便引出汽包（汽包内无清洗装置时），机械携带系数一般为0.005%~0.01%。百叶窗分离器由许多波形钢板平行组装而成，构造如图6-26所示，各个波形钢板间有间隙。当蒸汽流进波形钢板时，由于在板间迂回曲折流动，汽流中的水滴便因离心力而被抛出来，附着在钢板表面形成水膜，并顺着波形钢板面向下流入汽包水室，波形钢板可呈立式布置，也可呈卧式布置。

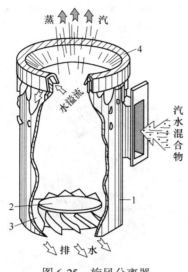

图 6-25　旋风分离器
1—筒体；2—筒底；3—导叶；4—溢流环

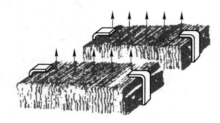

图 6-26　卧式布置的百叶窗分离器

多孔顶板装设在蒸汽引出管的前面，它可使沿汽包长度方向整个截面的蒸汽流速均匀，避免因汽空间内局部蒸汽流速过高而使自然分离的效果恶化。

自然循环亚临界压力锅炉的汽包内部装置通常只用旋风分离器和波形板分离器。汽包内设有多个旋风分离器，沿汽包长度方向分左右两排布置，旋风分离器的上部有波形板百叶窗顶帽。从旋风分离器顶帽引出来的饱和蒸汽进入汽包汽空间。汽空间上部布置的两排波形板分离器（也称为第二级百叶窗分离器）对饱和蒸汽中的细小水滴再次进行细分离。这样，当饱和蒸汽由引出管离开汽包时，亚临界压力饱和蒸汽中的机械携带系数就可降低到小于 0.5% 以下（通常为0.05%~0.3%）。

B　轴流式旋风分离器

轴流式旋风分离器又称涡轮式分离器，构造如图 6-27 所示，常用于强制循环亚临界压力锅炉。

轴流式旋风分离器的工作过程是汽水混合物由底部进入，在向上流动的过程中，沿筒内的旋转导向叶片强烈旋转，由此产生的离心力使水与汽分离。分离出的水贴着内筒壁旋转到顶部，穿出集汽短管与内筒间的环缝，再经内筒与外筒间的夹层流入汽包水室。蒸汽则从筒体中心上升，经波形板顶帽进入汽空间。

控制循环汽包锅炉汽包内部装置如图 6-28 所示。汽包内汽水流程为来自水冷壁管的汽水混合物由引入管 1 进入汇流箱 5，然后均匀地从底部进入各个分离器 4，分离出的水和蒸汽分别进入水室和汽空间。进入汽空间的蒸汽再经过上部的波形板百叶窗 3，再次分离出细小水滴后，由饱和蒸汽引出管 2 引出。汽包内还有给水管 7、加药管 6、事故放水管和连续排污管 9 等。

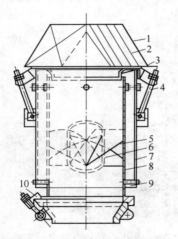

图 6-27   轴流式旋风分离器

1—梯形顶帽；2—波形板；
3—集汽短管；4—钩头螺栓；
5—叶片；6—芯子；7—外筒；
8—内旋转导向筒；9—夹层；10—支撑螺栓

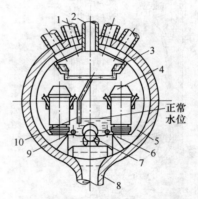

图 6-28   控制循环汽包锅炉汽包内部循环装置

1—汽水混合物引入管；2—饱和蒸汽引出管；
3—波形板百叶窗；4—涡轮式分离器；
5—汽水混合物汇流箱；6—加药管；7—给水管；
8—下降管；9—连续排污管；10—疏水管

亚临界压力下，水、汽密度已没多大差别，难以依靠离心力作用彻底分离水和蒸汽。这时，只要饱和蒸汽的机械携带系数降低至 0.05% ~ 0.1%，就可认为分离效果较好。

6.4.4.2   蒸汽清洗装置

汽水分离装置只能减少蒸汽带水，不能减少溶解携带，所以高压和超高压锅炉汽包内若仅仅只有汽水分离装置，往往不能获得良好的蒸汽品质。为减少蒸汽的溶解携带，高压和超高压锅炉的汽包内通常装设有蒸汽清洗装置。

蒸汽清洗就是使饱和蒸汽通过杂质含量很少的清洁水层。经过清洗后，蒸汽的杂质含量比清洗前低很多，原因如下。

（1）蒸汽通过清洁的水层时，蒸汽和清洗水中的杂质按分配系数重新分配。由于清洗水杂质含量非常低，因此蒸汽溶解的杂质向清洗水中转移，从而降低了蒸汽的杂质含量。

（2）蒸汽携带的高含量杂质水滴，在穿越清洗水层时被清洗水捕捉，虽然从清洗水层出来的蒸汽也带水，但其是较纯净的清洗水滴。蒸汽清洗前后水分差别不大，但后者水分的杂质含量明显低于前者（锅炉水滴），所以蒸汽清洗能降低蒸汽中水滴携带的杂质含量。因此，蒸汽清洗不仅能减少溶解携带的杂质含量，还能降低机械携带的杂质含量。

通常，蒸汽清洗装置为水平孔板式，它以给水作清洗水，如图 6-29 所示。清洗装置安装在汽空间，将部分给水（一般为给水总量的 40%~50%）引至清洗装置 1 上形成一定厚度（一般为 30~50mm）的流动清洗水层，蒸汽经板孔向上穿过清洗水层，出来的洁净蒸汽进入汽空间，然后经过多孔顶板或百叶窗分离器等汽水分离装置，最后由蒸汽引出管引出。清洗蒸汽后的给水则流入水室。

清洗后蒸汽中杂质含量的降低值占清洗前蒸汽中杂质含量的百分率，通常称为清洗效率。目前，清洗装置的清洗效率为 60%~75%（以硅为代表计算）。

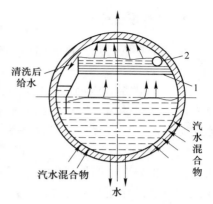

图 6-29   蒸汽清洗设备工作原理
1—蒸汽清洗装置；2—给水管

6.5   蒸汽纯度标准的制定

6.5.1   制定蒸汽纯度标准的原则

防止蒸汽中的杂质对汽轮机造成危害，关键是保证蒸汽的纯度。蒸汽纯度标准的提出，应考虑下述原则：

（1）尽量减少杂质以保护汽轮机；

（2）所要求的蒸汽纯度是能够达到的；

（3）杂质含量是可以监测的。

蒸汽纯度标准的制定，要结合蒸汽取样的技术水平、蒸汽中杂质含量的监测水平、净化蒸汽的技术水平，考虑蒸汽中的杂质在汽轮机内产生沉积物，以及对汽轮机的腐蚀，同时还要考虑使汽轮机进口蒸汽中杂质的含量小于汽轮机排汽口蒸汽所能携带的杂质量。

因此，精确地制定蒸汽纯度标准，要涉及若干不同的科研课题。例如，要研究各种杂质在汽轮机排汽参数下的溶解度；排汽汽流中杂质溶解在蒸汽中的允许过饱和度。这两项可大体确定汽轮机排汽所带走的该种杂质量的数值，若该杂质的含量小于这个值，则不会沉积。又如，研究不同杂质在汽轮机通流部分的沉积行为；各种类型汽轮机所能容许的该种杂质的最大沉积量以及不致引起腐蚀的极限含量；等等。显然按这种观点看，现有的蒸汽纯度标准中按钠化合物总量和含硅量不够精确，而且目前还不可能从理论上计算出保证汽轮机安全、经济运行的蒸汽纯度。蒸汽纯度标准的提出，大都是按运行经验和汽轮机的模拟试验推论的。

6.5.2　蒸汽质量标准

汽包锅炉的过热蒸汽和饱和蒸汽质量标准，见表 4-17，表中各个项目的说明如下。

(1) 含钠量。因为蒸汽中的盐类主要是钠盐，所以蒸汽中的含钠量可以表征蒸汽含盐量的多少，故含钠量是蒸汽质量的指标之一。为便于及时发现蒸汽质量劣化问题，应连续测定（最好是自动记录）蒸汽的含钠量。

(2) 氢电导率。蒸汽凝结水（冷却至 25℃）通过氢型强酸阳离子交换树脂处理后的电导率，简称氢电导率，可用来表征蒸汽含盐量的多少。氢型强酸阳离子交换树脂的作用是去除蒸汽中的 NH_4^+，提高电导率监测的灵敏度。

1) 氨是为了提高水汽 pH 值而加入的，不属于盐分；

2) 水中 NH_4^+ 被 H^+ 等摩尔替代后，增强了对应的阴离子含量对电导率的贡献，也即提高了电导率对含盐量变化响应的灵敏度。

(3) 含硅量（以二氧化硅表征）。蒸汽中的硅酸会在汽轮机内形成难溶于水的二氧化硅沉积物，从而危及汽轮机的安全、经济运行。因此，必须将含硅量作为蒸汽品质的重要指标，并加以严格控制。

(4) 铁和铜的含量。为防止汽轮机中沉积金属氧化物，应检查蒸汽中铁和铜的含量。

参数越高的机组，对蒸汽质量的要求越严格。因为在高参数汽轮机内，高压级的蒸汽通流截面很小（这是由于蒸汽压力越高，蒸汽比体积越小的缘故），所以即使有少量盐类沉积，也会使汽轮机的效率和出力显著降低。

压力小于 5.8MPa 的汽包锅炉，当其蒸汽送给供热式汽轮机时，与送给凝汽式汽轮机相比，蒸汽的含钠量可允许大一些，其原因如下：

(1) 供热式汽轮机的供热蒸汽会带走一些盐分，因此沉积在汽轮机内的盐量较少；

(2) 供热式汽轮机的负荷波动较大，负荷波动时，会产生自清洗作用，洗下来的盐类能被抽汽或排汽带走，也使汽轮机内沉积的盐量减少。

当锅炉检修后启动时，由于锅炉水质较差，蒸汽中杂质含量较大，如果要求蒸汽质量符合表 4-17 的标准后再向汽轮机送汽，则需要锅炉长时间排汽。这不仅延长启动并网时间，而且增加热损失和水损失。因此，机组启动阶段的蒸汽质量应适当放宽。锅炉启动后对蒸汽的监督标准见 4.3 节。

参 考 文 献

[1] 于海全. EDTA 清洗高铜垢汽包锅炉的工艺实践 [J]. 清洗世界, 2013, 29 (12): 19-22, 41.

[2] 孙光武. 氧化铁垢的形成与危害 [J]. 中国锅炉压力容器安全, 2001, 17 (5): 28-30.

[3] 李长彦. 工业锅炉水垢的危害及化学清洗方法 [J]. 中小企业管理与科技 (中旬刊), 2019 (3): 158-159.

[4] 蓝智伟. 浅谈工业锅炉水垢的危害及预防措施 [J]. 江西建材, 2017 (9): 293, 6.

[5] 林宇铃. 工业锅炉水垢的形成、危害及处理方法 [J]. 装备制造技术, 2014 (8): 131-133.

[6] 张敏, 吴晋英, 黄长山, 等. 锅炉中硫酸盐和硅酸盐垢的化学清洗 [J]. 应用化工, 2018, 47 (10): 2296-2299.

[7] 谢雄锋, 汪永强. 工业锅炉磷酸盐铁垢的预防及清洗 [J]. 机电技术, 2016 (2): 120-121.

[8] 王雀征. 330MW 亚临界机组强制循环锅炉的化学清洗 [J]. 清洗世界, 2016, 32 (9): 12-15, 34.

[9] 庄文军, 龙国军, 甘超齐, 等. 过热器氧化皮催化柠檬酸清洗研究及应用 [J]. 中国电力, 2015, 48 (3): 13-16, 55.

[10] 滕维忠, 郭俊文, 柯于进, 等. 华能沁北电厂 2×600MW 超临界机组热力系统的化学清洗 [J]. 热力发电, 2007 (2): 73-75, 8.

[11] 黄隆焜, 刘勇, 李大国, 等. EDTA 酸洗技术在 1000MW 机组锅炉化学清洗中的应用 [J]. 腐蚀与防护, 2011, 32 (1): 60-62.

[12] 田民格, 姚飞飞, 盛宝新, 等. 亚临界控制循环汽包炉低温 EDTA 清洗探讨及总结 [J]. 清洗世界, 2020, 36 (7): 1-3.

[13] 吴来贵, 申军锋, 范红照, 等. 超超临界锅炉酸洗技术研究与应用 [J]. 中国电力, 2013, 46 (1): 46-49, 53.

[14] 朱永满, 叶致富. 锅炉水汽系统金属腐蚀及控制方法 [J]. 化学工程与装备, 2019 (8): 197-199.

[15] 韩立荣. 金属的腐蚀与防护 [J]. 中国金属通报, 2019 (1): 230-231.

[16] 范圣平, 韩倩倩, 曹顺安. 火电厂热力设备结垢、积盐与腐蚀现状及防治对策 [J]. 工业用水与废水, 2010, 41 (5): 9-14.

[17] 马燕勤, 李佟年, 游菊. 锅炉省煤器管穿孔原因分析 [J]. 理化检验 (物理分册), 2003 (12): 639-641.

[18] 王凤桐, 王浩, 王立. 热力设备的防氧化方法研究 [J]. 石油和化工设备, 2009, 12 (6): 49-51.

[19] 赵延岭. 浅析热力设备的氧腐蚀 [J]. 中国高新技术企业, 2007 (8): 123.

[20] 陆文俊, 袁益超. 鼓泡式热力除氧器实验研究 [J]. 汽轮机技术, 2011, 53 (1): 59-62.

[21] 刘有智, 孟晓丽, 刘会雪, 等. 锅炉 (给) 水脱氧技术研究的进展 [J]. 腐蚀科学与防

护技术，2007（6）：432-434.

[22] 张玉忠，彭晓敏，康利君.低压锅炉运行中的氧腐蚀及新型除氧剂的应用［J］.工业水处理，2004（10）：64-66.

[23] 魏宝庆.锅炉停用腐蚀分析及停用保养［J］.科技资讯，2011（24）：102-103.

[24] 常亮，张小霓，王锋涛，等.600 MW机组汽轮机低压缸腐蚀原因分析与预防措施［J］.材料保护，2019，52（3）：134-137，52.

[25] 张广文，胡杨，刘锋，等.俄供机组低温再热器腐蚀分析［J］.热力发电，2017，46（2）：120-124.

[26] 张何境.长期停（备）用锅炉受热面保养方法优化［J］.华电技术，2014，36（2）：44-47，50，80.

[27] 韩建伟，曹顺安.十八胺在20G碳钢表面高温成膜条件研究［J］.表面技术，2011，40（3）：44-47.

[28] 朱云华，罗运柏.锅炉的停用保护与停用缓蚀剂［J］.华北电力技术，2000（4）：43-45.

[29] 陈小华.热力机组停用保护方法［J］.热能动力工程，2001（6）：664-666，84.

[30] 刘絮飞，王奇峰，李润涛，等.十八胺防腐蚀技术在机组停（备）用保护中的应用研究进展［J］.腐蚀科学与防护技术，2014，26（4）：377-381.

[31] 林宇铃，王睿.工业锅炉停炉保护技术［J］.装备制造技术，2012（1）：143-145.

[32] 丁姗姗.锅炉长期停炉保护方法［J］.设备管理与维修，2011（12）：21-22.

[33] 刘斌.热电厂锅炉保养方案的选择［J］.中国井矿盐，2021，52（3）：32-34.

[34] 王睿，何云信.气相缓蚀剂在锅炉停炉保护上的应用［J］.轻工科技，2014，30（2）：39，78.

[35] 陈建伟，刘祥亮，石素娟."热风干燥+气相缓蚀剂"法在电厂机组停炉保养中的应用［J］.东北电力技术，2018，39（2）：52-54.

[36] 童良怀.一起电站锅炉严重腐蚀的原因分析及处理措施［J］.腐蚀与防护，2011，32（1）：77-80.

[37] 洪新华，刘海玲，刘祥亮.超临界机组汽轮机低压缸叶片腐蚀案例及原因分析［J］.材料保护，2021，54（8）：172-176.

[38] 姜勇，汤鹏杰，陈佳栋，等.锅炉水冷壁下联箱定排管泄漏的原因［J］.腐蚀与防护，2014，35（10）：1048-1050，55.

[39] 龙会国，陈红冬.TP304H锅炉管运行泄漏原因分析［J］.腐蚀科学与防护技术，2010，22（6）：551-554.

[40] 秦承鹏，王亮，李梁，等.超超临界1000MW机组锅炉末级再热器爆管原因分析［J］.热力发电，2012，41（10）：69-72.

[41] 曹杰玉，陈洁.电厂锅炉化学清洗需注意的几个问题［J］.中国电力，2003（7）：24-26.

[42] 张庶鑫，郭凯，李丽锋.过热管直角弯头开裂失效分析［J］.金属热处理，2019，44（S1）：348-352.

[43] 李静，刘敏珊，董其伍．合成氨废热锅炉换热管的应力腐蚀研究［J］．锅炉技术，2005（4）：16-18.

[44] 吴奭登，何卫忠．某电厂再热器泄漏原因分析［J］．腐蚀科学与防护技术，2010，22（5）：458-460.

[45] 沈季雄，吕一仕，郑黎峰．燃气-蒸汽联合循环机组汽水管道部件失效分析［J］．热力发电，2013，42（8）：112-115.

[46] 陈忠兵，郑黎峰，沈季雄，等．一起因停用积水导致的锅炉联箱点腐蚀［J］．金属热处理，2011，36（S1）：282-285.

[47] 刘劲松，常治平，吴进强．余热锅炉低碳钢管道泄漏原因及改进建议［J］．腐蚀与防护，2013，34（8）：754-756.

[48] 程明．工业锅炉介质浓缩腐蚀的影响因素分析［J］．广东化工，2019，46（9）：198-199.

[49] 赵强．亚临界汽包锅炉水工况优化试验研究［J］．山西电力，2007（1）：48-50.

[50] 金绪良，曹蕃，郭婷婷．锅炉水汽中有机物高温分解和腐蚀特性研究［J］．工业水处理，2019，39（2）：78-81.

[51] 徐云泽，黄一，盈亮，等．X65 管线钢在沉积物下腐蚀与缓蚀剂作用效果［J］．材料工程，2016，44（10）：100-108.

[52] 徐云泽，黄一，盈亮，等．管线钢在沉积物下的腐蚀行为及有机膦缓蚀剂的作用效果［J］．金属学报，2016，52（3）：320-330.

[53] 赵海瑞．锅炉垢下腐蚀的类型及其作用机理研究［J］．科技风，2015（4）：140.

[54] 付红红，樊钊，陈伟民，等．锅炉水冷壁爆管原因分析［J］．工业锅炉，2017（4）：51-55.

[55] 龙会国，谢国胜，龙毅，等．锅炉水冷壁管沉积物下氧化腐蚀特征及其机理［J］．腐蚀与防护，2014，35（6）：579-583.

[56] 孙勇．火力发电机组锅炉水冷壁结垢的分析及诊断［J］．应用能源技术，2016（11）：24-27.

[57] 邝平健，吴庆玉，高玉宽．几种常见锅炉事故的机理分析［J］．热能动力工程，1998（1）：29-32.

[58] 侯祥松，史翙翔，杨景标．煤粉锅炉水冷壁结垢腐蚀情况及其原因分析［J］．电站系统工程，2007（2）：26-28.

[59] 胡洋，刘进海，王亮．煤粉炉水冷壁管开裂原因分析及对策［J］．安全、健康和环境，2018，18（12）：79-83.

[60] 刘锋，张贵泉，张祥金，等．某亚临界 300 MW 机组锅炉水冷壁爆管原因分析［J］．热力发电，2018，47（12）：146-150.

[61] 焦会良．亚临界锅炉水冷壁腐蚀结垢原因分析［J］．华北电力技术，1995（6）：25-27.

[62] 郑玉娟．工业锅炉运行过程中锅内腐蚀原因分析［J］．内蒙古质量技术监督，2003（6）：33-34.

[63] 胡清铭．锅炉腐蚀的原因与预防［J］．工业锅炉，2004（5）：54-56.

[64] 石岩. 浅谈工业锅炉的腐蚀及防腐措施 [J]. 西部皮革, 2021, 43 (12): 1-2.

[65] 廖明刚, 陆晓峰, 朱晓磊, 等. Cr5Mo 钢表面纳米化及退火处理对其流动加速腐蚀性能的影响 [J]. 材料保护, 2014, 47 (1): 40-43, 9.

[66] Chai F, Jiang S, Yang C F. Effect of Cr on characteristic of rust layer formed on low alloy steel in flow-accelerated corrosion environment [J]. Journal of Iron and Steel Research, International, 2016, 23 (6): 602-607.

[67] 肖卓楠, 白冬晓, 徐鸿, 等. 超临界机组给水加氧处理对流动加速腐蚀影响的研究 [J]. 动力工程学报, 2018, 38 (11): 880-885, 924.

[68] 林彤, 周克毅, 司晓东. 电厂机组流动加速腐蚀研究进展及防护措施 [J]. 腐蚀科学与防护技术, 2018, 30 (5): 543-551.

[69] Shashidhar V, Patnaik D. Flow accelerated corrosion (FAC) in boilers / HRSGs [M]. Oxford: Elsevier, 2015.

[70] Kain V. Flow accelerated corrosion: Forms, mechanisms and case studies [J]. Procedia Engineering, 2014, 86: 576-588.

[71] 朱晓磊, 陆晓峰, 凌祥. 三种压力管道金属材料的流动加速腐蚀性能研究 [J]. 腐蚀科学与防护技术, 2012, 24 (1): 57-60.

[72] 孟龙, 杨静, 孙本达, 等. 直接空冷凝汽器流动加速腐蚀的影响因素 [J]. 热力发电, 2014, 43 (12): 118-122.

[73] Fujiwara K, Domae M, Yoneda K, et al. Correlation of flow accelerated corrosion rate with iron solubility [J]. Nuclear Engineering and Design, 2011, 241 (11): 4482-4486.

[74] Utanohara Y, Murase M. Influence of flow velocity and temperature on flow accelerated corrosion rate at an elbow pipe [J]. Nuclear Engineering and Design, 2019, 342: 20-28.

[75] Madasamy P, Kishna Mohan T V, Sylvanus A, et al. Hydrodynamic effects on flow accelerated corrosion at 120℃ and neutral pH conditions [J]. Engineering Failure Analysis, 2018, 94: 458-468.

[76] 张小霓, 吴文龙, 王锋涛, 等. 600 MW 超临界机组给水弱氧化处理技术及应用 [J]. 工业水处理, 2017, 37 (8): 113-116.

[77] 茅玉林, 黄万启, 张洪博, 等. 660MW 超超临界机组给水低氧处理实践与效果评价 [J]. 腐蚀科学与防护技术, 2014, 26 (3): 285-288.

[78] 陈裕忠, 黄万启, 卢怀钿, 等. 1000MW 超超临界机组长周期给水加氧实践效果分析与评价 [J]. 中国电力, 2013, 46 (12): 43-47, 51.

[79] 徐洪. 超超临界压力直流锅炉垂直管屏水冷壁的失效分析及防爆策略 [J]. 动力工程学报, 2010, 30 (5): 329-335.

[80] 刘锋, 张贵泉, 张祥金, 等. 某亚临界 300 MW 机组锅炉水冷壁爆管原因分析 [J]. 热力发电, 2018, 47 (12): 146-150.

[81] 裴炜, 王树众, 佟振霞. 锅炉管内腐蚀结垢过程的实验研究 [J]. 热能动力工程, 2011, 26 (5): 561-565, 632-633.

[82] 丁旭春, 王毅, 殷志龙, 等. 超临界 630 MW 机组汽轮机通流结垢诊断及处理 [J]. 热

力发电，2013，42（11）：138-141.

[83] 詹约章，余建飞.超临界机组腐蚀、结垢和积盐分析及处理对策［J］.工业水处理，2012，32（6）：89-92.

[84] 王斌.OT工况下超临界机组直流炉结垢和积盐特征分析［J］.江苏电机工程，2010，29（3）:69-71，5.

[85] 邱元刚，丁翠兰.超超临界直流锅炉给水加氧处理技术研究及应用［J］.山东电力技术，2016，43(1)：62-66.

[86] 卫翔，任全在，卫大为，等.660 MW超超临界机组给水全保护自动加氧技术应用［J］.内蒙古电力技术，2020，38（5）：54-59.

[87] 王国蓉.660MW超超临界机组化学水工况优化［J］.华电技术，2012，34（6）：5-8，77.

[88] 张山山，王仁雷，晋银佳，等.660MW超临界机组给水弱氧化性处理技术应用评价[J].工业水处理，2020，40（3）：118-120.

[89] 廖洪峰.1000MW超超临界机组锅炉给水自动加氧技术研究与应用［J］.全面腐蚀控制，2021，35（8）：28-41.

[90] 成莉丽.火电厂给水加氧加氨联合处理的转换［J］.科技创新与应用，2012（30）：35-36.

[91] 杨俊，邵国华，曹松彦，等.某超超临界660 MW机组锅炉水冷壁结垢严重的原因分析［J］.材料保护，2020，53（1）：186-189，93.

[92] 刘祥亮，王宁，周臣，等.某超临界机组给水AVT与FPOT技术对比［J］.热力发电，2019，48（8）：8-14.

[93] 慕晓炜.某超临界机组汽轮机结垢及腐蚀原因分析［J］.安徽电气工程职业技术学院学报，2019，24（3）：104-107.

[94] 柳扣林，李智.弱氧化性水处理技术在超临界直流机组中的应用［J］.华北电力技术，2014（3）：41-43.

[95] 陈登昆.漳州后石电厂600MW超临界机组锅炉给水加氧改善［J］.科技创新导报，2015，12（31）：86，8.

[96] Pronobis M，Wojnar W. Preliminary calculations of erosion wear resulting from exfoliation of iron oxides in austenitic superheaters［J］. Engineering Failure Analysis，2013，32：54-62.

[97] 王金漾.超超临界锅炉受热面不锈钢管氧化皮堆积情况分析及防范措施［C］.2021年电力行业技术监督工作交流会暨专业技术论坛，中国贵州贵阳，2021.

[98] 杨发亮，孙彩珍.超临界锅炉氧化皮脱落原因的分析及控制［J］.电力学报，2021，36（4）:371-377.

[99] 康晓光，杨希.某电厂660MW超超临界锅炉屏过爆管原因浅析及对策探讨［J］.锅炉制造，2021（5）：12-13.

[100] 陈媛，王旭.超（超）临界锅炉氧化皮脱落原因分析及防治措施［J］.华电技术，2013，35（1）：1-3，6，78.

[101] Yeo W H，Fry A T，Ramesh S，et al. Simulating the implications of oxide scale formations in

austenitic steels of ultra-supercritical fossil power plants [J]. Engineering Failure Analysis, 2014, 42: 390-401.

[102] Kaur N, Kumar M, Sharma S K, et al. Study of mechanical properties and high temperature oxidation behavior of a novel cold-spray Ni-20Cr coating on boiler steels [J]. Applied Surface Science, 2015, 328: 13-25.

[103] 王瑶, 符文祥. 超临界机组锅炉过热器氧化皮脱落原因分析及研究 [J]. 新型工业化, 2020, 10 (11): 18-21.

[104] 薛峰. 浅谈火电厂锅炉金属氧化皮剥落问题及防范措施 [J]. 中国设备工程, 2020 (20): 76-78.

[105] 甘超齐. 过热器氧化皮治理技术应用 [J]. 热力发电, 2016, 45 (9): 91-94.

[106] Vikrant K S N, Ramareddy G V, Pavan A H V, et al. Estimation of residual life of boiler tubes using steamside oxide scale thickness [J]. International Journal of Pressure Vessels and Piping, 2013, 104: 69-75.

[107] Huang J L, Zhou K Y, Xu J Q, et al. On the failure of steam-side oxide scales in high temperature components of boilers during unsteady thermal processes [J]. Journal of Loss Prevention in the Process Industries, 2013, 26 (1): 22-31.

[108] 星成霞, 孙璐, 王应高, 等. 600MW 亚临界汽包炉炉水平衡磷酸盐处理工艺试验研究 [J]. 工业水处理, 2014, 34 (5): 17-20.

[109] 王守霞, 王建琪, 惠茂盛, 等. 低磷酸盐炉水处理在红雁池二电厂的应用 [J]. 热力发电, 2002 (6): 84-85, 102.

[110] 游晓宏. 高参数汽包炉炉水处理选择 [J]. 华东电力, 2002 (9): 44-45.

[111] 许维宗. 高压锅炉水磷酸盐 "隐藏" 现象及 "平衡" 磷酸盐处理方式 [J]. 华中电力, 1997 (3): 21-26, 32.

[112] 许怀鹏, 周黄斌, 孔苑. 高压锅炉炉内水化学工况的优化 [J]. 冶金动力, 2020 (2): 53-55.

[113] 李茂东, 许崇武, 李诚. 锅炉磷酸盐处理的发展及平衡磷酸盐处理 [J]. 四川电力技术, 1999 (3): 12-16.

[114] 吴仕宏, 袁长征. 锅炉内磷酸盐处理工艺的应用与发展 [J]. 中国电力, 2000 (3): 20-24.

[115] 甘国黔, 彭欣. 锅内水处理方法现状及发展概述 [J]. 轻金属, 2001 (8): 60-62.

[116] 林根仙, 管淑敏. 火电厂磷酸盐水化学工况的现状与发展 [J]. 工业水处理, 2001 (8): 11-13.

[117] 濮文红, 杨昌柱, 张敬东, 等. 炉内协调 pH-磷酸盐处理及存在的问题 [J]. 热力发电, 2001 (5): 45-47, 1.

[118] 尚玉珍, 贾新兵, 张雷, 等. 平衡磷酸盐处理有关问题的分析探讨 [J]. 中国电力, 2002 (4): 69-72.

[119] 宋丽莎, 苏世革. 汽包锅炉热化学试验的必要性和实效性探讨 [J]. 热力发电, 2008 (1): 97-100, 13.

[120] 朱莉，王安宁．亚临界汽包锅炉氢氧化钠处理炉水质量控制研究［J］．华东电力，2007 (2)：56-59.

[121] 王小平，刘新月，米建文，等．NaOH 调节汽包锅水的运行效果与技术分析［J］．中国电力，2002（9）：28-30.

[122] 马玉萍，马东伟．300MW 及以上汽包锅炉炉水氢氧化钠处理工艺分析［J］．河北电力技术，2014，33(5)：51-54.

[123] 彭泉光，钱生保，凌浩翔，等．超高压锅炉炉水低磷酸盐处理［J］．广西电力，2004（1）：1-6.

[124] 葛雪静，徐锦影，宋敬霞．600MW 亚临界汽包炉炉水氢氧化钠调节处理试验研究［J］．浙江电力，2011，30（12）：50-52.

[125] 石茜．低磷酸盐处理在娘子关发电厂的应用［J］．山西电力，2004（3）：21-22.

[126] 张少兵．炉水低磷酸盐处理在超高压汽包锅炉的应用［J］．电力科学与工程，2007（5）:66-68.

[127] 秦承鹏，李梁．600MW 超临界机组低压转子叶片开裂分析［J］．腐蚀与防护，2016，37（11）:936-938，42.

[128] 靳峰，王晓晨，李世涛，等．600MW 机组汽轮机低压转子叶片断裂原因分析［J］．热加工工艺，2014，43(12)：226-228，2.

[129] 黄兴德，游喆，赵泓，等．超（超）临界汽轮机通流部位腐蚀沉积特征及对策［J］．华东电力，2014，42（11）：2451-2456.

[130] 詹约章，余建飞．超临界机组腐蚀、结垢和积盐分析及处理对策［J］．工业水处理，2012，32（6）：89-92.

[131] 宋利．俄罗斯汽轮机低压转子叶轮叶根槽裂纹原因分析［J］．热加工工艺，2018，47（24):255-257，61.

[132] 朱宝田．固体颗粒对汽轮机通流部分的冲蚀与防治对策［J］．中国电力，2003(5)：30-33.

[133] 高丽华．汽轮机部件固体颗粒侵蚀的原因分析与防止对策［J］．中国电力，2003(6)：49-51.

[134] 张亚明，夏邦杰，董爱华，等．热电厂汽轮机叶片断裂原因分析［J］．腐蚀科学与防护技术，2009，21（6）：589-592.

[135] 苏尧，黄兴德，杨心刚，等．水汽系统中钠对超（超）临界机组的影响及对策［J］．华东电力，2014，42（9）：1957-1960.

[136] 常亮，张小霓，王锋涛，等．600 MW 机组汽轮机低压缸腐蚀原因分析与预防措施[J]．材料保护，2019，52（3）：134-137，52.

[137] 陈浩，李鹏，滕维忠，等 火电厂供热机组汽轮机低压转子严重积盐、腐蚀原因分析及处理［J］．热力发电，2019，48（8）：135-138.

[138] 崔春兰，赵旭红，秦琴，等．汽轮机转子钢应力腐蚀试验研究［J］．汽轮机技术，2005（4):309-1312.

[139] 高延忠，张建国，李娜，等．660MW 空冷机组汽轮机叶片点蚀缺陷无损检测及原因分

析 [J]. 热加工工艺, 2017, 46 (18): 264-265.

[140] 王卫军, 卢允谦, 李长鸣, 等. 1000MW 汽轮机中低缸导汽管膨胀节腐蚀爆破分析[J]. 工业水处理, 2019, 39 (10): 110-113.

[141] 张科志. 滇东电厂汽轮机高压静叶积盐问题分析及处理 [J]. 电力建设, 2009, 30 (1): 102.

[142] 朱志平, 黄可龙, 周艺, 等. 汽轮机初凝区腐蚀机理分析 [J]. 腐蚀科学与防护技术, 2006 (1): 20-23.

[143] 韩栋, 刘道新, 刘树涛. 汽轮机低压转子 2Cr13 不锈钢叶片断裂分析 [J]. 机械工程材料, 2007 (7): 45-48.

[144] 文慧峰, 龙国军, 姚建涛, 等. 汽轮机积盐不开缸清洗的研究及应用 [J]. 中国电力, 2017, 50 (8): 78-81, 124.

[145] 周宇通, 郑宏晔, 胡洁梓, 等. 燃机电厂 304 不锈钢三通管应力腐蚀开裂的原因 [J]. 腐蚀与防护, 2018, 39 (3): 243-246.